工业和信息化普通高等教育"十二五"规划教材立项项目

21世纪高等院校网络工程规划教材

21st Century University Planned Textbooks of Network Engineering

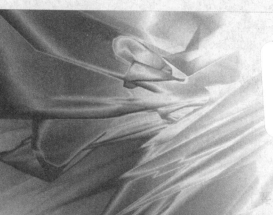

计算机组网技术
——基于Windows Server 2008

Mastering Windows Server 2008
Networking Foundations

王建平 主编

孙文新 孔德川 薛戈丽 副主编

人民邮电出版社

北京

图书在版编目（CIP）数据

计算机组网技术：基于Windows Server 2008 / 王
建平主编. -- 北京：人民邮电出版社，2011.5
21世纪高等院校网络工程规划教材
ISBN 978-7-115-24888-6

Ⅰ. ①计… Ⅱ. ①王… Ⅲ. ①操作系统（软件），
Windows Server 2008－应用软件－网络服务器－高等学校
－教材 Ⅳ. ①TP316.86

中国版本图书馆CIP数据核字(2011)第037758号

内 容 提 要

　　本书是关于计算机组网技术课程的理论和实验教程。全书以 TCP/IP 层次模型为主线，分 13 章详细介绍了计算机组网的核心技术。

　　本书的主要内容包括概述，数据通信技术，网络通信基础设备，Windows Server 2008 网络操作系统，交换机的基本配置，局域网组网技术，路由器的基本配置，广域网技术，Windows Server 2008 网络服务的构建，网络安全技术，网络维护和管理技术。

　　全书以 Windows Server 2008 操作系统为平台，层次清晰，内容全面新颖，实用性强，所涉及操作的项目，均有详细的操作步骤，可操作性和模拟性强。本书是高等学校计算机和信息技术类计算机组网技术课程的教学用书，也可以作为计算机网络工程技术人员的相关指导教程。

21 世纪高等院校网络工程规划教材

计算机组网技术——基于 Windows Server 2008

◆ 主　　编　王建平

　　副 主 编　孙文新　孔德川　薛戈丽

　　责任编辑　刘　博

◆ 人民邮电出版社出版发行　　北京市崇文区夕照寺街 14 号
　　邮编　100061　电子邮件　315@ptpress.com.cn
　　网址　http://www.ptpress.com.cn
　　大厂聚鑫印刷有限责任公司印刷

◆ 开本：787×1092　1/16
　　印张：21.75　　　　　　　　2011 年 5 月第 1 版
　　字数：547 千字　　　　　　2011 年 5 月河北第 1 次印刷

ISBN 978-7-115-24888-6

定价：39.00 元

读者服务热线：**(010)67170985**　印装质量热线：**(010)67129223**
反盗版热线：**(010)67171154**
广告经营许可证：京崇工商广字第 0021 号

前　言

　　计算机组网技术课程是计算机网络课程的延伸，如何对计算机网络课程所有理论知识展现和全面理解，这对计算机组网技术课程的教学提出了更高的要求。计算机组网技术课程以OSI 模型为参考，以 TCP/IP 模型为主线组织内容，是对计算机网络课程的最好展现方式。然而随着因特网和通信技术的快速发展，如何将最新的网络技术加入计算机组网技术课程的教学成为当前计算机组网技术教学的主要障碍。

　　剔除陈旧、过时的知识点，增加实用、新颖的内容成为当前计算机组网技术课程改革的主要目标，这就要求全面规划和整合计算机组网技术的教学平台和教学内容。本着以实际就业导向为要求，以培养实用型人才为目标的原则，作者策划编写了这本计算机组网技术教材。

　　这本教材以 TCP/IP 的层次模型进行组织，全书分 13 章完整展现了当前计算机组网技术的主要内容。

　　第 1 章主要介绍了计算机网络的基本概念，OSI 和 TCP/IP 体系结构模型，计算机网络的相关新技术，计算机网络的展望，常见的网络标准化组织和论坛等。

　　第 2 章主要讲述了数据通信的基本概念，单极性数据编码，极化数据编码，双极性数据编码，常见的多路复用技术，差错控制技术和流量控制技术等。

　　第 3 章主要讲述了常见的数据通信接口，常见的传输线缆及其制作方法，常见的无线传输媒介，网卡、调制解调器、交换机和路由器和相关常见的无线网络设备。

　　第 4 章主要讲述了 Windows Server 2008 操作系统的安装和基本配置，网络协议的配置，Windows Server 2008 操作系统的高级配置及本地组策略编辑器的基本设置等。

　　第 5 章主要讲述了交换机的基本配置，VLAN 的划分和 VLAN 间路由的基本配置，交换机的基本维护。

　　第 6 章主要讲述了局域网组网的前期规划，网络的设计及组网的安全性设置，IP 地址的分类，VLSM 和 CIDR，基于 Windows XP 构建对等局域网，局域网组网性能评价的主要指标和一般方法等。

　　第 7 章主要讲述了路由器的常见配置，端口 IP 的配置，静态路由和浮动静态路由器的配置，RIP、OSPF、IGRP、EIGRP、BGP 等动态路由协议的配置过程。

　　第 8 章主要讲述了常见的广域网技术及其基本配置，主要的内容包括 PPP、HDLC、X.25等协议的基本配置，FR 技术及其基本配置，ISDN 及其基本配置等。

　　第 9 章主要讲述了 Windows Server 2008 Web 服务器、FTP 服务器的安装和基本配置，Serv-U FTP 服务器的基本配置，基于 IIS 构建 SMTP 电子邮件服务器，Winmail 电子邮件服务器的安装与基本配置等。

　　第 10 章主要讲述了 Windows Server 2008 DNS 服务器、DHCP 服务器、流媒体服务器的构建过程。

　　第 11 章主要讲述了 Windows Server 2008 活动目录、终端服务和打印服务的构建过程等。

　　第 12 章主要讲述了网络安全的基本概念，计算机病毒及其处理技术，防火墙技术及其基本配置，VPN 技术及其基本配置，基于 GPG 的数据加密，Windows Server 2008 数字证书服务的构建等。

  第 13 章主要讲述了常见网络命令的使用，SolarWinds、美萍网管大师、聚生网管等常见网络管理软件的使用，网络软件及其故障的基本排除技术，线缆故障的基本处理方法，网卡、交换机、路由器的基本故障处理方法等。

  本书由王建平任主编，孙文新、孔德川、薛戈丽任副主编。其中第 1 章～第 3 章由薛戈丽编写，第 4 章由焦翠玲编写，第 5 章～第 6 章由王建平编写，第 7 章由孔德川编写，第 8 章由李小娟编写，第 9 章～第 10 章由陈改霞编写，第 11 章～第 12 章由孙文新编写，第 13 章由胡孟杰编写，相关文档的整理和校对由李利苹完成，全书由王建平统稿。本书的编写得到河南科技学院教务处及信息工程学院相关领导的大力支持，在此致以衷心的感谢。由于时间紧张，书中不妥之处在所难免，盼望读者批评指正。

编 者

2011 年 1 月

目 录

第1章　概述 ………………………………………1
　1.1　计算机网络的基本概念 ………………1
　　1.1.1　计算机网络的定义 …………………1
　　1.1.2　计算机网络的分类 …………………2
　1.2　计算机网络的体系结构 ………………4
　　1.2.1　网络通信协议的概念 ………………4
　　1.2.2　OSI 体系结构 …………………………5
　　1.2.3　TCP/IP 体系结构 ……………………6
　1.3　计算机网络的发展和展望 ……………7
　　1.3.1　计算机网络新技术 …………………7
　　1.3.2　计算机网络的展望 …………………9
　1.4　网络标准化组织和论坛 ……………10
　小结 …………………………………………11
　习题 …………………………………………11
第2章　数据通信技术 ……………………13
　2.1　数据通信概述 …………………………13
　　2.1.1　数据通信的一般模型 ……………13
　　2.1.2　常见的数据通信系统 ……………14
　2.2　数据通信方式 …………………………15
　　2.2.1　串行传输和并行传输 ……………15
　　2.2.2　异步通信和同步通信 ……………16
　　2.2.3　单工、半双工和双工通信 ………18
　2.3　数字信号编码 …………………………18
　　2.3.1　单极性编码 …………………………18
　　2.3.2　极化编码 ……………………………19
　　2.3.3　双极性编码 …………………………21
　2.4　多路复用技术 …………………………23
　　2.4.1　频分多路复用 ………………………23
　　2.4.2　时分多路复用 ………………………23
　　2.4.3　统计时分复用 ………………………24
　　2.4.4　波分多路复用 ………………………24
　　2.4.5　码分多址复用 ………………………25
　2.5　差错控制技术 …………………………25
　　2.5.1　差错控制方法 ………………………25
　　2.5.2　差错控制编码 ………………………26
　2.6　流量控制技术 …………………………30
　　2.6.1　停止等待流量控制 …………………30
　　2.6.2　滑动窗口流量控制 …………………30
　小结 …………………………………………31
　习题 …………………………………………31

第3章　网络通信基础设备 ……………33
　3.1　常见通信接口 …………………………33
　　3.1.1　串行通信接口 ………………………33
　　3.1.2　并行通信接口 ………………………34
　　3.1.3　USB 接口 ……………………………34
　　3.1.4　IEEE 1394 接口 ……………………34
　3.2　常见传输介质 …………………………34
　　3.2.1　双绞线 ………………………………35
　　3.2.2　双绞线的制作方法 …………………36
　　3.2.3　同轴电缆 ……………………………37
　　3.2.4　光纤 …………………………………38
　　3.2.5　无线传输介质 ………………………39
　3.3　常见网络设备 …………………………41
　　3.3.1　网卡 …………………………………41
　　3.3.2　调制解调器 …………………………42
　　3.3.3　交换机 ………………………………43
　　3.3.4　路由器 ………………………………43
　　3.3.5　无线网络设备 ………………………43
　小结 …………………………………………45
　习题 …………………………………………46
第4章　Windows Server 2008
　　　　网络操作系统 ……………………47
　4.1　操作系统概述 …………………………47
　4.2　网络操作系统 …………………………48
　　4.2.1　Windows 系列网络操作
　　　　　 系统 ………………………………48
　　4.2.2　UNIX 系列网络操作系统 …48
　　4.2.3　Linux 系列网络操作系统 …48
　　4.2.4　NetWare 系列网络操作
　　　　　 系统 ………………………………48
　4.3　Windows Server 2008 网络
　　　　操作系统的安装 ……………………49
　　4.3.1　Windows Server 2008 的
　　　　　 安装条件 …………………………49
　　4.3.2　光盘安装 Windows Server
　　　　　 2008 …………………………………49
　4.4　Windows Server 2008 的
　　　　基本配置 ………………………………51
　　4.4.1　设置主机名和工作组 ………51
　　4.4.2　创建用户账户 ………………………51
　　4.4.3　配置显示选项 ………………………53

4.5　Windows Server 2008 的
　　　网络配置 ·········54
　　4.5.1　IPv4 协议配置 ·········54
　　4.5.2　IPv6 协议配置 ·········55
4.6　Windows Server 2008 的
　　　高级配置 ·········56
　　4.6.1　配置区域选项 ·········56
　　4.6.2　配置虚拟内存 ·········57
　　4.6.3　故障恢复选项配置 ·········58
　　4.6.4　本地组策略编辑器的
　　　　　基本配置 ·········59
小结 ·········61
习题 ·········61

第 5 章　交换机的基本配置 ·········63
5.1　数据交换基本方式 ·········63
　　5.1.1　电路交换 ·········63
　　5.1.2　报文交换 ·········64
　　5.1.3　分组交换 ·········64
5.2　交换机概述 ·········66
　　5.2.1　交换机的分类 ·········68
　　5.2.2　交换机的连接 ·········71
5.3　交换机的配置途径 ·········72
　　5.3.1　基于 Console 的配置 ·········72
　　5.3.2　基于 Telnet 的配置 ·········73
　　5.3.3　基于 Web 浏览器的配置 ·········74
5.4　交换机的基本配置 ·········75
　　5.4.1　交换机的配置模式 ·········75
　　5.4.2　配置命令的输入技巧 ·········76
　　5.4.3　基于会话方式的基本配置 ·········76
　　5.4.4　基于命令行的基本配置 ·········77
5.5　VLAN 划分 ·········82
　　5.5.1　单台交换机上基于
　　　　　端口的 VLAN 划分 ·········83
　　5.5.2　跨交换机的 VLAN 划分 ·········84
5.6　VLAN 间路由的实现方式 ·········89
　　5.6.1　基于单臂路由实现
　　　　　VLAN 间路由 ·········89
　　5.6.2　基于三层交换实现
　　　　　VLAN 间路由方式 ·········91
5.7　交换机的基本维护 ·········92
　　5.7.1　交换机的密码恢复 ·········92
　　5.7.2　交换机的 IOS 升级和
　　　　　恢复 ·········93
小结 ·········95
习题 ·········95

第 6 章　局域网组网技术 ·········97
6.1　局域网概述 ·········97
　　6.1.1　局域网的相关标准 ·········98
　　6.1.2　以太网相关技术 ·········99
6.2　综合布线技术 ·········101
6.3　局域网组网规划 ·········102
　　6.3.1　组网的前期规划 ·········102
　　6.3.2　网络设计 ·········103
　　6.3.3　组网的安全性设计 ·········104
6.4　IP 地址规划 ·········105
　　6.4.1　IP 地址的分类 ·········105
　　6.4.2　VLSM 和子网划分 ·········107
　　6.4.3　CIDR 技术 ·········108
6.5　基于 Windows XP 的对等
　　　局域网 ·········109
　　6.5.1　安装 Windows XP 操作
　　　　　系统 ·········110
　　6.5.2　协议的安装和设置 ·········112
　　6.5.3　Windows XP 对等网络的
　　　　　基本设置 ·········114
6.6　局域网的组网的性能评价和
　　　测量 ·········117
　　6.6.1　局域网的主要性能指标 ·········117
　　6.6.2　网络性能的评价方法 ·········117
　　6.6.3　局域网的测量内容 ·········118
　　6.6.4　基于 Chariot 的网络
　　　　　性能测量 ·········120
6.7　模拟局域网组网的利器——
　　　虚拟机 ·········124
　　6.7.1　Virtual PC ·········124
　　6.7.2　VMware 虚拟机 ·········124
小结 ·········126
习题 ·········126

第 7 章　路由器的基本配置 ·········128
7.1　路由协议与路由算法 ·········128
　　7.1.1　路由协议的类型 ·········128
　　7.1.2　默认路由、静态路由与
　　　　　动态路由 ·········129
　　7.1.3　常见路由算法 ·········130
7.2　路由器 ·········131
　　7.2.1　路由器的结构 ·········131
　　7.2.2　路由选择步骤 ·········132
　　7.2.3　路由器的分类 ·········132
7.3　路由器的基本配置 ·········133
　　7.3.1　路由器的常见配置 ·········133

7.3.2　端口的 IP 配置 ·············135
7.4　静态路由和浮动静态路由 ·······136
7.4.1　静态路由的基本配置 ······136
7.4.2　浮动静态路由的
基本配置 ··················138
7.5　RIP ···································139
7.6　OSPF ·······························141
7.6.1　OSPF 协议概述 ··········141
7.6.2　OSPF 的基本配置 ·······146
7.7　IGRP ·······························149
7.7.1　IGRP 概述 ···············149
7.7.2　IGRP 基本配置 ··········150
7.8　EIGRP ·····························151
7.8.1　EIGRP 概述 ·············151
7.8.2　EIGRP 的基本配置 ······153
7.9　BGP ·······························155
7.9.1　BGP 概述 ···············155
7.9.2　BGP 的配置 ·············156
小结 ·······································158
习题 ·······································159
第 8 章　广域网技术 ······················160
8.1　广域网概述 ·······················160
8.2　PPP ·································161
8.2.1　PPP 概述 ···············161
8.2.2　PPP 的基本配置 ········163
8.3　X.25 协议 ·························165
8.3.1　X.25 概述 ··············165
8.3.2　X.25 协议的配置 ·······167
8.4　HDLC ·······························170
8.4.1　HDLC 概述 ··············170
8.4.2　HDLC 的基本配置 ·······170
8.5　FR ···································171
8.5.1　FR 的概述 ··············171
8.5.2　FR 接入配置 ············172
8.6　ISDN 及其配置 ···················175
8.6.1　ISDN 概述 ··············175
8.6.2　ISDN 的基本配置 ·······176
小结 ·······································178
习题 ·······································179
第 9 章　Windows Server 2008
网络服务的构建（一）·······180
9.1　网络服务模式概述 ···············180
9.1.1　P2P 网络 ···············180
9.1.2　C/S 网络 ···············180

9.1.3　B/S 网络 ···············181
9.2　Web 服务器的构建 ···············182
9.2.1　Web 服务概述 ···········182
9.2.2　Microsoft IIS Web 服务器的
基本配置 ··················183
9.2.3　Apache 服务器的安装与
配置 ······················190
9.3　FTP 服务器的构建 ···············193
9.3.1　FTP 服务的使用 ·········193
9.3.2　Microsoft IIS 之 FTP
服务器的基本配置 ·······196
9.3.3　Serv-U FTP 服务器基本
配置 ······················201
9.4　E-mail 服务器的构建 ···········204
9.4.1　E-mail 服务概述 ········204
9.4.2　Microsoft IIS 之 SMTP
邮件服务器的基本配置 ····206
9.4.3　Winmail 邮件服务器的
安装与配置 ···············209
小结 ·······································214
习题 ·······································214
第 10 章　Windows Server 2008
网络服务的构建（二）········216
10.1　DNS 服务器的构建 ·············216
10.1.1　DNS 服务器的工作原理 ····216
10.1.2　DNS 服务器的安装 ········217
10.1.3　创建正向查找区域 ········218
10.1.4　创建记录 ···············223
10.1.5　创建反向查找区域 ········225
10.1.6　新建委派 ···············226
10.1.7　DNS 服务器的
属性设置 ··················228
10.2　DHCP 服务器的构建 ············230
10.2.1　DHCP 服务器的安装 ·····230
10.2.2　新建作用域 ·············232
10.2.3　保留设置 ···············234
10.2.4　创建超级作用域 ·········235
10.2.5　创建多播作用域 ·········236
10.2.6　IPv6 作用域的创建 ······238
10.3　Windows Media Services
流媒体服务器的构建 ·········239
10.3.1　流媒体概述 ·············239
10.3.2　安装 Windows Media
Services 流媒体服务器 ···240
10.3.3　Windows Media Services
的基本配置 ···············242

小结 ……………………………… 246
习题 ……………………………… 246

第 11 章　Windows Server 2008
网络服务的构建（三）………… 248
11.1　Windows Server 2008 的
活动目录服务 ………………… 248
11.1.1　活动目录的基本概念 … 248
11.1.2　活动目录的安装 ……… 250
11.1.3　域的基本配置 ………… 252
11.1.4　站点管理 ……………… 255
11.2　Windows Server 2008 的
终端服务 ……………………… 256
11.2.1　终端服务概述 ………… 256
11.2.2　安装和配置终端服务器 … 258
11.2.3　远程终端的连接和使用 … 263
11.3　Windows Server 2008 的
打印服务 ……………………… 267
11.3.1　打印服务的相关概念 … 267
11.3.2　安装打印服务 ………… 268
11.3.3　添加打印机 …………… 269
11.3.4　打印服务器的属性设置 … 273
11.3.5　打印机的属性设置 …… 274
11.3.6　基于 Web 实现远程
管理打印机 ………… 275
小结 ……………………………… 276
习题 ……………………………… 276

第 12 章　网络安全技术 …………… 278
12.1　网络安全概述 …………… 278
12.1.1　网络安全的特征 ……… 278
12.1.2　网络安全的主要问题 … 279
12.2　病毒及其处理技术 ……… 280
12.2.1　计算机病毒概述 ……… 280
12.2.2　国外的优秀杀毒软件 … 282
12.2.3　国内的杀毒软件 ……… 283
12.2.4　病毒处理步骤 ………… 284
12.2.5　金山毒霸 2011 的使用 … 284
12.3　防火墙技术 ……………… 286
12.3.1　防火墙概述 …………… 286
12.3.2　金山网盾软件防火墙的
使用 ………………… 289

12.3.3　PIX 525 硬件防火墙的
配置 ………………… 290
12.4　VPN 技术 ………………… 292
12.4.1　VPN 的基本概念 ……… 292
12.4.2　IPSec VPN 的基本配置 … 293
12.4.3　基于 Windows Server 2008
部署 VPN 服务器 ……… 295
12.5　数据加密技术 …………… 300
12.5.1　常见加密算法 ………… 301
12.5.2　基于 GPG 的数据加密 … 302
12.6　数字证书 ………………… 304
小结 ……………………………… 310
习题 ……………………………… 310

第 13 章　网络维护和管理技术 …… 312
13.1　网络管理概述 …………… 312
13.1.1　网络管理的内容 ……… 312
13.1.2　SNMP …………………… 313
13.2　常用网络命令 …………… 314
13.3　常见网络管理软件的使用 … 321
13.3.1　网络设备管理软件——
SolarWinds …………… 321
13.3.2　网络计费管理软件——
美萍网管大师 ………… 325
13.3.3　网络应用管理软件——
聚生网管 …………… 327
13.4　网络软件故障及排除 …… 330
13.5　线缆故障及其处理方式 … 330
13.5.1　常见的线缆故障 ……… 331
13.5.2　线缆故障的处理方法 … 331
13.6　网卡故障 ………………… 332
13.7　交换机故障 ……………… 333
13.7.1　交换机的硬件故障 …… 333
13.7.2　交换机的软件故障 …… 333
13.8　路由器故障 ……………… 334
13.8.1　路由器硬件故障 ……… 334
13.8.2　路由器软件故障 ……… 334
13.8.3　路由器诊断命令 ……… 335
小结 ……………………………… 339
习题 ……………………………… 339

参考文献 ……………………………… 240

第 1 章　概　　述

本章要求：

- 理解计算机网络的定义及功能；
- 掌握局域网、城域网、广域网的特点；
- 掌握计算机网络的常见拓扑结构及特点；
- 理解协议的定义及基本组成；
- 理解 OSI 参考模型的内容及工作过程；
- 掌握 TCP/IP 模型的层次及工作过程；
- 了解计算机网络的新技术及其展望；
- 了解常见的网络标准化组织和论坛。

1.1　计算机网络的基本概念

本节讲述计算机网络的基本概念。

1.1.1　计算机网络的定义

计算机网络的定义没有统一的标准，通常所谓的计算机网络指的是将分布在不同的地理位置上分散的计算机用通信线路连接起来，以实现计算机数据通信和资源共享的系统。

1. 数据通信

数据通信是计算机网络非常重要的一个功能。计算机网络为分布在各地的用户提供了强有力的通信手段。用户可以通过计算机网络传送电子邮件、发布新闻消息和进行电子商务活动。通过网络进行数据传输大大降低了数据通信的费用，提高了访问效率。

2. 资源共享

资源共享包括硬件资源共享和软件资源共享。硬件资源共享指的是在网络范围内提供对处理资源、存储资源、输入输出资源等硬件设备的共享，从而使用户节省投资，也便于集中管理和均衡分担负荷。软件资源共享指的是在网络范围内，实现所有软件资源的共享过程。如远程访问各类大型数据库等，这样可以避免软件研制上的重复劳动以及数据资源的重复存储，也便于集中管理。

1.1.2 计算机网络的分类

计算机网络有多种分类方式，通常可按地理位置、拓扑结构等进行分类。

1. 按地理区域分类

计算机网络按其覆盖的地理范围进行分类，可以很好地反映其技术特征。按地理区域分类可分为局域网、广域网、城域网。

（1）局域网（Local Area Network，LAN）

LAN 范围限定在小于 10 km 的的区域内，它的特点是分布距离近，结构简单，数据传输可靠，误码率低。

（2）城域网（Metropolitan Area Network，MAN）

MAN 规模局限在 10~100km 的区域范围内，所采用的通信技术和局域网相似，城域网的分布范围介于局域网和广域网之间，其目的是在一个较大的地理区域内提供数据、声音和图像的传输。

（3）广域网（Wide Area Network，WAN）

WAN 网络范围从数公里到上千公里，网络跨越国界、洲界，甚至全球范围，WAN 通常借用传统的公共传输（电报、电话）网来实现。由于传输距离远，又依靠传统的公共传输网，所以广域网的误码率较高。

2. 按拓扑结构分类

拓扑结构指的是网络实体单元构成的几何形状，它能从逻辑上表示网络节点的配置及其互连方式。网络拓扑结构按形状可分为总线型、星型、环型、树型及网状拓扑结构。

（1）总线型拓扑结构

用一条称为总线的中央主电缆，将相互之间以线性方式连接的工作站连接起来的布局方式，称为总线型拓扑结构。图 1-1 为总线拓扑结构的示意图。

总线型拓扑结构采用一条公用的通信线路（总线）作为传输通道，所有节点都通过相应的接口直接连到总线上，并通过总线进行数据传输。总线型结构使用的是广播型的传输技术，所有网络节点都可以发送数据到总线上，数据沿总线传播。同一时间只允许一个节点发送的信号在总线

图 1-1　总线型拓扑结构

上传播，通道上的所有节点都有可能接收到该信息，通过检测相应的目的地址进行选择。由于数据总线的负载能力限制，因此，总线长度有一定限制，一条总线也只能连接一定数量的节点。

总线结构简单灵活，便于扩充，可靠性高，网络响应速度快；设备量少、价格低、安装使用方便；共享资源能力强，便于广播式工作，当某个工作站节点出现故障时，对整个网络系统影响小。其缺点是安全性差，不能集中控制。

（2）星型拓扑结构

节点通过点到点通信线路与中央节点连接的方式称为星型拓扑结构。中央节点执行集中式通信控制策略，任何两节点之间的通信都要通过中央节点，其中每一条链路负责一个方向上数据的传输。信息传输通过中心节点的存储转发技术实现，并且只能通过中央节点与其他

站点通信。在多个数据同时发送时，由中央节点负责数据的发送和处理序列，以保证数据不发生淹没和紊乱。该结构对中央节点要求极高。图 1-2 是星型拓扑结构示意图。

星型网络的优点是结构简单，易安装，便于管理，通信线路和设备消耗少，信息单向传递，延时固定，两节点之间有唯一的路径。缺点是可靠性差，网络的中央节点是全网可靠性的关键，中央节点的故障可能造成全网瘫痪，星型网络共享能力差，通信线路利用率低，中央节点负担过重，容易成为网络的瓶颈，一旦出现故障则全网瘫痪。

（3）环型拓扑结构

网络中各节点通过一条首尾相连的通信链路连接起来形成的闭合结构叫做环型网络。该网络拓扑结构中，各工作站地位平等，环路上任何节点均可以请求发送信息。请求一旦被批准，便向环路发送信息。环型网中的数据可以是单向也可是双向传输，由于环线公用，一个节点发出的信息必须穿越环中所有的环路接口，信息流中目的地址与环上某节点地址相符时，信息被该节点的环路接口接收，而后信息继续流向下一环路接口，直到返回到发送源的环路接口节点为止。环型拓扑结构如图 1-3 所示。

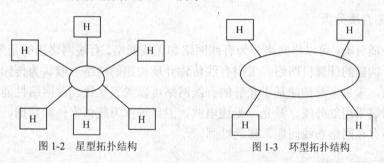

图 1-2　星型拓扑结构　　　　　　　图 1-3　环型拓扑结构

环型结构有两种类型，即单环结构和双环结构。令牌环（Token Ring）是单环结构的典型代表，光纤分布式数据接口（Fiber Distributed Data Interface，FDDI）是双环结构的典型代表。

环型网络的优点是信息在网络中沿固定方向流动，两个节点间仅有唯一的通路，大大简化了路径选择的控制；某个节点发生故障时，可以自动旁路，可靠性较高。

环型网络的缺点是，由于信息是串行穿过多个节点环路接口，当节点过多时，影响传输效率，使网络响应时间变长。由于环路封闭故扩充困难，当网络中节点过多时传输效率明显降低，系统响应速度变慢。

（4）树型拓扑结构

树型拓扑结构是总线型拓扑结构的扩展，它是在总线网上加上分支形成的，其传输介质可有多条分支，但不形成闭合回路，树型网是一种分层网，其结构可以对称，联系固定，具有一定容错能力，一般一个分支和节点的故障不影响另一分支节点的工作，任何一个节点送出的信息都可以传遍整个网络。一般树型网上的链路相对具有一定的专用性，无须对原网做改动就可以扩充工作站。

树型拓扑的节点按层次进行连接，信息交换主要在上下节点之间进行，相邻及同层节点之间一般不进行数据交换。树型拓扑网络适用于汇集信息的应用要求，图 1-4 是树型拓扑的示意图。它的优点在于节点变动容易，系统扩充性好，可靠性高。缺点是信号干扰较大，网络负载过重时，线路利用率低，故障的隔离和检测困难。

（5）网状拓扑结构

在网状拓扑结构中，任意的两个主机都可以连接，网络中存在多条链路，每个节点至少有两条链路与其他节点相连。大型网络一般都采用这种结构。混合型网络处理的是子网和子网之间的关系，以路由选择为主要任务。它是局域网的组合，层次复杂，数据报发送路径和方式各不相同。网络中主机和子网的数目随机性强，每个节点都有冗余链路，所以可以选择最佳路径，以提高网络性能，它的缺点是路径的选择比较复杂，不易于管理和维护，线路成本较高。其拓扑结构图如图 1-5 所示。

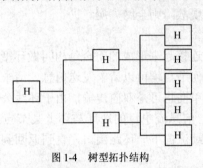

图 1-4　树型拓扑结构　　　　　　　　图 1-5　网状拓扑结构

3. 按传输介质分类

按传输介质分类，可以将网络分为有线网络和无线网络。有线网络指的是采用同轴电缆、双绞线或光纤构建的计算机网络。采用有线传输介质构建的网络一般认为传输性能好，但是布线相对复杂，未来全部构建基于光纤的有线网络可以大大优化当前网络性能，提高网络可靠性。无线网络采用红外线、激光、无线电波、卫星等作为载体来传输数据。无线网络互连方式灵活，不存在网络布线问题，移动性强。

4. 按通信方式分类

按通信方式可以将计算机网络分为点到点和广播式两种。点到点式网络中，数据以点到点的方式在通信设备中传输。星型网、环型网都是典型的点对点传输网络。广播式网络中，数据在公共信道中传输，无线网和总线型网络属于广播式网络类型。

5. 按使用范围分类

按使用范围可以把计算机网络分为公用网和专用网。公用网由电信部门或其他提供通信服务的经营部门组建、管理和控制，网络内的传输和转接装置可供任何部门和个人使用。公用网常用于广域网络的构造，支持用户的远程通信。专用网指的是由用户部门组建经营的网络，不容许其他用户和部门使用。

1.2　计算机网络的体系结构

网络体系结构（Architecture）是计算机网络的各层及其协议的集合。目前，市场上出现了许多网络体系结构模型，OSI 和 TCP/IP 是其中的代表。

1.2.1　网络通信协议的概念

网络与网络、网络节点与网络、节点与节点间的通信通常采用多层结构，每一层都定义有相应的通信约定，各层之间也规定了相应的接口标准，这些正是计算机网络通信协议研究的主要内容。

1．网络协议

计算机网络是由多种数据通信节点连接形成的复合系统，这些节点之间需要不断的交换数据和控制信息。要在计算机网络中有条不紊地交换数据，做到信息的正确传输，就要求信息的内容、格式、传输顺序等有一整套的规则、标准和约定，这些通信双方共同遵守的守则就是协议（Protocol）。

一个网络协议主要由以下三个要素组成。

（1）语法：数据与控制信息的结构或格式（即"怎么讲"）。

（2）语义：控制信息的含义，需要做出的动作及响应（即"讲什么"）。

（3）同步：规定了操作的执行顺序。

2．通信接口

为了使网络中两个节点之间进行会话，必须在它们之间建立通信接口，使彼此之间能进行信息交换。接口包括硬件装置和软件装置两部分。硬件装置的功能是实现节点之间的信息传送。软件装置的功能是规定与实现双方进行通信的约定协议。

3．协议的层次结构及其分层原则

由于节点之间联系的复杂性，在制定协议时，通常把复杂成分分解成一些简单成分，然后再将它们复合起来。最常用的复合技术就是层次方式。协议分层是描述协议软件的基本结构，也是网络系统的重要内容之一。不同层次的协议完成不同任务，各层次之间协调工作实现网络通信。

协议分层的方法很多，OSI 和 TCP/IP 是典型的分层模型。无论哪个模型，分层协议的操作都具有一个相同的原则，即信宿机第 n 层接收到的对象应当与信源机第 n 层发出的对象完全一致。层次结构具备如下特征。

（1）结构中的每一层都规定有明确的任务及接口标准；

（2）把用户的应用程序作为最高层；

（3）除了最高层外，中间的每一层都向上一层提供服务，同时又接受了下一层提供的服务；

（4）把物理通信线路作为最低层。它使用从高层传送来的参数，是提供服务的基础。

1.2.2　OSI 体系结构

OSI（Open System Interconnection）模型是 ISO 于 1977 年提出的网络参考模型，OSI 模型将计算机网络划分为物理层、数据链路层、网络层、传输层、会话层、表示层、应用层七个层次，其中物理层、数据链路层、网络层为低层，负责设备间的通信。会话层、表示层、应用层为高层，主要任务是信息的处理。传输层作为高层与低层的接口，将高层和低层连接起来。OSI 模型如图 1-6 所示。

（1）物理层（Physical Layer）的作用是负责原始比特流的传输，并为其上层数据链路层提供位流传输服务，它不负责传输的内容，仅负责与网络的物理连接及信号的发送和接收情况。

（2）数据链路层（Data Link Layer）的作用是在物理层提供比特流传输服务的基础上，在通信的实体之间建立数据链路连接，以帧为单位传送数据信息，采用差错控制、流量控制等方法，使有差错的物理线路变成无差错的数据链路。

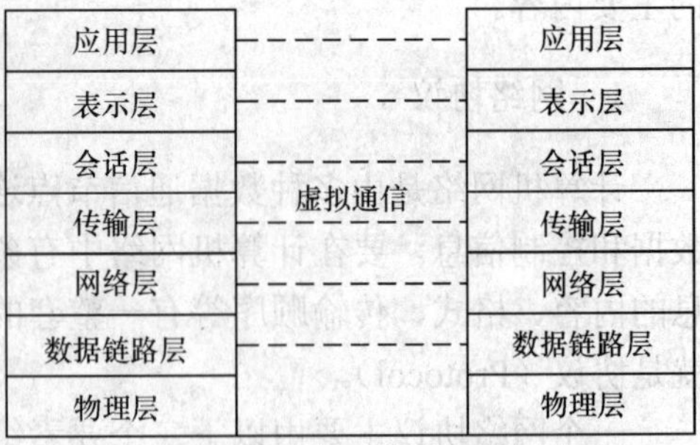

（3）网络层（Network Layer）的主要任务是通过路由算法，为分组通过通信子网选择最佳路径。控制分组传送系统的操作，即路由选择、拥塞控制、网络互联等功能，它的特性对高层是透明的。根据传输层的要求来选择服务质量并向传输层报告未恢复的差错。

应用层		应用层
表示层		表示层
会话层		会话层
传输层	虚拟通信	传输层
网络层		网络层
数据链路层		数据链路层
物理层		物理层

图 1-6　OSI 参考模型

（4）传输层（Transport Layer）的主要任务是向用户提供可靠的端到端（End-to-End）服务，透明地传送报文。它向高层屏蔽了下层数据通信的细节，因而是计算机通信体系结构中最关键的一层。

（5）会话层（Session Layer）提供两个进程之间建立、维护和结束会话连接的功能，提供交互会话的管理功能。有三种数据流方向的控制模式，分别是一路交互、两路交替和两路同时会话。

（6）表示层（Presentation Layer）代表应用进程协商数据表示，完成数据转换、格式化和文本压缩。它处理在两个通信系统中交换信息的表示方式，包括数据加密与解密、数据压缩与解压缩等。

（7）应用层（Application Layer）是开放系统互连参考模型的最高层，它为特定类型的网络应用提供访问 OSI 环境的手段。应用层是面向用户服务的层次，它的协议很多，使用不同的服务协议来提供服务过程。

1.2.3　TCP/IP 体系结构

TCP/IP 参考模型是目前广泛使用的网络体系结构，它并不是严格按照七层模型组织的计算机网络层次结构模型，存在很多不完善的地方，但是它的结构简单，易实现，所以被广泛使用。TCP/IP 参考模型将计算机网络划分为主机至网络层、互联网层、传输层、应用层四层。其结构如图 1-7 所示。主机至网络层相当于 OSI 模型中的物理层和数据链路层。与 OSI 参考模型相比，TCP/IP 参考模型没有表示层和会话层。互联网层相当于 OSI 模型的网络层。

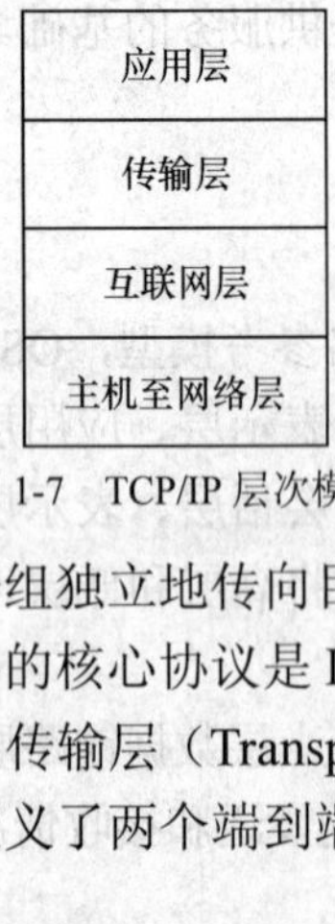

应用层
传输层
互联网层
主机至网络层

图 1-7　TCP/IP 层次模型

主机至网络层也叫做网络接口层或网络存取层，它负责把 TCP/IP 数据包放入网络介质上并且从网络介质上接收 TCP/IP 数据包。网络接口层包含了 OSI 模型中的数据链路层和物理层。

互联网层（Internet layer），又叫做网际网层。它是整个体系结构的关键部分。它的功能是使主机可以把分组发往任何网络并使分组独立地传向目标（可能经由不同的网络）。互联网层负责寻址、打包和路由选择。互联网层的核心协议是 IP、ARP、ICMP 以及 IGMP 等。

传输层（Transport layer）的功能是使源主机和目标主机上的对等实体进行会话。在这一层定义了两个端到端的协议。一个是传输控制协议（Transmission Control Protocol，TCP），它是一个面向连接的协议，允许从一台机器发出的字节流无差错地发往另一台机器。它将输入的字节流分成报文段并传给互联网层。TCP 要处理流量控制，以避免快速发送方向低速接收方发送过多的报文而使接收方无法处理。另一个协议是用户数据报协议（User Datagram Protocol，UDP），它是一个不可靠的、无连接的协议。

应用层（Application layer）包含所有的高层协议，如虚拟终端协议（Telnet）、文件传输协议（FTP）、电子邮件传输协议（SMTP）、域名系统服务（DNS）、网络新闻传输协议（NNTP）和超文本传输协议（HTTP）等。它是面向用户服务的层次。根据传输层提供的服务方式，在应用层也体现为面向无连接的不可靠服务和面向连接的可靠服务。

TCP/IP 的特点是开放协议标准，可以免费使用，并且独立于特定的计算机硬件与操作系统，独立于特定的网络硬件，可以运行在局域网、广域网，更适用于互联网。统一的网络地址分配方案，使得整个 TCP/IP 设备在网中都具有唯一的地址，标准化的高层协议，可以提供多种可靠的用户服务。

1.3　计算机网络的发展和展望

中国互联网络发展状况统计报告（2010）指出，2009 年底 IPv4 地址已经达到 2.3 亿个，数量仅次于美国，是全球第二大 IPv4 地址拥有国，有力地保障了中国互联网的稳步发展。目前 IPv4 地址数量仍旧增长迅速，年增长率为 28.2%。2009 年底域名总数为 1 682 万个，其中 80% 为 .CN 域名。域名数量保持平稳。域名利用率正在增加。网站数量达到 323 万个，网站数量继续平稳增长。国际出口带宽达到 866 367 Mbit/s，增长迅速，年增长率达到 35.3%。

1.3.1　计算机网络新技术

计算机网络的新技术主要包括 IPv6、万兆比特以太网、光纤到户等。

1. IPv6 技术

IPv6 是 IETF（Internet Engineering Task Force，互联网工程任务组）设计的用于替代 IPv4 的下一代 IP。IPv6 迎合了未来网络向 IP 融合统一的发展方向，并提升了 IP 网络的可运营可管理性。IPv6 的优势如下。

（1）地址充足

IPv6 产生的初衷主要是针对 IPv4 地址短缺问题，即从 IPv4 的 32 bit 地址，扩展到了 IPv6 的 128 bit 地址，充分解决了地址匮乏问题。同时 IPv6 地址是有范围的，包括链路本地地址、站点本地地址和任意传播地址，这也进一步增加了地址应用的扩展性。

（2）格式简单

通过简化固定的基本报头、采用 64 比特边界定位、取消 IP 头的校验和域等措施，以提高网络设备对 IP 报文的处理效率。

（3）扩展包头灵活

引入灵活的扩展报头，按照不同协议要求增加扩展头种类，按照处理顺序合理安排扩展头的顺序，其中网络设备需要处理的扩展头在报文头的前部，而需要宿端处理的扩展头在报文头的尾部。

（4）层次区划

IPv6 极大的地址空间使层次性的地址规划成为可能，同时国际标准中已经规定了各个类型地址的层次结构，这样既便于路由的快速查找，也有利于路由聚合，缩减 IPv6 路由表大小，降低网络地址规划的难度。

（5）即插即用

IPv6 引入自动配置以及重配置技术，对于 IP 地址等信息实现自动增删更新配置，提高 IPv6 的易管理性。

（6）安全性高

IPv6 集成了 IPSec，用于网络层的认证与加密，为用户提供端到端安全，使用起来比 IPv4 简单、方便，可以在迁移到 IPv6 时同步发展 IPSec。

（7）QoS 机制

新增流标记域，为源宿端快速处理实时业务提供可能，有利于低性能的业务终端支持 IPv6 的语音、视频等应用。

（8）移动性强

Mobile IPv6 增强了移动终端的移动特性、安全特性、路由特性，降低了网络部署的难度和投资，为用户提供了永久在线的服务。

2．万兆比特以太网技术

万兆比特以太网是用户以 10 Gbit/s 的访问速度进入企业内部网，并能以更宽的主干通道访问 Internet。10 Gbit/s 的以太网由 IEEE 802.3 HSSG（High Speed Study Group）小组专门研究的标准 IEEE 802.3ae 规定，在历经 1999 年的组织成型，2000 年的草案成型及互操作性测试，终于在 2002 年 6 月完成标准制定。

万兆比特以太网以比前者 10 倍以上的能力增加带宽，其通信处理通力将极大地缓解局域网主干网所承受的压力，同时也为用户提供高效运行数据密集型应用程序所需的可伸缩性和速度。更重要的是，它还从根本上对城域网、广域网以及其他长距离网络应用提供了极大支持，它与现存的大量 SONET（电信使用的光网络）兼容，将万兆比特以太网流量映射到 SONET 的 STS-192c 帧中。

万兆比特以太网标准对物理层进行了重新定义。新标准的物理层有两种：分别为 LAN 物理层和 WAN 物理层（可选）。LAN 物理层提供了现在正广泛应用的以太网接口，传输速率为 10 Gbit/s；WAN 物理层则提供了与 SONET OC-192c（STS-192c）和 SDH STM-64 相兼容的接口，传输速率为 9.953 28 Gbit/s。万兆比特以太网的帧格式与 10 Mbit/s，100 Mbit/s，1 Gbit/s 以太网的帧格式完全相同，还保留了 802.3 标准规定的以太网最小和最大帧长，这样它仍能和较低速率的以太网很方便通信。

只使用光纤作为传输媒体。它使用长距离（超过 40 km）的光收发器与单模光纤接口，以便能够工作在广域网和城域网的范围。万兆以太网也可使用较便宜的多模光纤，但传输距离为 65～300 m。

只工作在全双工方式，因此不存在争用问题，也不使用 CSMA/CD 协议，传输距离不再受进行冲突检测的限制而大大提高（交换网络的传输距离只受光纤所能到达距离的限制），而且使标准得以大大简化。

3. 光纤到户

FTTH（Fiber To The Home，光纤到户）是指将光网络单元（Optical Network Unit，ONU）安装在住家用户或企业用户处，是光接入系列中除 FTTD（Fiber To The Desktop，光纤到桌面）外最靠近用户的光接入网应用类型。FTTH 的显著技术特点是不但提供更大的带宽，而且增强了网络对数据格式、速率、波长和协议的透明性，放宽了对环境条件和供电等要求，简化了维护和安装。

FTTH 的优势如下。

（1）它是无源网络，从局端到用户，中间基本上可以做到无源；

（2）它的带宽是比较宽的，长距离正好符合运营商的大规模运用方式；

（3）因为它是在光纤上承载的业务，所以并没有什么问题；

（4）由于它的带宽比较宽，支持的协议比较灵活；

（5）随着技术的发展，包括点对点、1.25 Gbit/s 和 FTTH 的方式都制订了比较完善的功能。

1.3.2　计算机网络的展望

未来计算机网络的发展主要支撑就是无线网络和光纤网络。

1. 无线网络

目前无线网络的应用范围在不断扩展，无线网络的使用可以更好地扩大计算机网络的覆盖范围，解决有线网络移动性差的特点。目前市场上最为热门的三大无线技术是 Wi-Fi、蓝牙以及 HomeRF。

（1）Wi-Fi

Wi-Fi（Wireless-Fidelity），即无线保真技术。它是 IEEE 定义的一个无线网络通信的工业标准，属于在办公室和家庭中使用的短距离无线技术。该技术使用的是 2.4 GHz 附近的频段，该频段目前尚属没用许可的无线频段，它的最大优点就是传输速度较高，可以达到 11 Mbit/s，有效距离长。在开放性区域，通信距离可达 305 m，方便与以太网络整合，组网的成本较低。

（2）蓝牙

蓝牙（Bluetooth）是由东芝、爱立信、IBM、Intel 和诺基亚于 1998 年 5 月共同提出的近距离无线数据通信技术标准。蓝牙系统采用一种灵活的无基站的组网方式，使得一个蓝牙设备可同时与 7 个其他的蓝牙设备相连接。它能够在 10 m 的半径范围内实现单点对多点的无线数据和声音传输，其数据有效传输速度为 721 kbit/s，数据传输速度 1 Mbit/s，2.0 版本的蓝牙技术甚至达到 3 Mbit/s。通信介质为频率在 2.402 GHz 到 2.480 GHz 之间的电磁波。蓝牙技术可以应用于任何可以用无线方式替代线缆的场合。蓝牙技术具有电磁波的基本特征，没有角度及方向性限制，可在物体之间反射、绕射，传输速度快，并有较大的功率。

蓝牙系统的网络结构有两种形式，分别是微微网（Piconet）和分布式网络（Scatternet）。微微网是通过蓝牙技术连接起来的一种微型网络，一个微微网可以只是两台相连的设备，比如一台便携式电脑和一部移动电话，也可以是 8 台连在一起的设备。在一个微微网中，所有设备的级别是相同的，具有相同的权限。在微微网初建时，定义其中一个蓝牙设备为主设备，其余设备则为从设备。分布式网络是由多个独立的非同步的微微网组成的。它靠跳频顺序识别每个微微网。同一微微网所有用户都与这个跳频顺序同步。一个分布网络中，在带有 10

个全负载的独立的微微网的情况下，全双工数据速率超过 6 Mbit/s。

（3）HomeRF

HomeRF 是由 HomeRF 工作组开发的，应用于家庭范围内的无线通信的开放性工业标准。HomeRF 是 IEEE 802.11 与 DECT 的结合，使用这种技术能降低语音数据成本。HomeRF 技术使用开放的 2.4 GHz 频段，采用跳频扩频（FHSS）技术，跳频速率为 50 跳/秒，共有 75 个带宽为 1 MHz 的跳频信道。调制方式为恒定包络的 FSK 调制，分为 2FSK 与 4FSK 两种。2FSK 方式下，最大数据的传输速率为 1 Mbit/s，4FSK 方式下，速率可达 2 Mbit/s。在新的 HomeRF 2.x 标准中，采用了宽带调频（Wide Band Frequency Hopping，WBFH）技术来增加跳频带宽，由原来的 1 MHz 跳频信道增加到 3 MHz、5 MHz，跳频的速率也增加到 75 跳/秒，数据峰值达到 10 Mbit/s。

HomeRF 技术采用共享无线接入协议（SWAP）作为连网的技术指标，建立对等结构的家庭无线局域网，数据通信采用简化的 IEEE 802.11 协议标准，沿用冲突检测的载波监听多址技术（CSMA/CA）。语音通信采用 DECT（Digital Enhanced Cordless Telephony）标准，使用 TDMA 时分多址技术。HomeRF 具有较好的带宽、低干扰和低误码率，真正实现了流媒体服务的支持。

2. 光纤网络

光纤网络是以光波作为信息载体，以光纤作为传输介质的一种网络组织方式。目前以波分多路复用技术（WDM）为基础、以智能化光网络（ION）为目标的光纤网络进一步将控制信令引入光层，满足未来网络对多粒度信息交换的需求，提高资源利用率和组网应用的灵活性。依靠高速光传输技术、宽带光接入技术、节点光交换技术、智能光联网技术构建能够有效支持 IP 业务的下一代光纤网络构成光纤网络研究的热点问题。

1.4 网络标准化组织和论坛

网络标准化组织和论坛在推动网络标准的制定和形成，研发新技术等方面做出了巨大的贡献，下面介绍常见的网络标准化组织和论坛。

1. ISO

ISO（International Organization for Standardization），即国际标准化组织。它是一个全球性的非政府组织，ISO 的任务是促进全球范围内的标准制定及其有关活动，以利于国际间产品与服务的交流，以及在知识、技术和经济活动中发展国际间的相互合作。它在制定开放系统互连（OSI）网络体系标准中做出了重要贡献。

国际标准化组织的站点是 http://www.iso.org。

2. IEEE

IEEE（Institute of Electrical and Electronics Engineers），简称国际电气电子工程师协会，该协会的总部设在美国，主要开发数据通信标准及其他标准，是世界上最大的专业技术学会。1980 年 2 月成立 IEEE 802 委员会。该委员会专门从事局域网标准的制定工作，分成三个分会，分别是传输介质分会、信号访问控制分会和高层接口分会，IEEE 在全球很多国家都设有分会。

IEEE 的站点是：http://www.ieee.org

IEEE 802 的站点是：http://www.ieee802.org。

3. EIA

EIA（Electronic Industries Association），简称电子工业协会，是美国电子产品生产商的联合会。它代表设计生产电子元件、部件、通信系统和设备的制造商以及工业界、政府和用户的利益。EIA 在定义数据通信的物理连接接口和电气信号特性的标准方面起了很重要的作用。

EIA 的站点是：http://www.eia.org。

4. ACM

ACM（Association of Computing Machinery），即美国计算机协会，它是一个国际科学教育计算机组织，它致力于发展在高级艺术、最新科学、工程技术和应用领域中的信息技术，强调在专业领域或在社会感兴趣的领域中培养、发展开放式的信息交换，推动高级的专业技术和通用标准的发展。

ACM 的站点是：http://www.acm.org。

5. IETF

IETF（The Internet Engineering Task Force），即互联网工程任务组，它是负责互联网相关技术规范的研发和制定的学术组织。它主要完成鉴定互联网的运行和技术问题，并提出解决方案，详细说明互联网协议的发展和用途，解决相应问题，并向 IESG 提出针对互联网协议标准及用途的建议，促进互联网研究任务组（IRTF）的技术研究成果向互联网社区的推广。

IETF 产生两种文件，一个叫做 Internet Draft，即互联网草案。第二个是 RFC，即请求注解文档。标准的 RFC 分为提议性的标准、完全被认可的标准、最佳实践法标准三个类型。查询 RFC 信息可以访问 IETF 的站点。

IETF 的站点是：http://www.ietf.org。

小　　结

本章主要介绍了计算机网络的基本概念，主要的内容包括计算机网络的定义和分类，网络通信协议的基本概念，OSI 和 TCP/IP 体系结构模型，计算机网络的相关新技术，计算机网络的展望，常见的网络标准化组织和论坛等。

习　　题

一、选择题

1. 网络协议的三要素不包括＿＿＿＿＿＿＿。

　　A．语法　　　　B．语义　　　　　　C．时限　　　　　D．词法

2．下列关于网络体系结构层次的说法错误的是_____。

    A．结构中的每一层都规定有明确的任务及接口标准

    B．把用户的应用程序作为最高层

    C．除了最高层外，中间的每一层都接受上一层提供服务，同时又向下一层提供的服务

    D．把物理通信线路作为最低层。它使用从高层传送来的参数，是提供服务的基础

3．OSI 参考模型的_____提供两个进程之间建立、维护和结束会话连接的功能，提供交互会话的管理功能。

    A．会话层   B．网络层   C．传输层   D．表示层

4．TCP/IP 互联网层的核心协议不包括_____。

    A．IP   B．ARP   C．ICMP   D．HTTP

5．IPv6 的地址长度为_____，充分解决了地址匮乏问题。

    A．64 bit   B．96 bit   C．128 bit   D．256 bit

6．下列属于促进互联网研究任务组（IRTF）的技术研究成果向互联网社区推广的组织是_____。

    A．IETF   B．ACM   C．CCITT   D．OSI

7．下列关于网状拓扑结构的描述错误的是_____。

    A．在网状拓扑结构中，任意的两个主机都可以连接

    B．网络中存在多条链路，每个节点至少有两条链路与其他节点相连

    C．网状拓扑结构以路由选择为主要任务

    D．网状拓扑结构易于管理和维护，线路成本较低

8．万兆比特以太网是用户以_____的访问速度进入企业内部网。

    A．10 Gbit/s   B．100 Gbit/s   C．1 000 Mbit/s   D．100 Mbit/s

9．在 OSI 参考模型中位于会话层和应用层之间的层次是_____。

    A．表示层   B．传输层   C．网络层   D．数据链路层

10．环型网络拓扑结构有单环结构和双环结构两种，其中_____是双环结构的典型代表。

    A．Token Ring   B．FDDI

    C．Ethernet   D．Ad-Hoc

第 2 章 数据通信技术

本章要求：

- 了解数据通信的基本概念；
- 理解数据通信的一般模型；
- 掌握常见的 4 种数据通信系统的模型；
- 理解数据通信的基本方式；
- 掌握单极性的数据编码方式；
- 掌握极化数据编码方式；
- 掌握双极性的数据编码方式；
- 理解多路复用技术的基本作用；
- 掌握 FDM 的基本原理及工作过程；
- 掌握 TDM 及 STDM 的基本原理及工作过程；
- 了解 WDM 和 CDMA 的基本原理；
- 掌握常见的差错控制技术；
- 掌握常见的流量控制技术及特点。

2.1 数据通信概述

数据通信从信号类型的分类来看有模拟和数字两种类型。

模拟信号指的是信号的某一参量（振幅、频率、相位等）可以取无限多个数值，且直接与消息相对应。模拟信号有时也称连续信号，这个连续是指信号的某一参量可以连续变化，如温度、压力，以及目前在电视广播中的声音和图像。

数字信号是用一连串脉冲来代表所要传送的信息的，不同的脉冲组合代表不同的信息。数字信号在数学上表示为在某区间内离散变化的值，因此，数字信号的波形是离散的、不连续的。因为脉冲只有有、无两种状态，所以可以用二进制数字，即 0 和 1 的组合来代表。

2.1.1 数据通信的一般模型

实现信息传递所需的一切技术设备和传输介质的总和称为通信系统，通信系统的一般模型如图 2-1 所示。

图 2-1 中，信源（信息源，也称为发终端）的作用是把待传输的消息转换成原始电信号，如电话系统中电话机可看成是信源。信源输出的信号称为基带信号，所谓基带信号是指没有

经过调制（进行频谱搬移和变换）的原始电信号，其特点是信号频谱从零频附近开始，具有低通形式。根据原始电信号的特征，基带信号可分为数字基带信号和模拟基带信号，相应地，信源也分为数字信源和模拟信源。

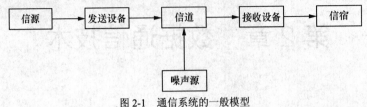

图 2-1　通信系统的一般模型

发送设备的基本功能是将信源和信道匹配起来，即将信源产生的原始电信号（基带信号）变换成适合在信道中传输的信号。变换方式是多种多样的，在需要频谱搬移的场合，调制是最常见的变换方式；对传输数字信号来说，发送设备又常常包含信源编码、信道编码等。

信道是指信号传输的通道，可以是有线的，也可以是无线的，甚至还可以包含某些设备。图 2-1 中的噪声源，是信道中的所有噪声以及分散在通信系统中其他各处噪声的集合。

在接收端，接收设备的功能与发送设备相反，即进行解调、译码、解码等。它的任务是从带有干扰的接收信号中恢复出相应的原始电信号。

信宿（也称为受信者或收终端）是将复原的原始电信号转换成相应的消息，如电话机将对方传来的电信号还原成了声音。

2.1.2　常见的数据通信系统

常见的通信系统包括模拟通信系统、数字频带传输系统、数字基带传输系统和模拟信号数字化传输系统 4 类。

1. 模拟通信系统

对于模拟通信系统，它主要包含两种重要变换，即把连续消息变换成电信号和把电信号恢复成最初的连续消息的过程。经过调制后的信号通常被称为已调信号。模拟通信系统的组成如图 2-2 所示。

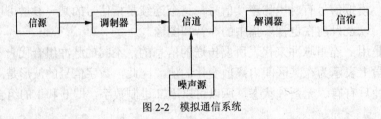

图 2-2　模拟通信系统

已调信号有 3 个基本特性，一是携带有消息，二是适合在信道中传输，三是频谱具有带通形式，且中心频率远离零频。因而已调信号又称为频带信号。

2. 数字频带传输通信系统

通常把有调制器/解调器的数字通信系统称为数字频带传输通信系统。数字频带通信系统的模型如图 2-3 所示。

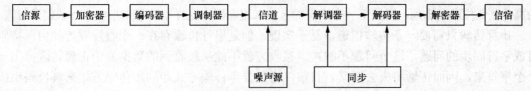

图 2-3　数字频带传输通信系统

说明： 图 2-3 中调制器/解调器、加密器/解密器、编码器/译码器等环节，在具体通信系统中是否全部采用，取决于具体设计条件和要求。但在一个系统中，如果发送端有调制/加密/编码设备，则接收端必须有解调/解密/译码设备。

3. 数字基带传输通信系统

与数字频带传输通信系统相对应，把没有调制器/解调器的数字通信系统称为数字基带传输通信系统如图 2-4 所示。

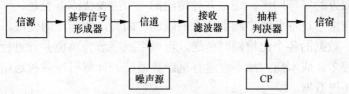

图 2-4　数字基带传输通信系统

图 2-4 中基带信号形成器可能包括编码器、加密器、波形变换器等，接收滤波器可能包括译码器、解密器等。

4. 模拟信号数字化传输通信系统

要实现模拟信号在数字系统中的传输，则必须在发送端将模拟信号数字化，即进行 A/D（Analog/Digital）转换；在接收端需进行相反的转换，即 D/A（Digital/Analog）转换。实现模拟信号数字化传输的系统如图 2-5 所示。

图 2-5　模拟信号数字化传输通信系统

2.2　数据通信方式

本节介绍常见的数据通信方式。

2.2.1　串行传输和并行传输

串行传输和并行传输用于指明传输信号的信号数量，如果用一个信道实现数据传输，则采用的是串行传输，如果采用多个信道同时实现数据传输，则采用的是并行传输。

1. 串行传输

串行传输指的是数据流以串行方式，在一条信道上传输。一个字符的 8 个二进制代码，由高位到低位顺序排列，再接下一个字符的 8 位二进制码，这样串接起来形成串行数据流传输。

串行传输只需要一条传输信道，易于实现。但是串行传输存在一个收发双方如何保持码组或字符同步的问题，这个问题不解决，接收方就不能从接收到的数据流中正确地区分出一个个字符来，因而传输将失去意义。目前，通过异步传输方式和同步传输方式来解决码组或字符的同步问题，串行传输适合远距离设备间的通信，但传输速率较慢。

2. 并行传输

如果将代表信息的数字信号序列分割成两路或两路以上的数字信号序列同时在信道上传输，则称为并行传输通信方式。并行通信传输中有多个数据位，同时在两个设备之间传输。发送设备将这些数据位通过对应的数据线传送给接收设备，还可附加一位数据校验位。接收设备可同时接收到这些数据，不需要做任何变换就可直接使用。

并行传输的收发双方不存在字符的同步问题，不需要另加"起"、"止"信号或其他同步信号来实现收发双方的字符同步，这是并行传输的一个主要优点。但是，并行传输必须有并行信道，这往往带来了设备上或实施条件上的限制，因此，实际应用受限。

并行通信时，数据的各个比特同时传送，可以字或字节为单位并行进行。并行通信速度快，但用的通信线多、成本高，故不宜进行远距离通信。计算机或各种通信设备的内部总线就是以并行方式传送数据。

2.2.2 异步通信和同步通信

在通信过程中，发送方和接收方必须在时间上保持步调一致，即同步，才能准确地传送信息。解决的方法是，要求接收端根据发送数据的起止时间和时钟频率，来校正自己的时间基准与时钟频率。这个过程叫做位同步或码元同步。在传送由多个码元组成的字符以及由许多字符组成的数据块时，通信双方也要就信息的起止时间取得一致，这种同步作用有两种不同的方式，因而也就对应了两种不同的传输方式。

1. 异步传输

异步传输方式中，一次只传输一个字符。每个字符用一位起始位引导、一位停止位结束。起始位为"0"，占一位时间；停止位为"1"，占 1～2 位的持续时间。在没有数据发送时，发送方可发送连续的停止位（称空闲位）。接收方根据"1"至"0"的跳变来判别一个新字符的开始，然后接收字符中的所有位。这种通信方式简单便宜，但每个字符有 2～3 位的额外开销。图 2-6 所示为异步传输的数据格式。

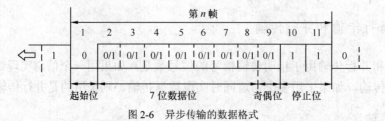

图 2-6 异步传输的数据格式

其中，第 1 位为起始位（低电平"0"），第 2～8 位为 7 位数据（字符），第 9 位为数据位的奇或偶校验位，第 10～11 位为停止位（高电平"1"）。停止位可以用 1 位、1.5 位或 2 位脉宽来表示。因此，一帧信息由 10 位、10.5 位或 11 位构成。

异步传输就是按照上述约定好的固定格式，一帧一帧地传送。由于每个字符都要用起始位和停止位作为字符开始和结束的标志，因而传送效率低，主要用于中、低速通信的场合。异步传输是起止式传输，它是利用起止方法来保持收发双方同步的。每次只能传输一个编码字符，可以连续发送多个字符，可以随即进行单独发送。接收端通过检测起始位和停止位来判断新近到达的字符，保持收发双方每传输一个字符就重新校验一次同步关系，不易造成时钟误差。

2. 同步传输

同步传输时，用 1 个或 2 个同步字符表示传送过程的开始，接着是 n 个字符的数据块，字符之间不允许有空隙。发送端发送时，首先对欲发送的原始数据进行编码，如采用曼彻斯特编码或差动曼彻斯特编码，形成编码数据后再向外发送。由于发送端发送的数据编码自带同步时钟，实现了收发双方的自同步功能。接收端经过解码，便可以得到原始数据。

在同步传输的一帧信息中，多个要传送的字符放在同步字符后面，这样，每个字符的起始、停止位就不需要了，额外开销大大减少，以此数据传输效率高于异步传输，常用于高速通信的场合。但同步传输的硬件比异步传输复杂。

同步传输时，为使接收方能判定数据块的开始和结束，还须在每个数据块的开始处和结束处各加一个帧头和一个帧尾，加有帧头、帧尾的数据称为一帧（Frame）。帧头和帧尾的特性取决于数据块是面向字符的还是面向比特的。

（1）面向字符型

如果采用面向字符的方案，那么每个数据块以一个或多个同步字符作为开始。同步字符通常称为 SYN，这一控制字符的位模式与传输的任何数据字符都有明显的差别。帧尾是另一个唯一的控制字符。这样，接收方判别到 SYN 字符后，就可接收数据块，直到发现帧尾字符为止。然后，接收方再判别下一个 SW 字符。例如，IBM 公司的二进同步规程 mc 就是这样一种面向字符的同步传输方案。图 2-7 所示为面向字符型的同步数据格式。

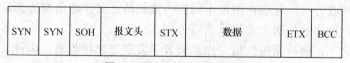

| SYN | SYN | SOH | 报文头 | STX | 数据 | ETX | BCC |

图 2-7 面向字符型的数据格式

图 2-7 中，SYN 表示同步符，SOH 为报文头开始，STX 为正文开始，ETX 为正文结束，BCC 为校验。

（2）面向比特型

面向比特型的方案是把数据块作为位流而不是作为字符流来处理。在面向比特的方案中，由于数据块中可以有任意的位模式，因此不能保证在数据块中出现帧头和帧尾标志，为此把帧头和帧尾都使用模式 01111110（称为标志），而为了避免在数据块中出现这种模式，发送方在所发送的数据中每当出现 5 个 1 之后就插入一个附加的 0。当接收方检测到 5 个 1 的序列时，就检查后续的一位数据，若该位是 0，接收方就删除掉这个附加的 0，这种规程就是所谓的位插入（Bit Stuffing）技术。在国际标准化组织（ISO）所规定的高级数据链路控制规程（High-Level Data Link Control，HDLC）和 IBM 公司所规定的同步数据链路控制规程（Synchronous Data Link Control，SDLC）中都采用这种技术。图 2-8 所示为面向比特型的同步数据格式。

同步传输应用在高速传输系统中，每次传送的是一个完整的数据帧，因而效率高。但由于收发双方需建立准确的同步关系，所以实现起来比较复杂。

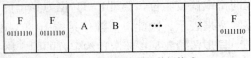

| F
01111110 | F
01111110 | A | B | ··· | X | F
01111110 |

图 2-8　面向比特型的数据格式

2.2.3　单工、半双工和双工通信

根据数据传输的方向和信道是否可逆可将数据通信方式分为单工、半双工和双工（全双工）3 种。

1．单工通信方式

在单工信道上信息只能在一个方向传送。发送方不能接收，接收方不能发送。信道的全部带宽都用于由发送方到接收方的数据传送。单工通信的例子很多，如广播、遥控、无线寻呼等。这里，信号（消息）只从广播发射台、遥控器和无线寻呼中心分别传到收音机、遥控对象和 BP 机上。

2．半双工通信方式

在半双工信道上，通信双方可以交替发送和接收信息，但不能同时发送和接收。在一段时间内，信道的全部带宽用于一个方向上的信息传递。这种方式要求通信双方都有发送和接收能力，有双向传送信息的能力。

采用半双工方式时，通信系统每一端的发送器和接收器，通过收/发开关转接到通信线上，进行方向的切换，因此，会产生时间延迟。收/发开关实际上是由软件控制的电子开关。对讲机是典型的半双工通信设备。

3．全双工通信方式

这是一种可同时进行信息的传递的通信方式。两地间可以在两个方向上同时进行传输。当数据的发送和接收分流，分别由两根不同的传输线传送时，通信双方都能在同一时刻进行发送和接收操作，这样的传送方式就是全双工制。

在全双工方式下，通信系统的每一端都设置了发送器和接收器，因此，能控制数据同时在两个方向上传送。很明显，全双工通信的信道是双向信道。电话系统、计算机网络等大多数通信系统都是全双工方式。

2.3　数字信号编码

数字信号编码指的是将二进制数字信号 0，1 串采用脉冲实现描述的过程。通常的数字信号编码可分为单极性编码、极化编码和双极性编码 3 种。

2.3.1　单极性编码

单极性编码指的是只使用一个电压值，代表二进制中的一个状态，而以零电压代表另一个状态的编码方式。常见的单极性编码包括单极性归零码和单极性非归零码两个类型。

1. 单极性非归零码

非归零码（Not Return Zero，NRZ）在整个码元期间电平保持不变。单极性非归零码的一个波形如图 2-9 所示，这是一种最简单常用的基带信号形式。这种信号脉冲的零电平和正电平分别对应着二进制代码 0 和 1，或者说，它在一个码元时间内用脉冲的有或无来对应表示 0 或 1。其特点是极性单一，有直流分量，脉冲之间无间隔。另外位同步信息包含在电平的转换之中，当出现连 0 序列时没有位同步信息。

2. 单极性归零编码

归零码（Return Zero，RZ）在整个码元期间高电平只维持一段时间，其余时间返回零电平，即归零码的有电脉冲宽度比码元宽度窄（即占空比<1），每个脉冲在还没有到一个码元终止时刻就回到零值。单极性归零码在每一码元的时间间隔内，当发 1 时，发出正电平，但是发电流的时间短于一个码元的时间。当发 0 时，仍然完全不发送电平。这样发 1 时有一部分时间不发电平，幅度降为零电平。

单极性归零码与单极性非归零码的区别是，有电脉冲宽度小于码元宽度，每个有电脉冲在小于码元长度内总要回到零电平，所以称为归零波形。单极性归零波形可以直接提取定时信息，是其他波形提取位定时信号时需要采用的一种过渡波形。单极性归零码的波形如图 2-10 所示。

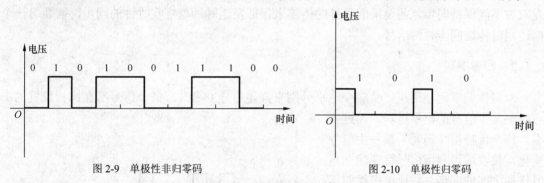

图 2-9　单极性非归零码　　　　　　　　图 2-10　单极性归零码

单极性信号平均振幅不为零，含有直流分量，不能在没有处理直流分量能力的介质（如微波）上传输。当传输连续 0 或连续 1 时电压不变，接收端无法知道每个比特的开始和结束，而且传输时延会使时序失步，使连续 0/1 状态的数目被误识。通常需外加同步定时脉冲传送线路，从而使系统成本增加。这些问题使得单极性编码较少采用。

2.3.2　极化编码

极化编码使用一正一负两个电压值（即双极性）代表二进制比特值。在极化编码各种变型中，只讨论三类最普遍的，即非归零编码、双极性归零码和双相位编码。非归零编码包括非归零电平编码和非归零反相编码。双相位编码包括曼彻斯特编码和差分曼彻斯特编码。

1. 非归零编码

（1）非归零电平码（No-Return-Zero Level，NRZ-L）

非归零电平码用正电平来描述信号 1，用负电平来描述信号 0。非归零电平码（NRZ-L）

的码型如图 2-11 所示。

在采用 NRZ-L 的情况下，若线路上的电平为 0，则说明当前线路上没有信号传输。NRZ-L 编码思想简单，易于实现，但是不易提取同步信息，特别是在传输长 0 和长 1 串时。

（2）非归零反相码（No Return Zero-Inverse，NRZ-I）

非归零反相码指的是，如果传输一个比特的起始时刻发生了电平跳变，那么这个比特就代表二进制 1，如果此刻没有发生电平跳变，那么这个比特就代表二进制的 0。非归零反相码的码型如图 2-12 所示。

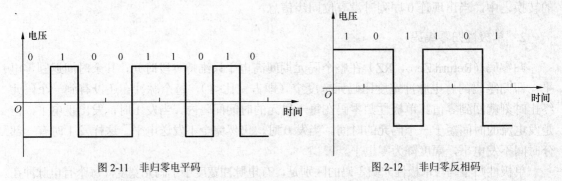

图 2-11　非归零电平码　　　　　　　　　图 2-12　非归零反相码

非归零反相码解决了长 1 串的同步问题，但是对连续的长 0 串仍然无能为力。NRZ-I 编码虽然简单，但其抗干扰能力比较差。另外，由于接收方不能正确判断开始与结束，从而收发双方不能保持同步，需要采取另外的措施来保证发送时钟与接收时钟的同步，需要另一个信道同时传送同步时钟信号。

2．归零编码

双极性归零码使用正、负二个电平分别来描述信号 0 和 1，每个信号都在比特位置的中点时刻发生信号的归零过程。通过归零，每个比特位（码元）都发生信号变化，接收端可利用信号跳变建立与发送端之间的同步。它比单极性归零编码有效。缺陷是每个比特位发生两次信号变化，多占用了带宽。

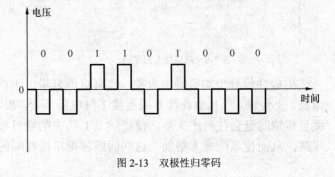

图 2-13　双极性归零码

图 2-13 所示的是双极性归零码的波形表示，其中"1"码发正的窄脉冲，"0"码发负的窄脉冲，两个码元的间隔时间可以大于每一个窄脉冲的宽度，取样时间对准脉冲的中心。

3．双相位编码

双相位编码指的是使用两种电平的自同步编码，每个比特位间隙中信号出现一次电平跳变（相位改变），但不归零。正因为每个码元都发生信号跃迁，故传输效率几乎减小了一半。这种编码方式又叫做裂相码。

（1）曼彻斯特编码

曼彻斯特编码将每个比特的周期分为前与后两部分，通过前传送该比特的反码，通过后传送该比特的原码。每个比特的中间有一次跳变，它既可以作为位同步方式的内带时钟，又可以表示二进制数据。当表示数据时，由高电平到低电平的跳变表示"0"，由低电平到高电平的跳变表示"1"，位与位之间有或没有跳变都不代表实际的意义。图 2-14 所示为曼彻斯特编码的波形。

曼彻斯特编码自带时钟信号，不必另发同步时钟信号，另外不含直流分量。

（2）差分曼彻斯特编码

差分曼彻斯特编码是糅合差分码和裂相码的编码方式，在这种编码内，每个 1 信号都发生相邻的交替反转过程，而每个 0 作为跟随信息。差分曼彻斯特编码每个比特的中间有一次跳变，它只作为位同步方式的内带时钟，不论由高电平到低电平的跳变，还是由低电平到高电平的跳变都与数据信号无关。

二进制数据 0 和 1 是根据两比特之间有没有跳变来区分的。如果两比特中间有一次电平跳变，则下一个数据是"0"。如果两比特中间没有电平跳变，则下一个数据是"1"。

差分曼彻斯特编码规则是：码元为 1，则其前半个码元的电平与上一个码元的后半个码元的电平一样，但若码元为 0，则其前半个码元的电平与上一个码元的后半个码元的电平相反。不论码元是 1 或 0，在每个码元的中间时刻，一定要有一次电平的转换。差分曼彻斯特编码需要较复杂的技术，但可以获得较好的抗干扰性能。图 2-15 所示为差分曼彻斯特编码的一个例子。

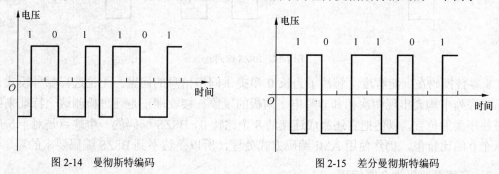

图 2-14　曼彻斯特编码　　　　　　图 2-15　差分曼彻斯特编码

曼彻斯特编码与差分曼彻斯特编码明显的缺点都是效率较低，由于在每个比特中间都有一次跳变，所以时钟频率是信号速率的 2 倍。

2.3.3　双极性编码

双极性编码采用正、负、零 3 个电平，0 电平表示 0，正负电平交替表示 1。双极性编码主要用来解决单极性码中的长 1 和长 0 问题和极化编码带宽问题。常用的双极性编码包括双极性信号交替反转码（Alternate Mark Inverting，AMI）、双极性 8 零替换编码（B8ZS）和高密度双极性 3 零编码（HDB3）。

1. 双极性信号交替反转码

AMI 码指的是用零电平代表二进制 0，交替出现的正负电压表示 1。信号交替反转码用交替变换的正、负电平表示比特 1 的方法使其所含的直流分量为零。AMI 实现了两个目标，一是直流分量为零，二是可对连续的比特 1 进行同步。但对一连串的比特 0 并无同步确保机制。为解决比特 0 的同步，两种 AMI 的变型 B8ZS 和 HDB3 被研究出来，前者在北美使用，后者用于日本和欧洲。AMI 码对具有变压器或其他交流隔合的传输信道来说，不易受隔直特性的影响，若接收端收到的码元极性与发送端的完全相反，也能正确判决。图 2-16 所示为 AMI 码的一个波形表示。

2. 双极性 8 零替换编码

在 AMI 编码中，当连续出现 8 个比特 0 时，强行加入称为扰动的人工信号变化，根据连续 0 的前导比特 1 的极性，采用如下的编码规则替换这个 8 零串的方式就是 B8ZS 编码。如果前导 1 是正电平，则 8 个 0 被编码为"0, 0, 0, 正, 负, 0, 负, 正"。当前导 1 为负电平时，比特的编码模式为"0, 0, 0, 负, 正, 0, 正, 负"。

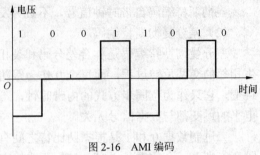

图 2-16　AMI 编码

例如，采用 B8ZS 码对数据 10100000000010 进行编码，假设序列中第一个比特 1 的极性为负，得到数据的波形如图 2-17 所示。

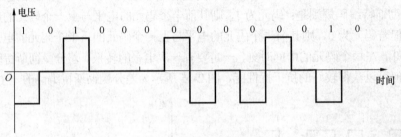

图 2-17　B8ZS 编码波形

8 零替换码在一定程度上解决了为长 0 串提供同步信息的问题。无论选择哪种模式，替换后的序列中均会出现两次相邻非零电平同极的现象。接收端正是通过检测这个特征来确定被替换序列的位置，以便把它还原成连续的 8 个比特 0。B8ZS 编码的一个缺点是对于长度不足八个 0 的比特串，仍然使用 AMI 编码方式处理，所以是达不到 B8ZS 编码要求的。

3. 高密度双极性 3 零编码

高密度双极性 3 零（HDB3）编码时，先把消息代码变成 AMI 码，当出现 4 个或 4 个以上连续 0 码时进行处理，根据相邻的两个 4 零串中所夹的 1 的个数的奇偶性来进行替换。当所夹的比特 1 的个数为奇数时，用 000D 代替 0000，当所夹的比特 1 个数为偶数时，用 100D 代替 0000。通常把 D 称为破坏点，其中所有的 0 仍然使用 0 电平表示，改变的 1 与前边最近的 1 相反，D 与前边最近的 1 相同。

HDB3 编码中，接收端通过比较最近的两个比特 1 的极性来确定需还原的序列位置。HDB3 的译码比较简单，同时它对定时信号的恢复极为有利。HDB3 是 CCITT 推荐使用的码之一。例如，设数据序列首部的比特 1 极性为正，根据 HDB3 编码的替换规则，得到数据 10000110000101 的波形如图 2-18 所示。

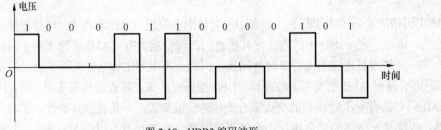

图 2-18　HDB3 编码波形

2.4　多路复用技术

多路复用技术指的是采用一条高速传输介质（信道）来分时/分频率传送多路低速信号从而有效地提高传输介质利用率的技术。常见的多路复用技术有 FDM、TDM 等。

2.4.1　频分多路复用

频分多路复用（Frequency Division Multiplexing，FDM），指的是按照频率参量的差别来分割信号的复用方式。FDM 的基本原理是若干通信信道共用一条传输线路的频谱。在物理信道的可用带宽超过单个原始信号所需带宽情况下，可将该物理信道的总带宽分割成若干个与传输单个信号带宽相同的子信道，每个子信道传输一路信号。FDM 将传输频带分成 n 部分后，每一个部分均可作为一个独立的传输信道使用。这样在一对传输线路上就有 n 路信息传送，而每一对话路所占用的只是其中的一个频段。

图 2-19 所示为 FDM 的一般情况。在该图中，有 4 个信号源输入到一个多路复用器上，复用器用不同的频率（f_1，f_2，f_3，f_4）调制每一个信号。每个调制后的信号都需要一个以它的载波频率为中心的带宽，称之为通道（信道）。

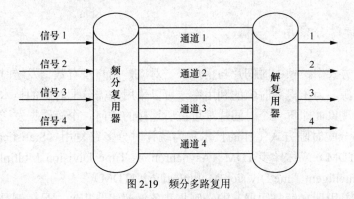

图 2-19　频分多路复用

FDM 的每个信道分别占用永久分配给它的一个频段，为了防止信号间的相互干扰，在每一条通道间使用保护频带进行隔离。保护频带是一些无用的频谱区。若介质频宽为 f，若均分为 n 路子信道，则每个信道的最大带宽为 f/n。考虑保护带宽，则每个信道的可用带宽都小于 f/n。信道 1 的频谱在 $0 \sim f/n$ 之间，信道 2 的频谱在 $f/n \sim 2f/n$ 之间，依此类推。例如，在载波电话中，语音信号的频谱为 $300 \sim 3\,400\,\text{Hz}$，因而，分配给每条语音话路 4 kHz 的带宽。

2.4.2　时分多路复用

时分多路复用（Time Division Multiplexing，TDM），指的是以时间作为分割信号的参量，信号在时间位置上分开但它们能占用的频带是重叠的。当传输信道所能达到的数据传输速率超过了传输信号所需的数据传输速率时即可采用 TDM。

TDM 的理论基础是抽样定理。抽样定理使连续（模拟）的基带信号有可能被在时间上离散出现的抽样脉冲值所代替。这样，当抽样脉冲占据较短时间时，在抽样脉冲之间就留出了时间空隙，利用这种空隙便可以传输其他信号的抽样值。因此，这就有可能沿一条信道同时传送若干个基带信号。TDM 的复用过程如图 2-20 所示。

图 2-20 中，3 路信号通过一个高速旋转的开关轮转来使用公共信道。各路信号首先通过相应的低通滤波器，使输入信号变为带限信号，然后再送到抽样开关（或转换开关），转换开关每 T_S 秒将各路信号依次抽样一次，这样 3 个抽样值按先后顺序错开纳入抽样间隔 T_S 之内。合成的复用信号是 3 个抽样消息

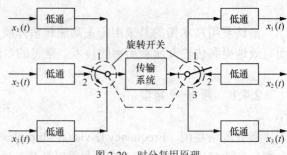

图 2-20　时分复用原理

之和。由各个消息构成单一抽样的一组脉冲叫做一帧，一帧中相邻两个抽样脉冲之间的时间间隔叫做时隙，未能被抽样脉冲占用的时隙部分称为防护时间。

多路复用信号可以直接送入信道传输，或者加到调制器上变换成适于信道传输的形式后再送入信道传输。

在接收端，合成的时分复用信号由分路开关依次送入各路相应的重建低通滤波器，恢复出原来的连续信号。在 TDM 中，发送端的转换开关和接收端的分路开关必须同步。所以在发送端和接收端都设有时钟脉冲序列来稳定开关时间，以保证两个时钟序列合拍。

2.4.3　统计时分复用

同步 TDM 方式中，帧中时间片与用户一一对应，用户没有数据发送时也占用这个时间片，因而浪费资源。为了提高时隙的利用率，可以采用按需分配时隙的技术，以避免每帧中出现空闲时隙的现象，即每一个时间片都可被所连接的任何一个有数据发送的输入线路所使用。以这种动态分配时隙方式工作的技术称为统计时分多路复用（Statistical Time Division Multiplexing，STDM）或称异步 TDM（Asynchronous Time Division Multiplexing，ATDM）或智能 TDM（Intelligent Time Division Multiplexing，ITDM）。

STDM 系统复用器（解复用器）的一侧与几条低速线路相连，另一侧是高速复用线路，每条低速线路都有一个与之相联系的 I/O 缓冲区。在发送端，复用器首先扫描各条低速线路（输入缓冲区），将输入数据组织成 STDM 帧。STDM 帧长度可以是固定的也可以是不固定的，时间片位置也可以是不固定的，所以每帧不仅包含数据，还有地址信息（每个时间片所对应数据都带地址）。在接收端，解复用器根据 STDM 帧结构将时隙数据分发给合适的输出缓冲区，直到输出设备。

STDM 所使用的帧结构对系统性能有一定的影响，一般应尽量减少用于管理的附加信息，将额外开销比特压缩到最小，以改善吞吐能力。

2.4.4　波分多路复用

波分多路复用（Wavelength Division Multiplexing，WDM）利用不同波长的光在一条光纤上同时传输多路信号，主要用于光纤通信。

波分多路复用在发送端，利用波分多路复用设备将不同信道的信号调制成不同波长的光，并复用到光纤信道上。在接收方，采用波分复用设备分离不同波长的光信号。发送端的波分复用设备叫合波器，接收端的波分复用设备叫分波器。WDM 复用原理如图 2-21 所示。

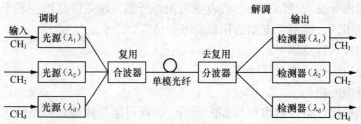

图 2-21　波分多路复用原理

波分多路复用使用无源的衍射光栅来实现不同光波的合成和分解。即在发送端两根光纤连接到一个棱柱（或更可能是衍射光栅）上，每根光纤的能量处于不同的波段，合成到一根共享的光纤上，传送到远方的目的地，在接收端利用相同的设备将各路光波分解开来，如图 2-22 所示。

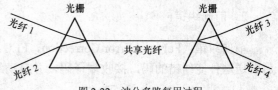

图 2-22　波分多路复用过程

2.4.5　码分多址复用

码分多址复用（Code Division Multiple Access，CDMA）是采用地址码和时间、频率共同区分信道的多路复用方式。CDMA 将需要传送的具有一定信号带宽的信息数据，用一个带宽远大于信号带宽的高速伪随机码进行调制，使原数据信号的带宽被扩展，再经载波调制并发送出去。接收端也使用完全相同的伪随机码，对接收的带宽信号作相关处理，把宽带信号换成原信息数据的窄带信号即解扩，以实现信息通信。

不同的移动台可以使用同一个频率，但是每个移动台都被分配带有一个独特的"码序列"，该序列码与所有别的"码序列"都不相同，因为是靠不同的"码序列"来区分不同的移动台，所以各个用户相互之间也没有干扰，从而达到了多路复用的目的。

2.5　差错控制技术

差错控制技术是保证数据传输可靠性的基本技术。常见的差错控制编码是实现出错控制的基本策略。

2.5.1　差错控制方法

差错控制方式基本上分为两类，一类称为"反馈纠错"，另一类称为"前向纠错"。在这两类基础上又派生出一种，称为"混合纠错"。

1. 反馈纠错

反馈纠错，即信息反馈（Information Request Repetition，IRQ）方式，也称为回程校验方式，在发送端检测错误。这种方式在是发送端采用某种能检错的编码对所传信息进行编码，加入少量监督码元，在接收端则根据编码规则收到的编码信号进行检查，当检测出（发现）有错码时，即向发送端发出询问信号，要求重发。发送端在收到询问信号后，立即重发已发生传输差错的那部分发信息，直到正确收到为止。所谓发现差错是指在若干接收码元中知道有一个或一些是错的，但不一定知道错误的准确位置。

IRQ 方式的技术特点如下：

（1）无需差错编码，信息冗余度小；

（2）需要反馈回路；

（3）发送端检错，信息传输距离加大一倍，因而可能导致额外的差错和重传；

（4）系统发、收端均需较大容量的存储器来存储传输信息，以备检错和输出；

（5）传输率很低，很少应用。

2. 前向纠错

前向纠错（Forward Error Correction，FEC）控制方法是在发送端进行逐行纠错编码，然后发送这种能纠错的码，接收端译码，并自动纠正传输差错。

3. 混合纠错

混合纠错（Hybrid Error Correction，HEC）的方式是少量纠错在接收端自动纠正，差错较严重，超出自行纠正能力时，就向发送端发出询问信号，要求重发。因此，"混合纠错"是"前向纠错"及"反馈纠错"两种方式的混合。

HEC 将 IRQ 和 FEC 方式结合起来，发送端发送的码不仅能检测错误，而且能够在一定程度内纠正错误的编码。接收端译码器收到码组后，首先检测传输是否有错，如果有错，且差错在码组纠错能力以内自动纠错，否则请求发送器重发。简言之，能纠错就纠错，不能纠错就重发。HEC 降低 FEC 编译码的复杂性，提高了 ARQ（Automatic Repeat Request）方式信息连贯性。

对于不同类型的信道，应采用不同的差错控制技术，否则就将事倍功半。反馈纠错可用于双向数据通信，前向纠错则用于单向数字信号的传输。例如，广播数字电视系统，因为这种系统没有反馈通道。

2.5.2 差错控制编码

常见的差错控制编码包括奇偶校验码、方阵校验码等。

1. 奇偶校验码

奇偶校验是奇校验码和偶校验码的统称，是一种最基本的检错码，在计算机数据传输中广泛应用奇偶校验编码规则如下。

发送端将所要传输的数据码元分组，在分组数据后面加一位监督码（校验位），使得该组码连同监督码在内的码组中 "1" 的个数为奇数（奇校验）或偶数（偶校验）。

接收端按照编码规则检查如果发现不符，就说明产生差错，但不能明确差错的具体位置即不能纠错。

公式表示：设码组长度为 n，表示为 $(a_{n-1}, a_{n-2}\cdots\cdots, a_1, c_0)$ 其中前 $n-1$ 位为信息位，

第 n 位 c_0 为监督位

① 奇校验：$a_{n-1} \oplus a_{n-2} \oplus \cdots \oplus a_1 \oplus c_0 = 1$ 即 $c_0 = a_{n-1} \oplus a_{n-2} \oplus \cdots \oplus a_1 \oplus 1$

② 偶校验：$a_{n-1} \oplus a_{n-2} \oplus \cdots \oplus a_1 \oplus c_0 = 0$ 即 $c_0 = a_{n-1} \oplus a_{n-2} \oplus \cdots \oplus a_1$

在奇校验中，若结果为"1"，则传送无误；否则，传送出错。偶检验的判断与奇校验的判断相反。这种校验无论信息位为多少位，监督位只有一位。但这种校验只能检测信息码组中奇数个错误，对偶数个错误无能为力。

2．方阵校验码

方阵校验码又称行列监督码，矩阵码，纵向冗余校验码（Lognitudinal Redundancy Check，LRC），它的码元受到行和列两个方向奇偶监督，又称二维奇偶校验码。这种编码可以克服奇偶监督码不能发现偶数个差错的缺点，并且是一种用以纠正突发错误的纠正编码。其基本原理与奇偶监督码相似，不同的是每个码元要受到纵向和横向两次监督。

编码规则如下。

将欲发送的信息码按行排成一个矩阵，矩阵中每一行为一码组，每行的最后加上一个奇偶监督码元；矩阵中的每一列是由不同码组相同位置的码元组成，在每列最后也加上一个监督码元，进行奇偶校验；最后按行或列码组的顺序发送。如果用 X 表示信息位，$\otimes$ 表示监督位，则矩阵码的结构如图 2-23 所示。

这样，它的一致监督关系按行及列组成，每一行每列都有一个奇偶监督码元。当某一行（或某一列）出现偶数个差错时，该行（或该列）虽不能发现，但只要差错所在的列（或行），没有同时出现偶数个差错，则这种差错仍然能发

$$
\begin{array}{cccccccc}
X & X & X & X & X & X & X & X & \otimes \\
X & X & X & X & X & X & X & X & \otimes \\
X & X & X & X & X & X & X & X & \otimes \\
X & X & X & X & X & X & X & X & \otimes \\
X & X & X & X & X & X & X & X & \otimes \\
\hline
\otimes & \otimes & \otimes & \otimes & \otimes & \otimes & \otimes & \otimes & \otimes
\end{array}
$$

图 2-23　矩阵码结构

现。矩阵码中有一种情况不能发现错误，即差错数正好是 4 的倍数，而且差错位正好构成矩形的四个角，此时行、列均不能发现错误。由此可见，方阵校验码发现错码的能力十分强，但它的编码效率要比奇偶监督码要低。

3．循环冗余校验码

循环冗余校验（Cyclic Redundancy Checking，CRC），又称为多项式码。在循环冗余校验中，不是通过将各比特位相加来得到期望的校验，而是通过在数据单元末尾加一串冗余比特，称作循环冗余校验码或循环冗余校验余数，使得整个数据单元可以被另一个预定的二进制数所整除 CRC 码是由两部分组成，前部分是信息码，就是需要校验的信息，后部分是校验码，如果 CRC 码的长度为 n 个 bit，信息码的长度为 k 个 bit，就称为 (n, k) 码。

CRC 的编码规则如下。

（1）首先将原信息码（k bit）左移 r 位（$k + r = n$）。

（2）运用一个生成多项式 $g(x)$（也可看成二进制数）用模 2 除上面的式子，得到的余数就是校验码。

（3）根据欲发送的 k 位信息位构成的报文，发送器生成一个 r 比特的序列，称为帧校验序列 FCS（Frame checking Series），将 r 位 FCS（即 CRC 码）附加到 k 位信息序列之后作为实际发送的数据帧（$k+r$ 位），这个帧所对应的二进制序列恰好能够被某个预先确定的数（生成多项式）整除。

（4）接收器用相同的数去除传来的帧。如果无余数，则认为无差错；如果余数不为 0，则认为传输出错。奇偶校验对一个字符校验一次，适合异步通信；而 CRC 对一个数据块（Frame）校验一次，适合同步通信。在串行同步通信中，几乎都使用这种校验方法，如磁盘信息的读/写等。

4. 卷积码

卷积码是 P.Elias 提出的数据编码方案，整个编解码过程中，每个监督码元对它的前后码元都实行监督，前后相连，具有连环监督作用，因此，又称为连环码。卷积码在差错控制和数据压缩系统中应用非常广泛。

（1）卷积码编码器

卷积码编码器由两个移位寄存器 R_1 和 R_2，一个模 2 加法器组成，它的结构如图 2-24 所示。

编码器的工作过程是：移位寄存器按信息码的速度工作，输入一位信息码，电子开关倒换一次，即前半拍接通 a 端，后半拍接通 b 端。因此，若输入信息为 $a_0a_1a_2a_3\cdots$，第 1 拍从寄存器 R_1 移出为 a_0，所以 a 端输出为 a_0；寄存器 R_2 输出为 0，所以 b 端输出 $b_0=a_0 \oplus 0=a_0$。第 2 拍从寄存器 R_1

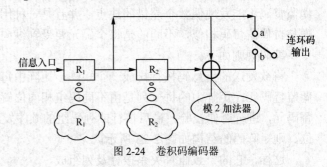

图 2-24　卷积码编码器

移出为 a_1，所以 a 端输出为 a_1；寄存器 R_2 移出为 a_0，所以 b 端输出为 $b_1=a_0 \oplus a_1$。依次类推，一拍一拍地移下去，则输出连环码为 $a_0b_0a_1b_1a_2b_2\cdots$，其中 b 为监督码元。于是可得卷积码的编码方程，如式（2-1）所示。

$$\begin{cases} b_0 = a_0 \\ b_1 = a_0 \oplus a_1 \\ b_2 = a_1 \oplus a_2 \\ b_3 = a_2 \oplus a_3 \\ \cdots\cdots \\ b_i = a_{i-1} \oplus a_i \end{cases} \qquad (2\text{-}1)$$

（2）卷积码解码器

卷积码的解码器和编码器的结构基本相似，实际上由于编码器输出连环的信息码和监督码，所以在接收端设置一个同步的电子开关将得到的信息码和监督码再分开，将得到的信息码再按照原卷积码的方式生成一次监督码，将原来得到的监督码和新得到的监督码进行比对，纠正传输错误。卷积码解码器的结构如图 2-25 所示。

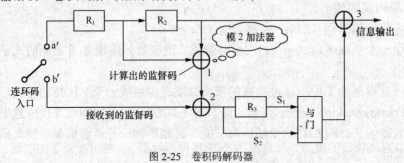

图 2-25　卷积码解码器

解码器输入端一个电子开关，它按节拍氢信息码与监督码分别到 a' 端与 b' 端，3 个移位寄存器的节拍为码序列节拍的 1/2 其中移位寄存器 R_1、R_2 信息码到达时移位，监督码到达期间保持原状。移位寄位器 R_3 在监督码到达时移位，在信息码到达时保持原状。移位寄存器 R_1、R_2 及模 2 加法器 1 构成与发送端一样的编码器，它从接收到的信息序列中计算出对应的监督序列来。模 2 加法器 2 把上述计算出的监督码序列与接收到的监督序列进行比较，如果两者相同，输出为 "0"；否则，输出为 "1"。显然，当接收到的信息码计算出的监督码与实际收到的监督码不符合时，肯定出现了差错。

设接收到的码序列为 $a_0'b_0'a_1'b_1'a_2'b_2'\cdots$，则解码过程如下。

① 电子开关首先切换到 a'，移位寄存器 R_1 移出 a_0'，R_2 移出 0，所以加法器 1 输出为 a_0'。然后开头倒向 b'，则加法器 2 输出为 $b_0'(=a_0')\oplus a_0'=0$，故此时与门的输出为 0，又移位存器 R_2 输出也为 0，所以加法器 3 输出 0（即后半拍无输出）。

② 第二拍前半周切换到 a'，移位寄存器 R_1 移出 a_1'，R_2 移出 a_0' 所以加法器 1 输出为 $a_0'\oplus a_1'$。后半周倒向 b'，加法器 2 输入为 b_1'，所以 $S_1=b_1\oplus\left(a_0'\oplus a_1'\right)$，若计算的监督序列 $a_0'\oplus a_1'$ 与接收到的监督序列 b_1' 相同，则 $S_1=0$，与门输出为 0，此时 R_2 输出为 a_0'，所以解码器输出的信息码为 a_0'。

③ 同理，第 3 拍，R_1 输出 a_2'，R_2 输出 a_1'，所以加法器 1 输出为 $a_0'\oplus a_1'$。后半周加法器 2 输入 b_2'，所以 $S_2=b_2'\oplus\left(a_1'\oplus a_2'\right)$。下面讨论移位器 R_3 和与门组成的判决电路是如何工作的。如果 S_1 和 S_2 均为 0，或者 S_1、S_2 中有一个为 0，则输出信息码 a_1'；否则，当 $S_1=S_2=1$，与非门输出为 1，异或后 a_1 必然出错。

④ 依次类推，当 b_3' 出现在输入端时，就可对 a_2' 做判断。如此继续做下去，解码过程就随着编码序列的输入而不断地进行。一方面可以判断出哪一位出错，另一方面也对编码器输出的信息进行解码，从而得到有用的信息。

根据上述分析，可写出模 2 加法器 2 的输出方程为

$$\left.\begin{aligned}S_1&=(a_0'\oplus a_1')\oplus b_1'\\S_2&=(a_1'\oplus a_2')\oplus b_2'\\S_3&=(a_2'\oplus a_3')\oplus b_3'\\&\cdots\cdots\\S_i&=(a_i'\oplus a_i')\oplus b_i'\end{aligned}\right\}模 2 \tag{2-2}$$

这个 S 方程就是解码的依据，S 就是校验子。可以发现每个信息码出现在两个方程中。所以可以得出如下判决规则：

① 当 S_i 及 S_{i+1} 都为 "0" 时，则完全正确；

② 当 S_i 及 S_{i+1} 都为 "1" 时，必定是 a_i' 出错；

③ 当 S_i 为 "1" 而 S_{i+1} 为 "0" 时，必定是 a_{i-1}'、b_i' 中有一个出错，故判决 a_i' 无错。

实现这个判决规则的电路，就是图 2-25 中移位寄存器 3、与门及模 2 加法器 3。在判决 a_1'

时，移位寄存器 1 寄存的是 a_2'，移位寄存器 2 寄存的是 a_1'，移位寄存器 3 寄存的是 S_1。当 a_2' 到达时，模 2 加法器 2 就输出 S_2，与门就判断是否 S_1 与 S_2 都是"1"，如果都是"1"，它的输出就是"1"，否则输出就是"0"。与门输出与移位器 2 的输出相加，就是 a_1 的解码输出。b_2' 到达时，一方面得到 a_2 的解码输出，同时 S_2 就移入移位寄存器 3。按上述同样的道理，当 b_3' 出现在输入端时，就可对 a_2' 作判断。依此类推，解码过程就随着码序列的输入而接连不断地进行。

2.6　流量控制技术

流量控制技术可以很好的协调收发双方的数据流量，防止空转和数据溢出。常见的流量控制方法包括停止等待流量控制和滑动窗口流量控制两种。

2.6.1　停止等待流量控制

在停止等待流量控制协议中，发送方发送一帧信息后就等待来自接收方的一个应答帧，接收方收到数据后回送应答帧（ACK/NAK）。如果应答帧为 ACK 那么发送下一帧，否则（NAK）重发原来的帧，发送和等待过程不断重复，直到发送端发送一个结束帧（EOT）为止。

停止等待协议流量控制的优点是简单，缺点是效率低。在发送下一帧前，每一帧必须到达接受端，而且每一帧的应答帧也必须到达发送端。如果发送方和接收方之间的距离很长，在每帧之间等待确认帧所花费的时间将增加传输时间。

2.6.2　滑动窗口流量控制

在停止等待流量控制协议中，每次只允许传送一帧。在滑动窗口流量控制协议中，允许一次传送多帧，从而大大提高效率。发送方在收到应答信息前可以发送若干帧，这些帧可以依次发送。接收方只对一些帧进行应答确认，使用一个确认帧对多个数据帧的接收进行确认。当接收端发送一个 ACK 信号，它就在其中包含了预期接收的下一帧编号。使得滑动窗口依次传输多个帧。

窗口指的是收发双方都要创建的内存缓冲区，用以存放数据帧，并且对收到应答之前可以传输的数据帧的数目进行限制。窗口大小指的是一次最多发送的数据帧数目。设有 n 帧数据，则数据帧以模 n 方式进行编号（便于双方应答确认），即为 0，1，2，…$n-1$，窗口大小为 $n-1$，它不能涵盖所有 n 帧数据（$n=2^k$，k 是序号的位数）。

（1）发送窗口

传输开始时，窗口中的内容就是要发送的数据帧。每发送一帧数据之后窗口左边界向右移 1 帧。每收到一个确认帧后窗口右边界向右扩张若干帧。ACK N 表示前面 0，1，2，…$n-1$ 累计共 n 帧已经无损失地到达，可发送第 N 帧以及其后面的数据。因此当数据帧发送出去时，发送方滑动窗从左边开始收缩；当应答帧到来时，发送方滑动窗口从右边开始扩张。

（2）接收窗口

传输开始时，接收窗口中的内容是空，窗口大小表示待接收数据缓冲单元的大小。每收到一个数据帧之后窗口就向右移一帧。每确认发送一个应答信号，窗口就可一次向右移动若干帧，移动距离是最后一次 ACK 帧中编号与当前 ACK 帧中编号的差值。因此，当数据帧发送出去时，当接收数据帧时，接收方滑动窗口从左边开始收缩；当发送应答帧后，接收方滑动窗口从右边开始扩张。

（3）流量切断

滑动窗口流量控制中通过引入 RNR 来完全切断对方的帧流量，RNR 帧确认前面帧已正确接收，但禁止后续帧的发送。例如，RNR 6 表示"第 0 帧到第 5 帧共 6 帧已正确接收但无法再接收任何帧"，在此后任一时刻可通过接收方发送一个正常 ACK 帧来重新启动滑动窗口。

小　结

本章主要讲述了数据通信的主要技术，主要的知识点包括数据通信的基本概念，数据通信的基本模型，常见的 4 种数据通信系统，串行和并行传输，异步和同步传输，单工、半双工和双工通信，单极性数据编码，极化数据编码，双极性数据编码，常见的多路复用技术，差错控制技术、流量控制技术等。

习　题

1．FM 广播通信属于＿＿＿＿。
　　A．模拟通信系统　　　　　　　　　　B．数字频带传输通信系统
　　C．数字基带传输通信系统　　　　　　D．模拟信号数字化传输通信系统
2．以太网数据通信方式属于＿＿＿＿。
　　A．模拟通信系统　　　　　　　　　　B．数字频带传输通信系统
　　C．数字基带传输通信系统　　　　　　D．模拟信号数字化传输通信系统
3．ADSL 拨号网络属于＿＿＿＿。
　　A．模拟通信系统　　　　　　　　　　B．数字频带传输通信系统
　　C．数字基带传输通信系统　　　　　　D．模拟信号数字化传输通信系统
4．下列关于并行传输的描述错误的是＿＿＿＿。
　　A．并行传输收、发双方不存在字符的同步问题，不需要另加"起"、"止"信号或其他同步信号来实现同步
　　B．并行传输必须有并行信道，这往往带来了设备上或实施条件上的限制
　　C．并行通信时数据的各个位同时传送，可以字或字节为单位并行进行
　　D．并行通信速度慢，所用的通信线多、成本高，故不宜进行远距离通信
5．下列编码方案能解决长 1 串的同步问题的是＿＿＿＿。
　　A．NRZ-I　　　　B．NRZ-L　　　　C．AMI　　　　D．NR
6．采用 B8ZS 码对数据 10100000000010 进行编码，假设序列中第一个比特 1 的极性为负，则第 5 个比特和第 9 个比特 0 的极性分别是＿＿＿＿。
　　A．+，+　　　　　B．−，+　　　　　C．+，−　　　　D．−，−

7. 下列关于多路复用技术的描述错误的是_____。

A. FDM 主要用于实现模拟信号的多路复用

B. TDM 主要用于实现数字信号的多路复用

C. STDM 属于智能化的 TDM 技术

D. WDM 是 TDM 的一个特例

8. 1010001011000110 按照 4X4 实现方阵偶校验后的数据编码为_____。

A. 10100001011100001100000101   B. 10110001011100001100010

C. 10100001011100001100000001   D. 10100001011100001100000111

9. 已经欲发送的数字信号为 10001011010，生成多项式 G（X）=X^3+X^2+1，则 CRC 码为_____。

A. 010   B. 101   C. 110   D. 001

10. 下列关于滑动窗口流量控制协议的描述错误的是_____。

A. 发送端发送数据后，窗口开始递缩

B. 发送端收到确认信号后，窗口开始递缩

C. 接收端收到数据后，窗口开始递缩

D. 接收端发送确认信号后，窗口开始扩充

第 3 章 网络通信基础设备

本章要求:
- 了解常见的数据通信接口及其特点;
- 掌握双绞线的制作方法;
- 了解同轴电缆的结构及特点;
- 掌握光纤的基本类型及工作原理;
- 了解常见的无线传输介质及特点;
- 掌握网卡的工作原理及分类;
- 掌握调制解调器的工作原理;
- 了解交换机的基本工作原理;
- 了解路由器的基本工作原理;
- 了解常见的无线网络设备的作用及特点。

3.1 常见通信接口

常见的数据通信接口主要包括串行通信接口、并行通信接口、USB 接口等。

3.1.1 串行通信接口

串行通信是把组成信息的各个比特位在同一根传输线上,从低位到高位,逐位顺序地进行传送的通信方式。这种接口的传输速度慢,但传送距离长,适合于远距离的通信使用。串行通信接口,按电气标准及协议分为 RS-232-C、RS-422、RS-485 等。

RS-232-C 接口也称标准串口,是目前最常用的一种串行通信接口。它的全名是"数据终端设备(DTE)和数据通信设备(DCE)之间串行二进制数据交换接口技术标准"。传统的 RS-232-C 接口标准有 22 根线,采用标准 25 芯 D 型插头座。目前,PC 上使用的是简化了的 9 芯 D 型插座。

为改进 RS-232 通信距离短、速率低的缺点,RS-422 定义了一种平衡通信接口,将传输速率提高到 10 Mbit/s,传输距离延长到 4 000 英尺(速率低于 100 kbit/s 时),并允许在一条平衡总线上连接最多 10 个接收器。RS-422 是一种单机发送、多机接收的单向、平衡传输规范,被命名为 TIA/EIA-422-A 标准。

为扩展应用范围,EIA 又于 1983 年在 RS-422 基础上制定了 RS-485 标准,增加了多点、双向通信能力,即允许多个发送器连接到同一条总线上,同时增加了发送器的驱动能力和冲突保护特性,扩展了总线共模范围,后命名为 TIA/EIA-485-A 标准。

3.1.2　并行通信接口

并行通信接口简称并行口，是计算机与其他设备传送信息的一种标准接口，并行通信以计算机的字长，通常是 8 位、16 位或 32 位为传输单位，一次传送一个字长的数据，这种接口传送速度快，但传送距离较短。目前主要有 3 种类型的并口：Normal、EPP、ECP。

Normal 并口分为 4 bit、8 bit、半 8 bit 等几类。Normal 是一种低速的并口模式。4 bit 口一次可以输出 8 bit 数据，但是一次只能输入 4 bit 数据。8 bit 和半 8 bit 口一次可以输出和输入 8 bit。

EPP 并口，即增强并行口，它由 Intel 等公司开发，允许 8 位双向数据传送，可以连接各种非打印机设备，如扫描仪、LAN 适配器、磁盘驱动器和 CD-ROM 驱动器等。

ECP 口，即扩展并行口，由 Microsoft 公司、HP 公司开发，它具有和 EPP 一样高的速率和双向通信能力，它能支持命令周期、数据周期和多个逻辑设备寻址，在多任务环境下可以使用 DMA（直接存储器访问）。

3.1.3　USB 接口

USB（Universal Serial Bus），即通用串行总线，它是应用在 PC 领域的接口技术。USB 是在 1994 年底由英特尔、康柏、IBM、Microsoft 等多家公司联合提出的。USB 自从 1996 年推出后，已成功替代串口和并口，并成为当今个人计算机和大量智能设备的必配的接口之一。

USB 用一个 4 针插头作为标准插头，采用菊花链形式可以把所有的外设连接起来，最多可以连接 127 个外部设备，并且不会损失带宽。USB 需要主机硬件、操作系统和外设 3 个方面的支持才能工作。

USB 具有传输速度快（USB 1.1 的传输速率为 12 Mbit/s，USB 2.0 的传输速率为 480 Mbit/s），使用方便，支持热插拔，连接灵活，独立供电等优点，可以连接鼠标、键盘等支持 USB 接口的外部设备。

3.1.4　IEEE 1394 接口

IEEE 1394 接口是 Apple 和 TI 公司开发的高速串行接口标准，Apple 称之为 FireWire（火线），Sony 称之为 i.Link，Texas Instruments 称之为 Lynx，中文译名为火线接口（FireWire）。IEEE 1394 支持外设热插拔，可为外设提供电源，省去了外设自带的电源，能连接多个不同设备，支持同步数据传输。

IEEE 1394 分为 Backplane 和 Cable 两种传输模式。Backplane 模式的传输速率分别为 12.5 Mbit/s、25 Mbit/s、50 Mbit/s，可以用于多数的高带宽应用。Cable 模式是速度非常快的模式，传输速率分为 100 Mbit/s、200 Mbit/s、400 Mbit/s 和 800 Mbit/s 几种，在 200 Mbit/s 下即可传输不经压缩的高质量数据电影。

3.2　常见传输介质

按照信号采用的传输介质，网络传输介质可分为有线传输介质和无线传输介质。常见的有线传输介质包括双绞线、同轴电缆和光纤。

3.2.1　双绞线

双绞线（Twisted-Pair Wiring）是最常见的一种传输媒体，它是按一定密度的螺旋结构排列的两根绝缘铜线，外部包裹屏蔽层或塑料皮而构成。它既可以用来传输数字信号，也可以传输模拟信号。

1. 屏蔽双绞线

屏蔽双绞线外面包有一层屏蔽用的金属网，它的抗干扰性能强于非屏蔽双绞线。屏蔽双绞线的屏蔽作用只有在整个电缆均有屏蔽装置，并且两端正确接地的情况下才起作用。它要求整个系统全部是屏蔽器件，包括电缆、插座、水晶头和配线架等，同时建筑物需要有良好的地线系统。图 3-1 所示为一根屏蔽双绞线。

2. 非屏蔽双绞线

非屏蔽双绞线（UTP）没有配套的屏蔽层，相对屏蔽双绞线，它的价格较低，安装也较为方便，在面向桌面的网络连接中，非屏蔽双绞线最常见。图 3-2 所示为一根非屏蔽双绞线。

图 3-1　屏蔽双绞线

图 3-2　非屏蔽双绞线

非屏蔽双绞线按电气性能分为以下几类。

（1）一类线

铜线无缠绕，支持低于 100 kHz 的频率，用于模拟电话。只能传声音，不能传数据。

（2）二类线

铜线无缠绕，包含 4 对线，支持 4 Mbit/s 的数据传输，用于语音、综合业务数字网等。

（3）三类线

铜线有缠绕，支持 10 Mbit/s 的传输速率，是 10 M 以太网的标准用线，绞合程度为每 0.305 m 3 绞。

（4）四类线

铜线有缠绕，且较紧密，支持 16 Mbit/s 的传输速率，一般用于 16 Mbit/s 的令牌环网。

（5）五类线

铜线有缠绕，且紧密，绞合程度为每 0.025 m 3 绞，支持 100 Mbit/s 的数据传输。

（6）超五类线

高质量的铜线和高紧密度缠绕，性能比五类线更高，目前广泛应用于数据传输和语音通信领域。支持 100 Mbit/s 的数据传输，是 100 M 以太网的标准用线。

超五类非屏蔽双绞线采用 8 条芯线和 1 条抗拉线，芯线颜色分别为橙白、橙、绿白、绿、蓝白、蓝、棕白和棕。

（7）六类线

高质量的铜线和高紧密度缠绕，性能比超五类线更高。支持 1 000 Mbit/s 的传输速率，目前应用于服务器机房的布线，以及准备升级至吉比特以太网的综合布线系统中。

六类非屏蔽双绞线在外形和结构上与超五类非屏蔽双绞线有一定的差别，不仅增加了绝缘的十字骨架，将双绞线的 4 对线分别置于十字骨架的 4 个凹槽内，而且电缆的直径也更粗。

3. 双绞线水晶头

双绞线的两端必须都安装 RJ-45 插头，以便插在网卡、集线器或交换机的 RJ-45 端口上。水晶头的质量直接关系到线缆电气信号的连通。因此，选购水晶头尤为重要。选购水晶头时应注意以下几个方面。

（1）标识：名牌产品在塑料弹片上都有厂商的标注。

（2）透明度：质量好的产品晶莹透亮。

（3）可塑性：用线钳压制时可塑性差的水晶头会发生碎裂等现象。

（4）弹片弹性：质量好的水晶头用手指拨动弹片会听到铮铮的声音，将弹片向前拨动到90°，弹片也不会折断，而且会恢复原状并且弹性不会改变，将做好的水晶头插入集线器或网卡中的时候能听到清脆的"咔"的响声。

3.2.2 双绞线的制作方法

国际上常用的做线标准包括 EIA/TIA 568A 和 EIA/TIA 568B 两种，EIA/TIA 568A 的线序定义依次为绿白、绿、橙白、蓝、蓝白、橙、棕白、棕，其标号如表 3-1 所示。

表 3-1　　　　　　　　　　　国际 EIA/TIA 568A 做线标准

绿白	绿	橙白	蓝	蓝白	橙	棕白	棕
1	2	3	4	5	6	7	8

EIA/TIA 568B 指的是线序的定义依次为橙白、橙、绿白、蓝、蓝白、绿、棕白、棕，其标号如表 3-2 所示。

表 3-2　　　　　　　　　　　国际 EIA/TIA 568B 做线标准

橙白	橙	绿白	蓝	蓝白	绿	棕白	棕
1	2	3	4	5	6	7	8

双绞线的连接方式主要有直通方式和交叉方式。

直通方式的双绞线一般主要用于计算机与集线器（或交换机）或配线架与集线器（或交换机）等不同设备的连接，直通线的电缆两端都应按 TIA/EIA 568A 标准（或 TIA/EIA 568B 标准）的线序连接。

交叉方式的双绞线，一般用于集线器与集线器或网卡与网卡等相同设备的连接。交叉线的电缆一端按 TIA/EIA 568A 标准的线序连接，另一端应按 TIA/EIA 568B 标准的线序连接。

（1）直通线的做法

标准做线方法：双绞线的两端都按 568A 或 568B 标准定义的针脚进行做线。

非标准做线方法：由用户自己定义一端的序号，另一端完全按照和前面相同的序号排列。

（2）交叉线的做法

标准做线方法：双绞线一端按 568A 排线，另一端按 568B 来排线。

非标准做线方法：先按照直通线的方式定义两端的线序，然后将另一端的序号调整即可，保证一端的橙色和另一端的绿色搭配，橙白色和绿白色搭配。

（3）做线步骤

剥线：使用剥线钳将双绞线的外层剥掉，注意将剥线钳轻轻压下，然后环绕双绞线转动一圈，不能用力过猛，防止将线缆的内层割掉。

排线：定义双绞线的线序和做线方式，将线缆的内层 8 根线序摆平，按照要求的线序排列。

剪线：使用剥线钳将线缆的头部剪齐。

插线：把剪好的线序插入水晶头（值得注意的是，水晶头的接口应该面向用户），保持用力均衡，要让线序保持一致，都完整的插到水晶头的底部。

压线：把插好线的水晶头移入压线钳下面对应的压线口下，查看刚才的插线位置时否被移动，线序是否插到水晶头底部，确认无误后，使用压线钳压线，压线成功后，水晶头的 8 个弹簧片将都被切在对应的线序上面。双绞线的两头都应该按照上面描述的序列进行。

测试：将做好的线缆两头分别插入测线仪，观察测线仪指示灯的闪动情况，由此判断线缆是否制作成功。

3.2.3　同轴电缆

同轴电缆（Coaxial Cable）的结构是中心有根导线，导线外面是绝缘层，绝缘层的外面是屏蔽金属，金属屏蔽层可以是密集形的，也可以是网状的，用于屏蔽电磁干扰和辐射，电缆的最外层又包了一层绝缘材料，如图 3-3 所示。

同轴电缆最初用于 Ethernet 规范，还用于电缆电视系统中。

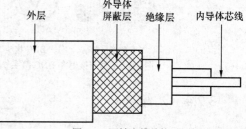

图 3-3　同轴电缆结构

1．基带和宽带

根据传送不同类型的信号，同轴电缆分为基带同轴电缆、宽带同轴电缆。

基带同轴电缆用在符合 IEEE 802.3 标准的以太网环境中，它的阻抗为 50 Ω，只用于数字信号的发送，同一时间内只能传送一路信号。基带同轴电缆传输距离是几公里，传输速率在 10 Mbit/s 左右，使用更长的电缆，使用中间放大器，实现方式较为简单。

宽带同轴电缆用于频分多路复用（FDM）的模拟信号系统，阻抗为 75 Ω，它可以传送不同频率的模拟信号，宽带系统可以分为多个信道，电视广播通常占用 6 MHz 信道。每个信道可用于模拟电视、CD 质量声音（1.4 Mbit/s）或 3 Mbit/s 的数字比特流。电视和数据可在一条电缆上混合传输。它的传输距离远，实现复杂，传输速率在 100～150 Mbit/s。

2．粗缆和细缆

同轴电缆按直径分为粗缆和细缆。

粗缆适用于大型网络使用，它的标准距离长、可靠性高。粗缆连接时两端需接终端器。粗缆与外部收发器相连，收发器与网卡之间用 AUI 电缆相连，网卡必须有 AUI 接口，每段连接距离为 500 m，100 个用户，4 个中继器可达 2 500 m，收发器之间最小 2.5 m，收发器电缆最大 50 m。

粗缆安装时不需要切断电缆，因此可以根据需要灵活调整计算机的入网位置。但粗缆网络必须安装收发器和收发器电缆，安装难度大，所以总体造价高。

细缆传输距离短，用 T 型头与 BNC 网卡相连，两端安装 50 欧终端电阻。每段 185 m，4 个中继器，最大 925 m，每段 30 个用户，T 型头之间最小 0.5 m。

细缆安装简单，造价低，但由于安装过程要切断电缆，两头须装上基本网络连接头（BNC），然后接在 T 型连接器两端，所以当接头多时容易产生接触不良的隐患。为了保持同轴电缆的正确电气特性，电缆屏蔽层必须接地。同时两头要有终端器来削弱信号反射作用。

3. 相关网络连接器

（1）T 型连接器和 BNC 接头

T 型连接器与 BNC 接头是细同轴电缆的连接器，它对网络的可靠性有着至关重要的影响。同轴电缆与 T 型连接器是依赖于 BNC 接头进行连接的，BNC 接头有手工安装和工具型安装之分，用户可根据实际情况和线路的可靠性进行选择。图 3-4 所示为常见的 T 型连接器和 BNC 接头。

（2）终端匹配器

终端匹配器，也称终端适配器，它通常安装在同轴电缆（粗缆或细缆）的两个端点上，它的作用是防止电缆无匹配电阻或阻抗不正确。无匹配电阻或阻抗不正确，则会引起信号波形反射，造成信号传输错误。图 3-5 所示为常见的终端匹配器。

（a）T 型连接器　（b）BNC 接头

图 3-4　T 型连接器和 BNC 接头　　　　图 3-5　终端匹配器

3.2.4　光纤

光纤是一种由石英玻璃（SiO_2）、塑料等对光透明的材料制成的能传输光波的纤维，光纤通常制成横截面很小的双层同心圆柱体，这种圆柱体称为纤芯。在纤芯外围再加一层包层，便形成裸光纤。纤芯的折射率较高，包层的折射率较低。图 3-6 所示为裸光纤的剖面示意图。

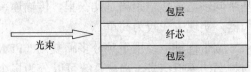

裸光纤质地脆、易断裂，在其外层一般还有保护层，从而形成光纤芯线。实际使用的是光纤芯线与其他材料一起制成不同结构的光缆

图 3-6　光纤剖面结构

（Optical Fibre Cable），使其达到一定的机械强度，并具有防潮、耐侵蚀、抗挤压等特性。

光缆呈圆柱型，由多部分组成，处于中心位置的是光纤芯线，在其外面是波导（Wave Guide）。除光纤和波导之外，还有隔离层、保护套等，在保护套和内层之间，有时还有夹有一层液体胶状的涂敷层。根据使用的场合不同及架式的方法不同，光缆有直埋式、架空式及室内用的普通光缆。

光纤按照传播模式分为单模（Single Mode）光纤和多模（Multiple Mode）光纤。

1. 单模光纤

如果光纤导芯的直径小到只有一个光的波长，光纤就成了一种波导管，光线则不必经过多次反射式的传播，而是一直向前传播，这种光纤称为单模光纤。单模光纤其芯径为 8～10mm。单模光纤只提供一条光路。但它的直径小，加工复杂，传输频带宽，传输容量大。一般用于远距离通信传输，所用的光源是激光。图 3-7 所示为光束在单模光纤中的传输过程。

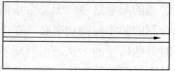

图 3-7　光束在单模光纤中的传输

2. 多模光纤

只要到达光纤表面的光线入射角大于临界角，便产生全反射，因此可以由多条入射角度不同的光线同时在一条光纤中传播，这种光纤称为多模光纤。在多模光纤中，纤芯的直径是15～50 mm。多模光纤使用多条光路传输同一信号，通过光的折射来控制传输速度。多模光纤主要用于短距离、低速率的通信。

根据光在光纤中折射率的不同，多模光纤又可以分为突变型多模光纤和渐变型多模光纤。

（1）突变型多模光纤

突变型多模光纤（Step Index Fiber，SIF）也称为跳变式光纤，由于制作光芯的材料光密度一致，纤芯的折射率和包层的折射率都是一个常数。这种光纤中，光线以折线形状沿纤芯中心轴线方向传播，特点是信号畸变大。带宽只有 10～20 MHz·km，一般用于小容量短距离系统。图 3-8 所示为光束在跳变式光纤中的传输过程。

（2）渐变型多模光纤（Graded Index Fiber，GIF）

渐变式光纤也称为级率多模光纤。光纤内芯的材料从纤心向外，光密度逐渐变小，在纤芯和包层的交界面，折射率呈阶梯型变化，纤芯的折射率随着半径的增加按一定规律减小，在纤芯与包层交界处减小为包层的折射率。纤芯的折射率的变化近似于抛物线。

这种光纤中，光线以正弦形状沿纤芯中心轴线方向传播，特点是信号畸变小。渐变型多模光纤的带宽可达 1～2 GHz·km，适用于中等容量（34～140 Mbit/s），中等距离（10～20 km）系统。如图 3-9 所示为光束在渐变式光纤中的传输过程。

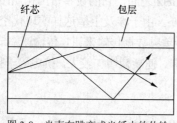

纤芯　　　　包层

图 3-8　光束在跳变式光纤中的传输

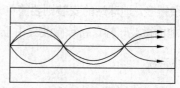

图 3-9　光束在渐变式光纤中的传输

3.2.5　无线传输介质

无线传输介质主要可分为无线电、微波、红外线及可见光几个波段，紫外线和更高的波段目前还不能用于通信。

1. 无线电波

无线电波的频率范围在 10～16 kHz 之间。在电磁频谱里，属于"对频"。使用无线电的时候，需要考虑的一个重要问题是电磁波频率的范围（频谱）是相当有限的，其中大部分都已被电视、广播以及重要的政府和军队系统所用。因此，只有很少一部分留给网络计算机使用，而且这些频率也大部分都由国内无线电管理委员会（无委会）统一管制。要使用一个受管制的频率必须向无委会申请许可证，这在一定程度上会相当不便。如果设备使用的是未经管制的频率，则功率必须在 1W 以下，这种，管制的目的是限制设备的作用范围，从而限制对其他信号的干扰。用网络术语来说，这相当于限制了未管制无线电的通信带宽。下面这些频率是未受管制的：902～925 MHz，2.4 GHz（全球通用），5.72～5.85 GHz。

无线电波可以穿透墙壁，也可以到达普通网络线缆无法到达的地方。针对无线电链路连接的网络，现在已有相当坚实的工业基础，在业界也得到迅速发展。

2. 微波

微波数据通信系统主要分为地面系统与卫星系统两种。尽管它们使用同样的频率，非常相似，但又有较大的差别。

（1）地面微波。一般采用定向抛物面天线，这要求发送与接收方之间的通路没有大障碍或视线能能够看到。地面微波信号一般在低 GHz 频率范围内，由于微波连接不需要什么电缆，所以它比起基于电缆方式的连接，较适合跨跃荒凉或难以通过的地段。一般它经常用于连接两个分开的建筑物或在建筑群中构成一个完整网络。

地面微波系统的频率一般为 4～6 GHz 或 21～23 GHz。对于几百米的短距离系统较为便宜，甚至采用小型天线进行高频传输即可，超过几公里的系统价格则要相对贵一些。微波数据系统无论大小，它的安装都比较困难，需要良好的定位，并要申请许可证。传输率一般取决于频率，小的只有 1～10 Mbit/s。衰减程度随信号频率和天线尺寸而变化，对于高频系统，长距离会因雨天或雾天而增大衰减；近距离对天气的变化不会造成影响。无论近距离还是远距离，微波对外界干扰都非常灵敏。

（2）卫星微波。是利用地面上的定向抛物天线，将视线指向地球同频卫星。卫星微波传输跨越陆地或海洋，所需要的时间与费用，与只传输几公里没有什么差别。由于信号传输的距离相当远，所以会有一段传播延迟，这段传播延迟时间小为 500 毫秒，大至数秒。

卫星微波也常使用低 GHz 频率，一般在 11～14 GHz 之间，它的设备费用相当昂贵，但是对于超长距离通信时，它的安装费用则会比电缆安装要低。由于涉及卫星这样的现代空间技术，它的安装要复杂得多，地球站的安装则要简单一些。对于单频数据传输来讲，传输速率一般小于 1～10 MHz。同地面微波一样，高频微波会由于雨天或大雾，使衰减增加较大，抗电磁干扰性也较差。

3. 红外系统

还有一种无线传输介质是建立在红外线基础之上的。红外系统采用光发射二极管（LED）、激光二极管（LD）来进行站与站之间的数据交换。红外设备发出的光，非常纯净，一般只包含电磁波或小范围电磁频谱中的光子。传输信号可以直接或经过墙壁、天花板反射后，被接收装置收到。

红外信号没有能力穿透墙壁和一些其他固体，每一次反射都要衰减一半左右，同时红外线也容易被强光源给盖住。红外波的高频特性可以支持高速度的数据传输，它一般可分为点到点与广播式两类。

（1）点到点红外系统

点到点红外系统是日常生活中最常见的红外系统设备，如遥控器等。红外传输器使用的是光频（100～1 000 THz）的最低部分。除高质量的大功率激光器较贵以外，一般用于数据传输的红外装置都非常便宜。然而它的安装必须精确到绝对的点对点。目前它的传输率一般为几千 bit/s，根据发射光的强度、纯度和大气情况，衰减有较大的变化，一般距离为几米到几公里不等。聚焦传输具有极强的抗干扰性。

（2）广播式红外系统

广播式红外系统是把集中的光束，以广播或扩散方式向四周散发。这种方法也常用于遥控和其他一些消费设备上。利用这种设备，一个收发设备可以与多个设备同时通信。

3.3　常见网络设备

常见的网络设备包括网卡，调制解调器，交换机，路由器等。

3.3.1　网卡

网卡也叫"网络适配器"，它是局域网中最基本的部件之一，它是连接计算机与网络的硬件设备。网卡的主要工作原理是整理计算机上发往网线上的数据，并将数据分解为适当大小的数据包之后向网络上发送出去。网卡由以太网络控制器及其他控制部件组成，主机以传输命令的方式控制网卡的工作。

1．网卡的分类

按照总线类型，网卡又可划分为如下几种。

（1）PCI 总线网卡

PCI 总线为 32 位总线，带宽为 33 MHz，PCI 总线的网卡，CPU 的占用率较低，速度快，最大传输速率可达 1 000 Mbit/s，是目前最流行的网卡。目前主流的 PCI 规范有 PCI2.0、PCI2.1 和 PCI2.2 三种，PC 上用的 32 位 PCI 网卡，3 种接口规范的网卡外观基本上差不多（主板上的 PCI 插槽也一样）。服务器上用的 64 位 PCI 网卡外观就与 32 位的有较大差别，主要体现在金手指的长度较长。图 3-10 所示为一款 PCI 总线的网卡。

（2）PCMCIA 总线网卡

PCMCIA（Personal Computer Memory Card International Association）网卡是笔记本电脑专用的网卡。PCMCIA 总线分为两类，一类为 16 位的 PCMCIA，另一类为 32 位的 CardBus。图 3-11 所示为一款 PCMCIA 网卡。

图 3-10　PCI 总线的网卡

图 3-11　PCMCIA 网卡

（3）PCI-E 总线网卡

PCI-Express，简称 PCI-E，它是最新的总线和接口标准，它原来的名称为"3GIO"，是由英特尔提出。PCI-E 技术规格包括 X1（250MB/s），X2，X4，X8，X12，X16 和 X32 通道规格，目前 PCI-E X1 和 PCI-E X16 已成为 PCI-E 主流规格。它的主要优势就是数据传输速率高，目前最高可达到 10 Gbit/s 以上，而且还有相当大的发展潜力。图 3-12 所示为一款 PCI-E 总线的网卡。

（4）PCI-X 总线网卡

PCI-X 是目前在服务器开始使用的网卡类型，它与原来的 PCI 相比在 I/O 速度方面提高了一倍，比 PCI 接口具有更快的数据传输速度。PCI-X 总线接口的网卡一般采用 32 位的总线宽度，也有 64 位的数据宽度。图 3-13 所示为一款 PCI-X 网卡。

（5）USB 总线网卡

USB 总线网卡是最近才出现的产品，这种网卡是外置式的，具有不占用计算机扩展槽的优点，因而安装更为方便。这种网卡支持热插拔"即插即用"。图 3-14 所示为一款 USB 总线网卡。

图 3-12　PCI-E 总线网卡　　　　　图 3-13　PCI-X 网卡　　　　　图 3-14　USB 总线网卡

2．网卡的传输速率

目前网卡的传输速率可分为 100 Mbit/s、1 000 Mbit/s 以及 10 000 Mbit/s 几种。100 Mbit/s 网卡是目前的主流网卡，它的传输速度为 100 Mbit/s。1 000 Mbit/s 网卡也称为吉比特以太网卡，目前主要用于服务器。10 000 Mbit/s 网卡是最新推出的速度最快的网卡，对于高端用户可以选用。

3.3.2　调制解调器

调制解调器（Modem）是在发送端通过调制将数字信号转换为模拟信号，而在接收端通过解调再将模拟信号转换为数字信号的一种网络设备。计算机传输和处理的是数字信号，为了通过模拟电话线实现网络通信，必须采用 Modem。

（1）外置式 Modem

外置式 Modem 通常有串口 Modem 和 USB 接口 Modem 之分。串口 Modem，多为 25 针的 RS-232 接口，用来和计算机的 RS-232 口（串口）相连。标有"Line"的接口接电话线，标有"Phone"的接电话机。这种 Modem 方便灵巧、易于安装，闪烁的指示灯便于监视 Modem 的工作状况。外置 Modem 通常带有一个变压器，为其提供直流电源。USB 接口 Modem 只需将其接在主机的 USB 接口就可以，支持即插即用，这比内置 Modem 和外置式 Modem 在安装上都具有优越性。

（2）内置式 Modem

内置式 Modem 和普通的计算机插卡一样，通常也被称为传真卡（FAX 卡）内置 Modem 通常有两个接口，一个标明"Line"的字样，用来接电话线；另一个标明"Phone"的字样，用来接电话机。内置式 Modem 在安装时需要拆开机箱，并且要对中断和 COM 口进行设置，安装较为烦琐。这种 Modem 要占用主板上的扩展槽，但无需额外的电源与电缆，且价格比外置式 Modem 要便宜一些。

（3）PCMCIA 插卡式 Modem

插卡式 Modem 主要用于笔记本电脑，体积纤巧。配合移动电话，可方便地实现移动办公。

（4）机架式 Modem

机架式 Modem 相当于把一组 Modem 集中于一个箱体或外壳里，并由统一的电源进行供电。机架式 Modem 主要用于网络中心的机房。

3.3.3　交换机

交换机是一个具有简化、低价、高性能和高端口密集的产品，它在 OSI/RM 中的位置如图 3-15 所示。与桥接器一样，交换机按每一数据包中的 MAC 地址相对简单地决策信息转发。而这种转发决策一般不考虑包中隐藏的更深的其他信息。与桥接器不同的是交换机转发延迟很小，操作接近单个局域网性能，远远超过了普通桥接互联网络之间的转发性能。

交换技术允许共享型和专用型的局域网段进行带宽调整。交换机能经济地将网络分成小的冲突域，为每个工作站提供更高的带宽。协议的透明性使得交换机在软件配置简单的情况下直接安装在多协议网络中；交换机使用现有的电缆、中继器、集线器和工作站的网卡，不必做高层的硬件升级；交换机对工作站是透明的，这样管理开销低廉，简化了网络节点的增加、

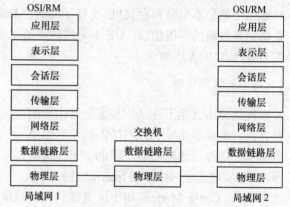

图 3-15　OSI/RM 上的交换机

移动和网络变化的操作，利用专门设计的集成电路可使交换机以线路速率在所有的端口并行转发信息，提供了比传统桥接器高得多的操作性能。

3.3.4　路 由 器

路由器（Router）是用于连接多个逻辑上分开的网络。逻辑网络是指一个单独网络或一个子网。当数据从一个子网传输到另一个子网时，可通过路由器来完成。因此路由器具有判断网络地址和选择路径的功能，路由器除了提供过滤和桥接功能外，还提供复杂的路径控制和管理。路由器能在多网络互联环境中建立灵活的连接，可用完全不同的数据分组和介质访问方法连接各种子网。

当两个不同类型的网络要彼此相连时，必须使用路由器。例如，网络 A 是以太网（Ethernet），网络 B 是 Token Ring 网，这时可用路由器将这两个网络连接在一起。路由器将局域网协议转换成广域网信息分组网络协议并且在远端执行这个逆过程，从而实现了具有相同 OSI 网络层协议的局域网和广域网的互连。例如，路由器可以用 TCP/IP 将以太网连接到 X.25 信息分组网上。

3.3.5　无线网络设备

无线设备主要包括无线网卡、红外适配器、无线路由器、无线网桥、无线 AP 等。

1. 无线网卡

无线网卡是无线网络终端设备，无线网卡在无线局域网中的作用相当于有线网卡在有线局域网中的作用。无线网卡有如下几个标准。

（1）IEEE 802.11a：使用 5 GHz 频段，传输速度为 54 Mbit/s，与 802.11b 不兼容。

（2）IEEE 802.11b：使用 2.4 GHz 频段，传输速度为 11 Mbit/s。

（3）IEEE 802.11g：使用 2.4 GHz 频段，传输速度为 54 Mbit/s，可向下兼容 802.11b。

（4）IEEE 802.11n（Draft 2.0）：用于 Intel 的迅驰 2 笔记本电脑和高端路由，可向下兼容，传输速度为 300 Mbit/s。

目前，市场上的无线网卡根据用途和需求分为 PCMCIA 无线网卡、PCI 无线网卡、USB 接口无线网卡、MiniPCI 无线网卡、CF 卡无线网卡等几种类型。其中 PCMCIA 无线网卡仅适用于笔记本电脑，支持热插拔；PCI 无线网卡适用于普通的台式机；USB 接口无线网卡同时适用于笔记本电脑和台式机，支持热插拔；MiniPCI 无线网卡仅适用于笔记本电脑，MiniPCI 是笔记本电脑的专用接口；CF 卡无线网卡适用于掌上电脑（PDA）。图 3-16 所示为一款 PCI 和 USB 接口的无线网卡。

2. 无线路由器

无线路由器是无线 AP 与宽带路由器的结合。它集成了无线 AP 的接入功能和路由器的第三层路径选择功能。借助于无线路由器，可以实现无线网络中的 Internet 连接共享

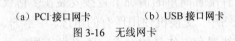

（a）PCI 接口网卡　　　（b）USB 接口网卡

图 3-16　无线网卡

及 ADSL、Cable Modem 和小区宽带的无线共享接入。无线路由器通常拥有一个或多个以太网接口。如果家庭中使用安装双绞线网卡的计算机，可以选择多端口无线路由器，实现无线与有线的连接，并共享 Internet。图 3-17 所示为一个无线路由器。

3. 无线 AP

无线 AP（Access Point）即无线接入点，它是在无线局域网环境中进行数据发送和接收的设备，相当于有线网络中的集线器。无线 AP 是移动计算机用户进入有线网络的接入点，主要用于家庭宽带、大楼内部以及园区内部，目前主要支持的标准为 IEEE 802.11 系列。一般无线 AP 的最大覆盖距离可达 300 m。大多数的无线 AP 都支持多用户接入、数据加密、多速率发送等功能，在家庭、办公室内，一个无线 AP 便可实现所有计算机的无线接入。图 3-18 所示为一个无线 AP 设备。

图 3-17　无线路由器

图 3-18　无线 AP 设备

4. 无线天线

天线（Antenna）的功能是将信号源发送的信号由天线传送至远处。当计算机与无线 AP 或其

他计算机相距较远时，随着信号的减弱，或者传输速率明显下降，或者根本无法实现与 AP 或其他计算机之间通信，此时，就必须借助于无线天线对所接收或发送的信号进行增益（放大）。

　　无线天线有多种类型，不过常见的有两种，一种是室内天线，优点是方便灵活，缺点是增益小，传输距离短；另一种是室外天线。室外天线的类型比较多，一种是锅状的定向天线，一种是棒状的全向天线。室外天线的优点是传输距离远。比较适合远距离传输。

5. 蓝牙适配器

　　蓝牙适配器是为了各种数码产品能适用蓝牙设备的接口转换器。蓝牙适配器基本上都是 USB 总线的。蓝牙适配器采用了全球通用的短距离无线连接技术，使用 2.4 GHz 的无线电频段。图 3-19 所示为一款常见的蓝牙适配器。

6. 红外线适配器

　　红外适配器是指利用红外线技术实现各种电子设备之间进行数据交换和传输的设备。图 3-20 所示为一个 USB 接口的红外适配器。

图 3-19　蓝牙适配器　　　　　　图 3-20　红外适配器

　　红外数据协会（The Infrared Data Association，IrDA）是 1993 年 6 月成立的一个国际性组织，专门制定和推进红外数据互连标准。IrDA1.0 可支持最高 115.2 kbit/s 的通信速率，而 IrDA1.1 可以支持的通信速率达到 4 Mbit/s。IrDA 数据通信按发送速率分为 3 大类：SIR、MIR 和 FIR。串行红外（SIR）的速率在 9 600～115.2 kbit/s 之间。MIR 可支持 0.576 Mbit/s 和 1.152 Mbit/s 的速率；高速红外（FIR）通常用于 4 Mbit/s 的速率。

7. 无线网桥

　　无线网桥是在链路层实现无线局域网互连的存储转发设备，它能够通过无线（微波）进行远距离数据传输。无线网桥有 3 种工作方式，点对点，点对多点，中继连接。可用于固定数字设备与其他固定数字设备之间的远距离（可达 20 km）、高速（可达 11 Mbit/s）无线组网。

小　　结

　　本章主要讲述了网络通信基础设备，主要的内容包括串行和并行通信接口，USB、IEEE1394 接口等，双绞线的基本类型，双绞线的基本制作标准及方法，同轴电缆的基本结构，同轴电缆的基本类型和相关的网络连接器，单模光纤和多模光纤，常见的无线传输介质，网卡的基本类型和相关类型指标，调制解调器的基本工作原理，交换机和路由器的基本功能等，最后阐述了网线网卡、无线路由器等相关常见的无线网络设备。

习　题

1．下列属于串行通信接口的是_____。

   A．EPP　　　　　　B．Console　　　　　C．RS-232-C　　　　D．ECP

2．五类非屏蔽双绞线的传输速率为_____。

   A．16 Mbit/s　　　B．100 Mbit/s　　　C．1 000 Mbit/s　　　D．54 Mbit/s

3．下列关于制作双绞线的说法错误的是_____。

   A．路由器连接交换机可以采用 EIA/TIA568A 的直通双绞线标准来制作

   B．路由器连接 PC 可以采用 EIA/TIA568B 的直通双绞线标准来制作

   C．路由器连接交换机可以采用 EIA/TIA568B 的直通双绞线标准来制作

   D．交换机连接 PC 可以采用 EIA/TIA568A 的直通双绞线标准来制作

4．粗缆连接的网段，每段最长的距离不超过_____。

   A．100 m　　　　B．500 m　　　　C．2 000 m　　　　D．400 m

5．光纤采用了光的_____原理实现了信号的传输。

   A．折射　　　　　B．散射　　　　　C．衍射　　　　　D．全反射

6．下列关于无线传输介质的描述错误的是_____。

   A．红外线传输的安全性好，但是穿透性差

   B．激光通信的穿透性强

   C．卫星微波通信的传播延迟较大

   D．无线电波主要用于实现数字信号的传输

7．下列属于笔记本电脑专用的网卡的是_____。

   A．PCMCIA　　　B．PCI　　　　　C．USB　　　　　D．AGP

8．当两个不同类型的网络要彼此相连时，必须使用_____。

   A．路由器　　　　B．交换机　　　　C．Modem　　　　D．服务器

9．无线 IEEE 802.11n 标准的网卡的传输速率可达_____。

   A．54 Mbit/s　　　B．108 Mbit/s　　　C．150 Mbit/s　　　D．300 Mbit/s

10．下列关于光纤的描述错误的是_____。

   A．单模光纤只提供一条光路，传输容量大，一般用于远距离通信

   B．多模光纤使用多条光路传输同一信号，通过光的折射来控制传输速度。多模光纤主要用于短距离、低速率的通信

   C．突变型多模光纤纤芯的折射率和包层的折射率都是一个常数，这种光纤信号畸变大

   D．渐变式光纤中，光线以正弦形状沿纤芯中心轴线方向传播，特点是信号畸变大

第4章　Windows Server 2008 网络操作系统

本章要求：

- 了解网络操作系统的基本功能及特点；
- 掌握 Windows Server 2008 操作系统的安装方法；
- 掌握 Windows Server 2008 的基本配置；
- 掌握 IPv4 协议的基本配置；
- 了解 IPv6 协议的基本配置调制解调器的工作原理；
- 掌握 Windows Server 2008 的高级配置选项；
- 掌握本地策略编辑器的基本配置。

4.1　操作系统概述

操作系统（Operating System，OS）是计算机系统软件的重要组成部分，是控制和管理计算机系统资源，合理地组织计算机工和流程，使用户充分、有效地使用计算机系统资源的和程序集合，是整个计算机系统的管理者和指挥者。

操作系统的主要任务是管理并调度计算机系统资源的使用。包括处理机管理、存储器管理、设备管理、文件管理和用户接口。

（1）处理机管理

处理机是最重要的资源，现代操作系统允许多个程序共享处理机，按照某种算法（分时、优先级）交替地使用处理机。处理机管理包括进程控制、进程同步、进程通信、调度等。

（2）存储器管理

存储器管理是操作系统的另一个重要功能，存储器管理包括内存分配、地址映射、存储保护和存储扩充等。

（3）设备管理

设备管理是最庞大、琐碎的部分，由于接连主机的设备种类繁多、用法各异。设备管理主要完成用户进程提出的 I/O 请求，为用户进程分配其所需的 I/O 设备，为设备提供缓冲区以缓和 CPU 与设备的 I/O 速度不匹配的矛盾。为设备提供驱动程序。

（4）文件管理

文件管理包括文件存储空间管理、目录管理和文件的读写管理和存取控制。

（5）用户接口

用户接口包括作业一级接口和程序一级接口。作业一级接口为了便于用户直接或间接地控制自己的作业而设置。它通常包括联机用户接口与脱机用户接口。程序一级接口是为用户程序在执行中访问系统资源而设置的，通常由一组系统调用组成。

4.2 网络操作系统

网络操作系统是利用局域网低层提供的数据传输功能，为高层网络用户提供网络资源共享管理服务以及其他网络服务功能的操作系统。网络操作系统负责管理整个网络资源和服务网络用户的软件集合，以使网络相关服务最佳为目的。网络操作系统具有基本操作系统的特征，具备完善的安全保障措施，如认证、授权、登录限制和访问控制，提供文件、打印、Web 服务支持和复制服务，支持 Internet 网络如路由选择和广域网端口，支持用户管理、系统管理、用户登录和离线、远程访问和审计工具，具有集群能力和高效的容错能力。

4.2.1 Windows 系列网络操作系统

Windows 是微软公司开发的图形窗口界面操作系统。Windows 系列的网络操作系统主要有 Windows 2000 Server、Windows Server 2003，Windows Server 2008 等。这类网络操作系统在局域网配置中最常见，Windows 类网络操作系统一般用在中低档服务器中。

Windows 2000 Server 是 1999 年发布的网络操作系统，主要用于中小型的企业内部网络服务器。Windows Server 2003 于 2003 年发布，它继承了 Windows 2000 Server 的稳定性和 Windows XP 的易用性，并且提供了更好的硬件支持和更强大的功能。Windows Server 2008 是微软开发的最新服务器操作系统，它继承 Windows Server 2003。Windows Server 2008 用于在虚拟化工作负载、支持应用程序和保护网络方面向组织提供最高效的平台，它为开发和可靠地承载 Web 应用程序和服务提供了一个安全、易于管理的平台。

4.2.2 UNIX 系列网络操作系统

UNIX 是由贝尔实验室开发的功能强大的多用户、多任务操作系统。UNIX 具有技术成熟、可靠性高、网络和数据库功能强、伸缩性突出和开放性好等特色，其良好的网络管理功能已为广大网络用户所接受，拥有丰富的应用软件的支持。UNIX 一般用于大中型的网络使用，目前 UNIX 的常见产品有 FreeBSD、Hp-Ux、AIX 等。

4.2.3 Linux 系列网络操作系统

Linux 是基于 UNIX 的开放源代码的网络操作系统。由于 Linux 免费使用并公开源代码，从而使其迅速得到普及和推广。目前常见的 Linux 产品有 Redhat、SUSE、Debian、Fedora、Ubuntu 等。

4.2.4 NetWare 系列网络操作系统

NetWare 操作系统是 Novell 公司开发的具有多任务、多用户的网络操作系统，它使用开放协议技术（Open Protocol Technology，OPT），各种协议的结合使不同类型的工作站可与公共服务器通信。NetWare 操作系统对网络硬件的要求较低，它对无盘工作站和游戏的支持较好。目前，常见的 NetWare 版本有 NetWare 5、NetWare 6.5 等。

4.3　Windows Server 2008 网络操作系统的安装

本节主要讲述 Windows Server 2008 网络操作系统的安装过程。

4.3.1　Windows Server 2008 的安装条件

作为服务器操作系统，Windows Server 2008 对安装的硬件条件限制较大，Windows Server 2008 的安装硬件条件主要关注 CPU、内存、磁盘空间等，表 4-1 所示为安装 Windows Server 2008 系统的最低硬件要求。

表 4-1　　　　　　　　　　　Windows Server 2008 系统硬件最低要求

种　　类	建 议 事 项	种　　类	建 议 事 项
处理器主频	1 GHz	硬盘空间	8 GB
内存容量	512 MB	显示	Super VGA (800 x 600)

4.3.2　光盘安装 Windows Server 2008

Windows Server 2008 提供了采用安装光盘引导启动安装，从现有操作系统上全新安装和从现有操作系统上升级安装 3 种安装方法。本节介绍采用安装光盘引导启动安装的基本步骤。

① 将安装光盘插入计算机的 DVD-ROM 中，开机按"DEL"键进入 BIOS，将系统设置从光盘启动。设置完成后保存设置，按"CTRL+ALT+DEL"键重新启动计算机，出现如图 4-1 所示的文件加载窗口。

② 完成图 4-1 所示的文件加载过程后，出现图 4-2 所示的正在启动安装程序窗口，系统开始加载安装环境。

图 4-1　Windows 正在读取文件

图 4-2　启动安装程序

③ 安装环境加载完成后，出现如图 4-3 所示的系统安装窗口，在该窗口中选择需要安装的语言类型，时间和货币显示种类及键盘和输入方式。

④ 完成上面的设置后，单击"下一步"按钮，出现如图 4-4 所示的窗口，在该窗口中选择要安装的 Windows Server 2008 的版本。

图 4-3　系统安装窗口

图 4-4　选择安装类型

⑤ 单击"下一步"按钮，系统开始进行安装，如图 4-5 所示。

⑥ 系统安装完成后，出现如图 4-6 所示的要求重新启动系统窗口。

图 4-5　系统安装

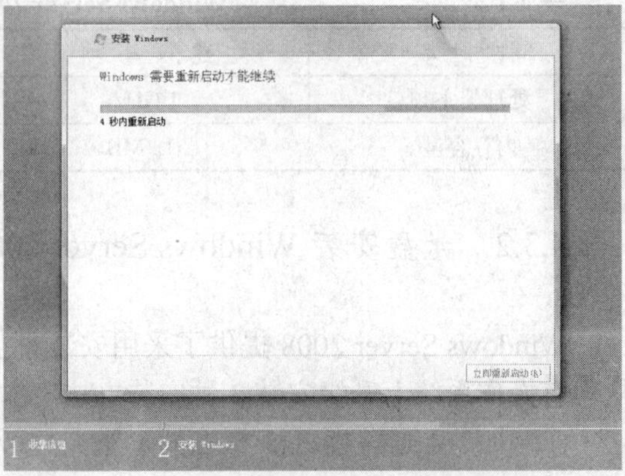

图 4-6　重启窗口

⑦ 单击"立即重新启动"按钮，系统重新启动，进入"完成安装"阶段，如图 4-7 所示。

⑧ 系统安装完成后，自动重新启动，启动完成后出现如图 4-8 所示的登录界面。

图 4-7　完成安装阶段

图 4-8　登录界面

⑨ 按 CTRL+ALT+DEL 键登录系统，系统开始为用户准备相关的桌面信息，完成后出现如图 4-9 所示的 Windows Server 2008 桌面。至此，Windows Server 2008 的安装就完成了。

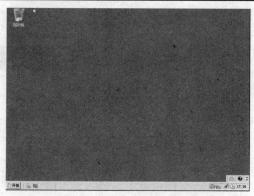

图 4-9　Windows Server　桌面

4.4　Windows Server 2008 的基本配置

本节主要讲述 Windows Server 2008 的基本配置项目。

4.4.1　设置主机名和工作组

主机名和工作组的设置是安装系统完成后的首要配置任务。

① 打开"系统属性"窗口，切换到"计算机名"选项卡下，如图 4-10 所示。

② 单击图 4-10 上的"更改"按钮，打开了如图 4-11 所示的窗口，设置相关的计算机名和工作组。完成后依次单击"确定"按钮，重新启动系统，设置即可生效。

图 4-10　系统属性窗口

图 4-11　设置计算机名和工作组窗口

4.4.2　创建用户账户

合理设置用户账户是管理和操作 Windows Server 2008 操作系统的首要任务，下面讲述用户账户的创建过程。

① 打开控制面板-用户账户，出现如图 4-12 所示的用户账户窗口。

② 单击图 4-12 上的"管理其他账户"图标，弹出如图 4-13 所示的管理账户窗口。

图 4-12　用户账户窗口

图 4-13　管理账户窗口

③ 在图 4-13 窗口上单击"创建一个新账户"连接，弹出如图 4-14 所示的创建新帐户窗口。在该窗口上输入要创建的账户名称，并选择相关的账户类型。

④ 单击"创建账户"按钮，弹出如图 4-15 所示的窗口，到此完成了账户名的创建。

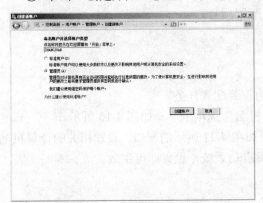

图 4-14　创建新帐户窗口

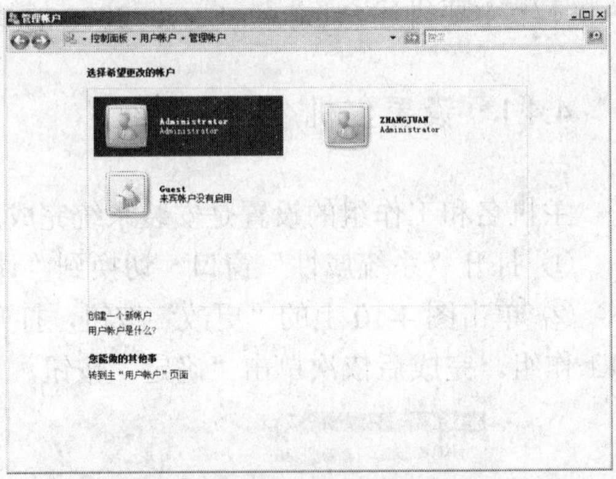

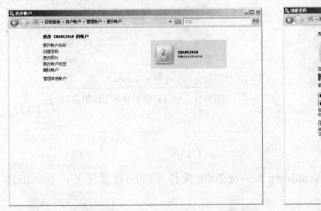

图 4-15　创建完成窗口

⑤ 在创建好的"ZHANGJUAN"账户图标上单击，弹出如图 4-16 所示的窗口，下面需要为该账户创建密码。

⑥ 在图 4-16 上的"创建密码"连接上单击，弹出如图 4-17 所示的窗口，设置用户密码和相关的密码提示问题。

图 4-16　指定用户账户窗口

图 4-17　设置用户密码窗口

⑦ 完成上面的操作后，在图 4-17 上单击"创建密码"按钮，弹出如图 4-18 所示的更改

账户窗口。至此，用户账户的密码建立完成。

图 4-18　完成密码创建窗口

4.4.3　配置显示选项

显示属性是指在 Windows Server 2008 工作环境中有关计算机屏幕显示输出的各项参数，其中包括屏幕分辨率、显示颜色数、屏幕刷新率等。

① 启动计算机进入 Windows Server 2008，在桌面上右键单击，在出现的菜单中选择"个性化"选项，出现如图 4-19 所示的个性化窗口。

② 单击"桌面背景"图标，出现如图 4-20 所示的桌面背景窗口，选择要设置的桌面背景的图片位置，设置图片的定位方式，按"确定"按钮即可。

③ 单击图 4-19 上的"显示设置"图标，出现如图 4-21 所示的"显示设置"窗口，在该窗口上设置显示器的分辨率。

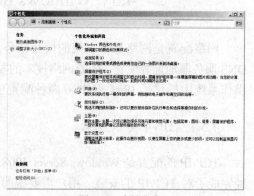

图 4-19　个性化窗口

图 4-20　桌面背景

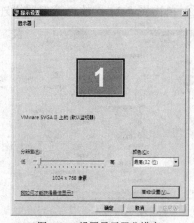

图 4-21　设置显示器分辨率

④ 单击图 4-21 上的"高级设置"按钮，出现显示器的属性窗口，切换到"监视器"选项卡下，设置显示器的屏幕刷新频率，如图 4-22 所示。

⑤ 单击图 4-19 上的"主题"图标，出现如图 4-23 所示的"主题设置"窗口，设置相关的系统主题，单击"确定"按钮即可。

图 4-22　设置监视器屏幕刷新率

图 4-23　主题设置

4.5　Windows Server 2008 的网络配置

网络配置是网络操作系统的核心任务，网络配置主要包括 IP 地址、子网掩码、网关、DNS 服务器地址等配置。随着网络技术的发展，IPv6 将逐渐投入使用，在 Windows Server 2008 操作系统中提供了 IPv4 和 IPv6 两种配置项目，本节将详细介绍这两种配置的基本过程。

4.5.1　IPv4 协议配置

TCP/IP 的配置是 Windows Server 2008 配置的关键。Windows Server 2008 在安装的时候已经完成了对 TCP/IP 的安装。用户需要做的是实现对 TCP/IP 的配置。TCP/IP 有 3 个最重要的参数，分别是 IP 地址、子网掩码和默认网关。

① 在桌面的"网络"图标上右键单击，在出现的菜单中单击"属性"选项，出现如图 4-24 所示的"网络和共享中心"窗口。

② 单击图 4-24 上的"管理网络连接"，出现如图 4-25 所示的"网络连接"窗口。

图 4-24　网络和共享中心窗口

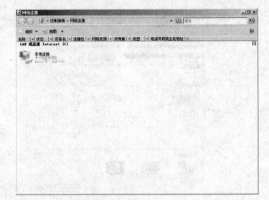

图 4-25　网络连接窗口

③ 在网络连接窗口的"本地连接"图标上右键，在弹出的快捷菜单中单击"属性"，打开"本地连接"→"属性"对话框，如图 4-26 所示。

④ 选中图 4-26 选中"Internet 协议（TCP/IP）"，单击"属性"按钮，打开"Internet 协议版本 4（TCP/IPv4）属性"对话框，单击"使用下面的 IP 地址"单选按钮。设置对应的 IP 地址、子网掩码、默认网关和 DNS 服务器地址，如图 4-27 所示。

图 4-26　本地连接属性窗口

图 4-27　设置 IPv4 地址

注意：如果采用拨号或者其他自动采用 DHCP 服务器分配方式，则选择"自动获得 IP 地址"单选按钮。

⑤ 单击图 4-27 上的"高级"按钮，弹出如图 4-28 所示的窗口，在 IP 设置选项卡下，可以添加多个 IP 地址和相关的网关地址。

⑥ 切换到"DNS"选项卡下，可以添加多个 DNS 服务器地址，如图 4-29 所示。

⑦ 切换到"WINS"选项卡下，设置相关的 WINS 服务器地址，如图 4-30 所示。

图 4-28　添加 IP 地址

图 4-29　添加多个 DNS

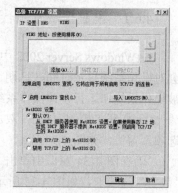

图 4-30　指定 WINS

完成上面的相关操作后，单击"确定"按钮，在"本地连接属性"对话框中单击"关闭"即可。

4.5.2　IPv6 协议配置

IPv6 是下一版本的互联网协议，是下一代互联网的协议。IPv6 采用 128 位地址长度，它的设计解决了 IPv4 的地址短缺问题。在安装 Windows Server 2008 时，IPv6 已经自动安装好了，用户可以使用和 TCP/IPv4 同样的方式进行设置。

① 打开"本地连接"→"属性"对话框。选中"Internet 协议版本 6（TCP/IPv6）"选项，如图 4-31 所示。

② 单击"属性"按钮，打开"Internet 协议版本 6（TCP/IPv6）属性"对话框，单击"使用下列 IPv6 地址"单选按钮。设置对应的 IP 地址、子网掩码、默认网关和 DNS 服务器地

址，如图 4-32 所示。

注意： IPv6 网络也支持自动获得 IPv6 地址功能。

③ 单击图 4-32 上的"高级"按钮，弹出如图 4-33 所示的窗口，同样也可以设置添加多个 IPv6 地址和 DNS 地址，操作方式和 IPv4 的设置基本相同，在此不再阐述。

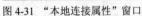

图 4-31　"本地连接属性"窗口　　图 4-32　IPv6 地址设置　　图 4-33　IPv6 的高级属性设置

4.6　Windows Server 2008 的高级配置

本节主要讲述 Windows Server 2008 的相关高级配置选项。

4.6.1　配置区域选项

在 Windows Server 2008 中，区域选项是设定该操作系统所处物理位置的选项，该选项将会对操作系统显示时间、日期、货币、数字和输入法的格式产生影响。选定的显示格式将会被操作系统和运行在该操作系统之上的应用程序所使用。

① 打开"控制面板"，双击控制面板中的"区域和语言选项"图标，打开"区域和语言选项"窗口，如图 4-34 所示。

② 在图 4-34 窗口中单击"自定义此格式"按钮，打开"自定义区域选项"窗口，选择"数字"选项卡，如图 4-35 所示，可以根据实际需求在此设置数字的表示形式。

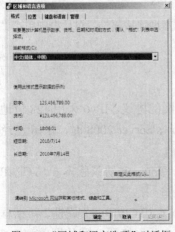

图 4-34　"区域和语言选项"对话框　　　　图 4-35　"数字"选项卡

③ 单击"自定义区域选项"的"货币"选项卡，出现如图 4-36 所示的窗口，在该窗口中根据实际需求设置货币的表示形式。

④ 单击"自定义区域选项"的"时间"选项卡，出现如图 4-37 所示的窗口，可以根据实际需求设置时间的表示形式。

⑤ 单击"自定义区域选项"的"日期"选项卡，出现如图 4-38 所示的窗口，可以根据实际需求设置日期的表示形式。

图 4-36　"货币"选项卡

图 4-37　"时间"选项卡

图 4-38　"日期"选项卡

⑥ 切换到"区域和语言选项"窗口的"键盘和语言"选项卡下，如图 4-39 所示。

⑦ 单击"更改键盘"按钮，出现如图 4-40 所示的"文字服务和输入语言"窗口。

⑧ 在此选项卡中单击"添加"按钮，将出现"添加输入法区域设置"对话框，如图 4-41 所示。选择想要添加的输入法，然后单击"确定"返回，输入法安装成功。单击"确定"按钮，关闭"区域选项"对话框。

图 4-39　设置语言选项

图 4-40　"输入法区域设置"选项卡

图 4-41　"添加输入法区域设置"对话框

4.6.2　配置虚拟内存

虚拟内存又称页面文件。应用页面文件可以使操作系统为应用程序提供超出物理内存大小的存储空间，而这些存储空间对于应用程序而言就好像是真正的物理内存。

① 在桌面的计算机图标上单击右键，在出现的菜单中选择"属性"选项，出现如图 4-42 所示的窗口。

② 单击图 4-42 上的"高级属性设置"按钮，出现如图 4-43 所示的"系统属性"窗口。

图 4-42　系统窗口

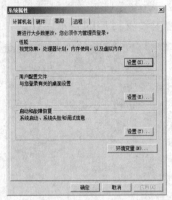
图 4-43　"高级"选项卡

③ 单击图 4-43 上"性能"区域的"设置"按钮，出现"性能选项"窗口，切换到"高级"选项卡，将出现如图 4-44 所示的对话框。

④ 单击图 4-44 上的"更改"按钮，出现如图 4-45 所示的"虚拟内存"对话框，去掉"自动管理所有驱动器的分页文件大小"选项前面的对勾，选择对应的驱动器，选择"自定义大小"选项，设置虚拟内存的最小值和最大值，输入完成后，按"设置"按钮即可。

图 4-44　"性能选项"对话框

图 4-45　设置虚拟内存

⑤ 完成设置后，依次单击"确定"按钮，重新启动系统，设置即可生效。

4.6.3　故障恢复选项配置

故障恢复选项将决定操作系统在出现严重的错误（如系统死机）时操作系统的动作及相应的措施。

① 打开"系统属性"窗口，切换到"高级"选项卡下，如图 4-46 所示。

② 单击"启动和故障恢复"区域的"设置"按钮，打开"启动和故障恢复"窗口，如图 4-47 所示。

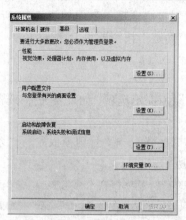

图 4-46　"启动和故障恢复"对话框

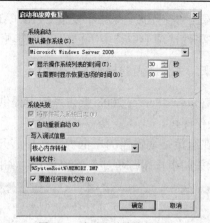

图 4-47　启动和故障恢复窗口

③ 选中"自动重新启动"前的复选框，当出现死机故障后，操作系统会自动重新启动计算机。在"写入调试信息"下拉式列表框中可以选择一种内存转储模式。

④ 在"转储文件"对话框中输入转储文件的保存路径和文件名。

注意：如无特殊要求，尽量使用系统默认值。其中%SystemRoot%是一个变量，即为存放系统文件的文件夹，默认是 WINNT 文件夹。

⑤ 选中"覆盖任何现有文件"复选框，则当有新的内存转储文件时会覆盖上次保存的内存转储文件。重新启动操作系统以使改变生效。

4.6.4　本地组策略编辑器的基本配置

本地组策略编辑器提供了一个非常灵活的设置窗口，用户可以通过该编辑器，实现 Windows Server 2008 的相关操作优化过程。下面介绍常见的基本配置项目。

1. 取消登录时要按 CTRL+ALT+DEL 组合键登录的方法

① 打开"开始"→"运行"，输入 gpedit.msc，按回车键，弹出如图 4-48 所示的本地组策略编辑器窗口。

② 在组策略编辑器的左框内依次序展开"计算机配置"→"Windows 设置"→"安全设置"→"本地策略"→"安全选项"，在"安全选项"右侧的框内找到"交互式登录：无需按 CTRL+ALT+DEL"策略选项，如图 4-49 所示。

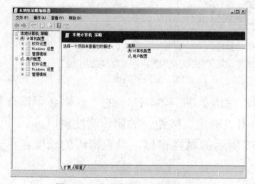

图 4-48　本地组策略编辑器窗口

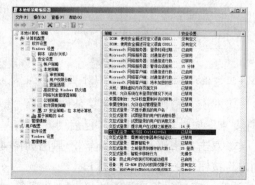

图 4-49　安全选项策略窗口

③ 双击"交互式登录：不要按 CTRL+ALT+DEL"策略选项，弹出如图 4-50 所示的属性窗口，在属性选项卡中选中"已启用"选项，单击"确定"按钮即可。

2. 取消关机原因的提示

在 Windows Server 2008 操作系统中提供了关机原因提示选项，如果要去掉该提示，则执行如下操作即可。

① 在组策略编辑器的左框内依次序展开"计算机配置"→"管理模板"→"系统"，找到"显示关闭事件跟踪程序"策略选项，如图 4-51 所示。

图 4-50　启用选项

图 4-51　"显示关闭事件跟踪程序"策略选项

② 双击"显示关闭事件跟踪程序"策略选项，弹出如图 4-52 所示的属性窗口，在属性选项卡中选中"已禁用"选项，单击"确定"按钮即可。

3. 配置账户密码的强度

账户密码的强度关系到系统的安全性，用户通过设置密码强度来增强账户密码的安全系数。

① 打开本地组策略编辑器，依次展开"计算机配置"→"Windows 设置"→"安全设置"→"账户策略"→"密码策略"，如图 4-53 所示。

图 4-52　"显示关闭事件跟踪程序"属性窗口

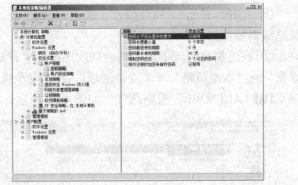

图 4-53　密码策略窗口

② 双击"密码必须符合复杂性要求"选项，弹出如图 4-54 所示的"密码必须符合复杂性要求"属性窗口。选择"已启用"选项，单击"确定"按钮，关闭该属性窗口。

③ 双击"密码长度最小值"，弹出如图 4-55 所示的属性窗口。设置密码的长度，单击"确定"按钮，关闭该属性窗口。

注意：密码的长度设置为 0～14 个字符。

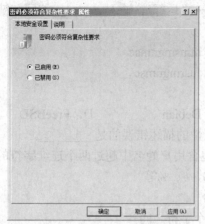

图 4-54　"密码必须符合复杂性要求"属性窗口

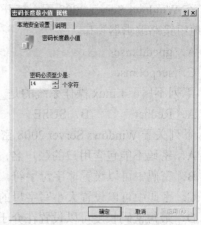

图 4-55　"密码长度最小值"属性窗口

小　　结

本章主要讲述了 Windows Server 2008 网络操作系统的安装和基本配置过程，主要的内容包括操作系统的基本概念，Windows，UNIX，Linux，Netware 系列网络操作系统的功能及基本特点，Windows Server 2008 操作系统的安装和基本配置，网络协议的配置，Windows Server 2008 操作系统的高级配置及本地组策略编辑器的基本设置等。

习　　题

1. 下列关于操作系统的功能描述错误的是_____。
   A. 处理机管理包括进程控制、进程同步、进程通信、调度，为设备提供驱动程序
   B. 存储器管理包括内存分配、地址映射、存储保护和存储扩充等
   C. 设备管理主要完成用户进程提出的 I/O 请求，为用户进程分配其所需的 I/O 设备为设备提供缓冲区以缓和 CPU 与设备的 I/O 速度不匹配的矛盾
   D. 文件管理包括文件存储空间管理、目录管理和文件的读写管理和存取控制
2. 下列不属于网络操作系统的是_____。
   A. Windows Server 2008　　　　　　　B. Linux
   C. Office　　　　　　　　　　　　　　D. UNIX
3. IPv4 协议的配置中，3 个主要的参数不包括_____。
   A. IP 地址　　　　B. 子网掩码　　　　C. 默认网关　　　　D. WINS
4. 为实现域名解析，在进行 TCP/IP 协议的配置时，必须要考虑设置_____服务器地址。
   A. DNS　　　　B. HTTP　　　　C. Telnet　　　　D. FTP
5. Windows Server 2008 系统登录时默认要按"_____"组合键。
   A. CTRL+ALT+DEL　　　　　　　　B. CTRL+SHIFT+DEL
   C. CTRL+ALT+INSERT　　　　　　　D. CTRL+ALT+TAB

6．在 Windows Server 2008 下，打开"开始"→"运行"，输入＿＿＿＿按回车键，可以弹出本地组策略编辑器窗口。

    A．gpedit.msc   B．ntmsmgr.msc

    C．secpol.msc   D．lusrmgr.msc

7．下列不属于 Linux 操作系统的是＿＿＿＿。

    A．Redhat   B．SUSE   C．Debian   D．FreeBSD

8．下列关于 Windows Server 2008 密码的强壮性的描述错误的是＿＿＿＿。

    A．密码不能包含用户的账户名，但可以包含用户姓名中超过两个连续字符的部分

    B．密码中可以设置非字母字符，例如!、$、#、%等

    C．密码中可以设置大小写字母的随机组合

    D．最短密码长度可以设置在介于 1 和 14 个字符之间

9．下列对 Windows Server 2008 操作系统具备最高控制和操作权限的用户类型是＿＿＿＿。

    A．Administrator   B．Guest

    C．User   D．Power user

10．下列关于 Windows Server 2008 下配置 IPv6 的描述错误的是＿＿＿＿。

    A．IPv6 在 Windows Server 2008 安装后，已经自动默认安装

    B．IPv6 可以设置为自动获得 IPv6 地址方式

    C．IPv6 协议的属性配置包括 IPv6 地址，网关和子网掩码

    D．IPv6 协议的属性设置中，设置的 DNS 服务器地址也必须为 IPv6 地址形式

第 5 章　交换机的基本配置

本章要求：

- 理解电路交换、报文交换、分组交换的工作原理及特点；
- 理解交换机的数据转发方法及基本过程；
- 了解交换机的基本分类方式；
- 掌握交换机的级联和堆叠方式；
- 掌握交换机的基本配置；
- 掌握 VLAN 的划分方式；
- 掌握 VLAN 间路由的实现方式；
- 掌握交换机的密码恢复方法；
- 掌握交换机的 IOS 升级方法。

5.1　数据交换基本方式

常见的数据交换方式可分为电路交换，报文交换和分组交换。

5.1.1　电路交换

电路交换（Circuit Switching），是一种直接的交换方式，采用电路交换技术进行数据传输期间，在源节点与目的节点之间有一条利用中间节点构成的专用物理连接线路，直到数据传输结束。如果两个相邻节点之间的信道容量很大时，这两个相邻节点之间可以复用多条电路。

电路交换过程需要经过三个阶段：电路建立、数据传输、电路拆除。

（1）电路建立。通信双方在传输任何数据之前，要先经过呼叫过程建立一条端到端的电路。如图 5-1 所示的建立段，若站点 H1 要与站点 H4 连接，其做法是，站点 H1 先向与其相连的节点 A 提出请求，然后节点 A 在通向节点 D 的路径中找到下一个支路。比如节点 A 选择经节点 B 和节点 C 的电路，在此电路上分配一个未用的通道，并告诉当前节点它还要连接下一个节点，然后当前节点再呼叫下一个节点，依次这样，可建立电路 BCD，最后，节点 D

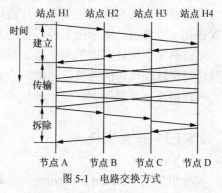

图 5-1　电路交换方式

完成到站点 H4 的连接。这样 A 与 D 之间就有一条专用电路 A-B-C-D，用于站点 H1 与站点 H4 之间的数据传输。

（2）数据传输。电路 A-B-C-D 建立以后，数据就可以从 A 发送到 B，再经 B 和 C 传到 D；D 也可以经 C 和 B 向 A 发送数据，如图 5-1 所示的传输段。在整个数据传输过程中，所建立的电路必须始终保持连接状态。

（3）电路拆除。通信双方在数据传输结束后，由其中一方（A 或 D）发出拆除请求，然后逐节拆除到对方节点，用来释放该连接占用的专用资源。如图 5-1 所示的拆除段。

电路交换方式的优点是数据传输可靠、迅速，数据不会丢失且保持原来的序列。缺点是在某些情况下，电路空闲时的信道容量被浪费。另外，如数据传输阶段的持续时间不长的话，电路建立和拆除所用的时间就得不偿失。因此，它适用于系统间要求高质量的大量数据传输的情况。这种通信方式的计费方法一般按照预订的带宽、距离和时间来计算。

5.1.2　报文交换

报文交换（Message Switching）是一种典型的存储交换方式。"存储交换"是指数据交换前，先通过缓冲存储器进行缓存，然后按队列进行处理。报文交换的基本思想是先将用户的报文存储在交换机的存储器中，当所需要的输出电路空闲时，再将该报文发向接收交换机或用户终端，报文交换适合公众电报等。

报文交换的数据传输单位是报文，报文指的是站点一次性要发送出去的数据块，它由报头和报体组成。报头中包含目的端地址、源端地址以及其他附加信息，报体就是要传输的数据。报文长度不限并且可以改变。实现报文交换的步骤如下。

（1）若某用户有发送报文需求，则需要先把拟发送的信息加上报文头，包括目标地址和源地址等信息，并将形成的报文发送给交换机。当交换机中的通信控制器检测到某用户线路有报文输入时，则向中央处理机发送中断请求，并逐字把报文送入内存器。

（2）中央处理机在接到报文后可以对报文进行处理，如分析报文头，判别和确定路由等，然后将报文转存到外部大容量存储器，等待一条空闲的输出线路。

（3）一旦线路空闲，就再把报文从外存储器调入内存储器，经通信控制器向线路发送出去。

按照上面的步骤，报文从一个节点被传到下一个节点，每个节点在收到整个报文并检查无误后，就暂存这个报文，然后利用路由信息找出下一个节点的地址，再把整个报文传送给下一个节点。报文交换的过程如图 5-2 所示。

报文交换的电路利用率高。在传送报文时，一个时刻仅占用一段通道，多个报文可以分时共享两个节点之间的通道。报文交换还可以把一个报文发送到多个目的地，并且进行速度和代码的转换。它的缺点是延时长，不宜用于实时通信或交互通信。

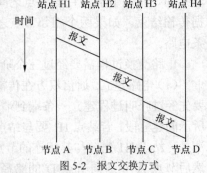

图 5-2　报文交换方式

5.1.3　分组交换

分组交换（Packet Switching）是数据交换的另一种非常重要的方式。数据通信带有很强的随机性和突发性，使用电路交换方式对信道的浪费太大，所以提出分组交换方式。它是将用户发送的信息分割成定长的数据段，在每个数据段的前后加上控制信息和收、发地址信息，形成分组，在网络中传输。分组的传送使用"存储-转发"方式，即分组到达下一个节点的时候先保存下来，等到系统选择到其对应传输节点的时候再将数据转发出去，一直按这种方式运作，直到分组到达接收端。

分组交换方式可以分为数据报（Datagram）交换和虚电路（Virual Circuit）交换两种方式。前者和报文交换比较相似，是一种无连接方式，数据的每一段通过网络单独发送至目标设备，在目标设备通过数据包汇编程序将数据重新组合在一起。后者和电路交换比较相似，是一种面向连接的方式，但连接是虚拟的，通过这种方式可以利用物理介质进行多路通信，图 5-3 是分组交换的两种方式的示意图。

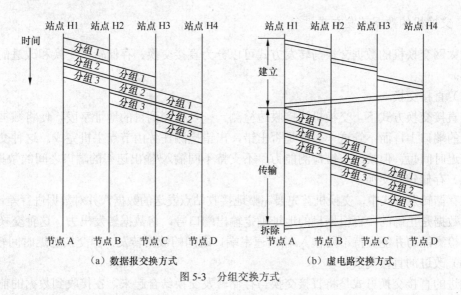

（a）数据报交换方式　　　　　　　　　（b）虚电路交换方式

图 5-3　分组交换方式

在分组交换方式中，由于能够以分组方式进行数据的暂存交换，经交换机处理后，很容易实现不同速率、不同规程的终端间通信。分组交换主要有如下特点。

（1）提高了信道的利用率，改变了电路交换方式独占信道的方式。分组交换以虚电路的形式进行信道的多路复用，实现资源共享，可在一条物理线路上提供多条逻辑信道，极大地提高线路的利用率，使传输费用明显下降。

（2）不同种类的终端可以相互通信。分组网以 X.25 协议向用户提供标准接口，数据以分组为单位在网络内"存储-转发"，使不同速率终端和不同协议的设备通过网络提供的协议变换功能后实现互相通信。

（3）信息传输可靠性高。在网络中每个分组进行传输时，在节点交换机之间采用差错校验与重发的功能，因而在网中传送的误码率大大降低。而且在网内发生故障时，网络中的路由机制会使分组自动地选择一条新的路由避开故障点，不会造成通信中断。

（4）分组多路通信。由于每个分组都包含有控制信息，所以分组型终端可以同时与多个用户终端进行通信，可把同一信息发送到不同用户。

（5）计费与传输距离无关。网络计费按时长、信息量计费，与传输距离无关，特别适合那些非实时性，且通信量不大的用户。

5.2　交换机概述

交换机（Switch）是一种基于 MAC 地址识别，能完成封装转发数据包功能的网络设备。交换机拥有一个共享内存交换矩阵，用来将 LAN 分成多个独立冲突段并以全线速度提供这些段间互连。数据帧直接从一个物理端口送到另一个物理端口，在用户间提供并行通信，允许不同用户对同时进行传送。交换机的出现解决了连接在集线器上的所有主机共享可用带宽的缺陷。交换机的主要功能包括物理编址、网络拓扑结构、错误校验、帧序列以及流控，VLAN、链路汇聚等。交换机根据数据帧的 MAC（Media Access Control）地址（即物理地址）进行数据帧的转发操作。

1．交换机的数据转发方式

以太网交换机的数据交换与转发方式可以分为直接交换、存储转发交换和改进的直接交换 3 类。

（1）直接交换

在直接交换方式下，交换机边接收边检测。一旦检测到目的地址字段，便将数据帧传送到相应的端口上，而不管这一数据是否出错，出错检测任务由节点主机完成。这种交换方式交换延迟时间短，但缺乏差错检测能力，不支持不同输入/输出速率的端口之间的数据转发。

（2）存储转发交换

在存储转发方式中，交换机首先要完整地接收站点发送的数据，并对数据进行差错检测。如接收数据是正确的，再根据目的地址确定输出端口号，将数据转发出去。这种交换方式具有差错检测能力并能支持不同输入/输出速率端口之间的数据转发，但交换延迟时间较长。

（3）改进的直接交换

改进的直接交换方式是将直接交换与存储转发交换结合起来，在接收到数据的前 64 字节之后，判断数据的头部字段是否正确，如果正确则转发出去。这种方式对于短数据来说，交换延迟与直接交换方式比较接近；而对于长数据来说，由于它只对数据前部的主要字段进行差错检测，交换延迟将会减少。

2．交换机的数据转发规则

交换机转发数据帧时，遵循以下规则。

（1）数据帧的目的 MAC 地址是广播地址或者组播地址，则向交换机所有端口转发（除数据帧来的端口）。

（2）数据帧的目的地址是单播地址，但是这个地址并不在交换机的 MAC 地址表中，那么也会向所有的端口转发（除数据帧来的端口）。

（3）数据帧的目的地址在交换机的 MAC 地址表中，那么就根据 MAC 地址表转发到相应的端口。

（4）数据帧的目的地址与数据帧的源地址在一个网段上，它就会丢弃这个数据帧，交换也就不会发生。

图 5-4 所示的交换机连接了五台主机，其中 PC1 连接到交换机的 1 号端口，PC2 连接到交换机的 4 号端口，PC3 连接到交换机的 6 号端口，PC4 和 PC5 通过集线器连接到交换机的 12 号端口。

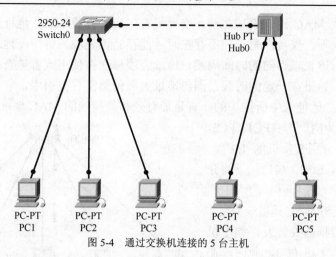

图 5-4 通过交换机连接的 5 台主机

交换机根据端口的连接状况建立了如表 5-1 所示的地址映射表。

表 5-1   地址映射表

端　口　号	MAC 地址
1	00-E0-30-00-89-3A
4	F2-AB-FF-23-30-66
6	07-E0-F4-78-09-30
12	EF-72-B6-23-09-70
	E2-46-5F-50-07-23

当 PC1 要向 PC2 发送信息时，PC1 首先将目的 MAC 地址指向 PC2 的帧发往交换机的 1 号端口，交换机收到该帧，并在检测到其目的 MAC 地址后，在交换机端口地址映射表中查到 PC2 所在的端口号 4，交换机端口 1 与端口 4 建立一条连接，将端口 1 接收到的信息转发到端口 4。

当 PC3 要向 PC4 发送信息时，PC3 首先将目的 MAC 地址指向 PC4 的帧发往端口 6，交换机收到该帧，并在检测到其目的 MAC 地址后，在交换机端口地址映射表中查到 PC4 的端口号 12，在端口 6 与端口 12 之间建立连接，并将信息转发到端口 12。由此，在端口 1 与 4 及端口 6 与 12 之间建立了两条并发连接，实现数据的并发转发和交换。

当交换机的 PC4 向 PC5 要发送帧，由于他们连接在交换机的同一个端口上，因此接收到 PC4 的帧后并不转发，而是丢弃。由于 PC4 和 PC5 在同一集线器上，所以直接能收到 PC4 发送来的帧。这样交换机隔离了本地信息，避免了网络上不必要的数据流动。

如图 5-4 所示的连接状态发生变化，发往指定端口的映射信息没有在地址映射表中，为保证帧的正确传输，交换机向除发送端口以外的所有端口转发帧。当指定端口发送应答信息或其他帧时，交换机就很容易获得该端口连接信息，并将其增加到地址映射表中，以便以后使用，交换机就是通过这样来不断的维护、更新地址映射表来实现数据通信。

3．交换机地址管理机制

交换机的 MAC 地址表中，一条表项主要由一个主机 MAC 地址和该地址所位于的交换机端口号组成。整张地址表的生成采用动态自学习的方法，即当交换机收到一个数据帧以后，将数据帧的源地址和输入端口记录在 MAC 地址表中。思科的交换机中，MAC 地址表放置在内容可寻址存储器（Content-Addressable Memory，CAM）中，因此也被称为 CAM 表。

当然，在存放 MAC 地址表项之前，交换机首先应该查找 MAC 地址表中是否已经存在该源地址的匹配表项，仅当匹配表项不存在时才能存储该表项。每一条地址表项都有一个时间标记，用来指示该表项存储的时间周期。地址表项每次被使用或者被查找时，表项的时间标记就会被更新。如果在一定的时间范围内地址表项仍然没有被引用，它就会从地址表中被移走。因此，MAC 地址表中所维护的一直是最有效和最精确的 MAC 地址/端口信息。

以图 5-5 所示为例，其中 PC1，PC2，PC3，PC4，PC5 分别交换机的 E0/1，E0/2，E0/3，E0/4，E0/13 端口，下面介绍交换机的地址学习过程。

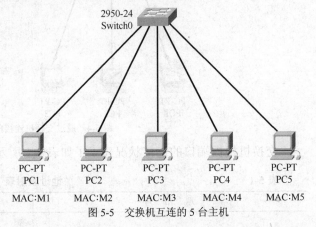

图 5-5　交换机互连的 5 台主机

（1）最初交换机 MAC 地址表为空。

（2）如果有数据需要转发，如主机 PC1 发送数据帧给主机 PC3，此时，在 MAC 地址表中没有记录，交换机将向除向 E0/1 以外的其他所有端口转发，在转发数据帧之前，它首先检查这个帧的源 MAC 地址（M1），并记录与之对应的端口（E0/1），于是交换机生成（M1，E0/1）这样一条记录，并加入到 MAC 地址表内。

交换机是通过识别数据帧的源 MAC 地址学习到 AMC 地址和端口的对应关系的。当得到 MAC 地址与端口的对应关系后，交换机将检查 MAC 地址表中是否已经存在该对应关系。如果不存在，交换机就将该对应关系添加到 MAC 地址表；如果已经存在，交换机将更新该表项。

（3）循环上一步，MAC 地址表不断加入新的 MAC 地址与端口对应信息。直到 MAC 地址表记录完成为止。此时，如主机 PC1 再次发送数据帧给主机 PC3 时，由于 MAC 地址表中已经记录了该帧的目的地址的对应交换机端口号，则直接将数据转发到 E0/3 端口，不再向其他端口转发数据帧。

5.2.1　交换机的分类

交换机的种类繁多，从不同角度出发可分成很多类型，常见的分类方式如下。

1．按网络覆盖范围分类

按照网络的覆盖范围，交换机可以分为两种：局域网交换机和广域网交换机。广域网交换机主要应用于电信城域网互联、互联网接入等领域的广域网中，提供通信应用的基础平台。局域网交换机应用于局域网络，用于连接终端设备，如服务器、工作站、集线器、路由器和网络打印机等网络设备，提供高速独立的通信通道。

2．按传输速率分类

按照交换机的传输速率，可分为如下几类。

（1）SOHU 交换机

SOHU 交换机指的是满足简单家庭办公使用的交换机，此类交换机价格低廉，传输速率一般在 10/100 Mbit/s，属于固定端口的 2 层交换机，此类交换机一般不支持 VLAN 和网络管理。图 5-6 所示的是一款常见的 SOHU 交换机。

（2）快速以太网交换机

图 5-6　以太网交换机

这种交换机主要用于 100 Mbit/s 的快速以太网，部分支持 1 000 Mbit/s，此类交换机一般属于二层交换机，相比较 SOHU 交换机的性能大大增强，部分快速以太网交换机支持 VLAN 和网络管理功能。图 5-7 所示的是一款快速以太网交换机。

（3）千兆以太网交换机

千兆以太网交换机支持的最高传输速率达 1 000 Mbit/s。千兆以太网交换机有 2 层的产品，也有 3 层的产品，一般都支持 VLAN 和网络管理。和快速以太网交换机相比，其管理能力增强了，价格也比快速以太网交换机高得多。图 5-8 所示的是一款千兆以太网交换机。

（4）万兆以太网交换机

万兆以太网交换机支持的最大传输速率为 10 000 Mbit/s，此类交换机一般应用于骨干网段上，此类交换机价格昂贵，3 层的交换机居多，部分属于 4 层交换机，基本上都支持 VLAN 和网络管理，有固定端口的产品，也有模块化的产品，图 5-9 所示的是一款万兆以太网交换机。

图 5-7　快速以太网交换机

图 5-8　千兆以太网交换机

图 5-9　万兆以太网交换机

3. 按工作的协议层次分类

网络设备都对应工作在 OSI 模型的一定层次上，工作的层次越高，说明其设备的技术性越高，性能也越好，档次也就越高。根据工作的协议层交换机可分第二层交换机、第三层交换机和第四层交换机。

（1）二层交换机

二层交换机是最早的交换技术产品，由于它所担负的工作相对简单，又处于交换网络的数据链路层，所以只需提供基本的二层数据转发功能即可。目前二层交换机应用最为广泛，一般应用于网络的接入层次。目前桌面型交换机一般是属于这一类型。

二层交换机能够识别数据包中的 MAC 地址信息，然后根据 MAC 地址进行数据包的转发，并将这些 MAC 地址与对应的端口记录在内部的地址列表中。

（2）三层交换机

三层交换技术又称为多层交换技术、IP 交换技术等，相对于二层交换技术根据数据链路层地址信息进行交换的特点，三层交换技术在网络层实现了数据包的高速转发。它检查数据包信息，并根据网络层目标地址（IP 地址）转发数据包。三层交换机实际上是将传统交换机与传统路由器结合起来的网络设备，它既可以完成传统交换机的端口交换功能，又可完成部分路由器的路由功能。当网络规模较大时，可以根据特殊应用需求划分为小的独立的 VLAN 网段，以减小广播所造成的影响。通常这类交换机是采用模块化结构，以适应灵活配置的需要。

在实际应用中，三层交换机通过 VLAN 将一个大的交换网络划分为多个较小的广播域，各个 VLAN 之间再采用三层交换技术互相通信。它解决了局域网中网段划分之后，各网段必须依赖第三层路由设备进行管理的局面，解决了路由器传输速率低、结构复杂所造成的网络瓶颈问题。

（3）四层交换机

四层交换机工作于 OSI 参考模型的第四层，即传输层。四层交换机在决定传输时不仅仅依据 MAC 地址（数据链路层信息）或源/目标 IP 地址（网络层信息），它可以直接面对网络中的具体应用，通过分析数据包中的 TCP/UDP（传输层信息）应用端口号，四层交换机可以做出向何处转发数据流的智能决定。

四层交换机在工作中会为支持不同应用的服务器组设立虚拟 IP 地址，并且在网络的域名服务器（DNS）中并不存储应用服务器的真实地址，而是每项应用的服务器组所对应的虚拟 IP 地址。当用户发出应用申请时，四层交换机会从该项应用的服务器组中选择最佳服务器，并将数据包目的地址中的虚拟 IP 地址改为最佳服务器的真实 IP 地址，然后通过三层交换模块将该连接请求传给该服务器。

（4）七层交换机

第七层交换技术可以定义为数据包的传送不仅仅依据 MAC 地址（第二层交换）或源/目标 IP 地址（第三层路由）以及依据 TCP/UDP 端口（第四层地址），而是可以根据内容（表示/应用层）进行。这样的处理更具有智能性，交换的不仅仅是端口，还包括了内容，因此，第七层交换机是真正的"应用交换机"。这类具有第七层认知的交换机可以应用在很多方面，比如保证不同类型的传输流被赋予不同的优先级。它可以对传输流进行过滤并分配优先级，使用户不必依赖于业务或网络设备来达到这些目的。

4. 按应用规模分类

从规模应用上又可分为企业级交换机、部门级交换机和工作组交换机等。各厂商划分的尺度并不是完全一致的，一般来讲，企业级交换机都是机架式，部门级交换机可以是机架式（插槽数较少），也可以是固定配置式，而工作组级交换机为固定配置式（功能较为简单）。另一方面，从应用的规模来看，作为骨干交换机时，支持 500 个信息点以上大型企业应用的交换机为企业级交换机，支持 300 个信息点以下中型企业的交换机为部门级交换机，而支持 100 个信息点以内的交换机为工作组级交换机。

5. 按网络构成方式分类

按网络构成方式，交换机被划分为接入层交换机、汇聚层交换机和核心层交换机。

核心层交换机全部采用机箱式模块化设计，已经基本上都设计了与之相配备的 1000Base-T 模块。接入层支持 1000Base-T 的以太网交换机基本上是固定端口式交换机，以 10/100 M 端口为主，并且以固定端口或扩展槽方式提供 1000Base-T 的上联端口。汇聚层 1000Base-T 交换机同时存在机箱式和固定端口式两种设计，可以提供多个 1000Base-T 端口，一般也可以提供 1000Base-X 等其他形式的端口。接入层和汇聚层交换机共同构成完整的中小型局域网解决方案。

6. 按端口结构分类

按端口结构来分，交换机大致可分为：固定端口交换机和模块化交换机两种不同的结构。

固定端口交换机带有的端口数量固定，一般的端口标准是 8 端口、16 端口、24 端口、48 端口等。在工作组中应用较多，一般适用于小型网络、桌面交换环境。模块化交换机拥有更大的灵活性和可扩充性，用户可任意选择不同数量、不同速率和不同接口类型的模块，以适应千变万化的网络需求。图 5-10 所示的是一款模块化的交换机产品。

图 5-10　模块化的交换机

5.2.2　交换机的连接

当网络中主机数目很多时，采用一个交换机已经不能满足网络中所有主机的连入时，通常采用多个交换机的连接，实现增加网络端口的目的。交换机之间的连接有以下几种类型。

1. 级联

级联扩展模式是最常规、最直接的一种扩展模式。交换机的级联根据交换机的端口配置情况又有两种不同的连接方式。

（1）基于"UpLink"端口的级联

如果交换机备有"UpLink（级联）"端口，则可直接采用这个端口进行级联。在级联时，上一级交换机中要连到交换机的普通端口，下层交换机则连到专门的"UpLink"端口，如图 5-11 所示。

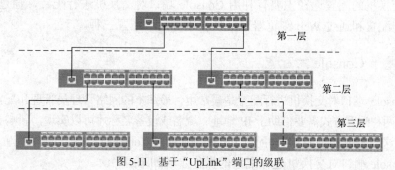

图 5-11　基于"UpLink"端口的级联

这种级联方式性能比较好，因为级联端口的带宽通常较高。交换机间的级联网线必须是直通线，不能采用交叉线，而且每端网络不能超过双绞线单段网线的最大长度（100 m）。

（2）基于数据端口的级联

如果交换机没有"UpLink"端口，那也可以采用交换机的普通端口进行交换机的级联，但这种方式的性能稍差，因为下级交换机的有效总带宽实际上就相当于上级交换机的一个端口带宽。级联方式如图 5-12 所示。但这时交换机的连接端口都是采用交换机普通端口，交换机间的级联网线必须是交叉线，不能采用直通线，同样单段长度不能超过 100 m。

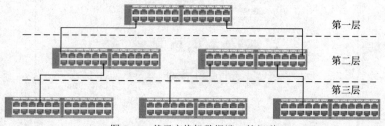

图 5-12　基于交换机数据端口的级联

级联方式是组建大型 LAN 的最理想的方式，可以综合各种拓扑设计技术和冗余技术，实现层次化网络结构，被广泛应用于各种局域网中。但为了保证网络的效率，一般建议层数不要超过 4 层。

2．堆叠

堆叠是指将一台以上的交换机组合起来共同工作，以便在有限的空间内提供尽可能多的端口。多台交换机经过堆叠形成一个堆叠单元。一个堆叠单元内的多台交换机之间的距离非常近，一般不超过几米，堆叠一般采用专用的堆叠模块和堆叠电缆。一般来说堆叠必须在可堆叠的同类型交换机（至少应该是同一厂家的交换机）之间进行。图 5-13 所示的是实现了四台交换机的堆叠。

图 5-13　交换机的堆叠

5.3　交换机的配置途径

常用的交换机的配置途径主要有利用 Console 端口对交换机进行配置，通过 Telnet 对交换机进行远程配置和通过 Web 浏览器对交换机进行远程配置三种。

5.3.1　基于 Console 的配置

利用 Console 端口对交换机进行配置是最常用、最基本的网络管理员管理和配置交换机的方式。因为其他两种配置方式需要借助于 IP 地址、域名或设备名称才可以实现，新购买的交换机显然不可能内置这些参数，所以这两种配置方式必须在通过 Console 端口进行基本配置后才能进行。

利用 Console 端口对交换机进行配置的操作步骤如下。

（1）交换机上一般都有一个 Console 端口，它专门用于对交换机进行配置和管理。将交换机的 Console 线一头连接到交换机，另一头连接到计算机的串口上，然后开启计算机和交换机的电源。

（2）执行"开始"→"所有程序"→"附件"→"通信"→"超级终端"命令，弹出如图 5-14 所示的界面，在其中的"连接描述"对话框中输入连接设备的名称，并选择对应的图标。

图 5-14　"连接描述"对话框

（3）单击"确定"按钮，弹出如图 5-15 所示的"连接到"对话框。在"连接时使用"下拉列表框中选择与交换机相连的计算机的串口。

（4）单击"确定"按钮，弹出如图 5-16 所示的对话框。设置"每秒位数"、"数据位"、"奇偶校验"、"停止位"、"数据流控制"等参数。

图 5-15　端口选择

图 5-16　端口设置

（5）单击"确定"按钮，显示如图 5-17 所示的"超级终端"窗口，可以在此配置交换机。

图 5-17　配置界面

5.3.2　基于 Telnet 的配置

Telnet 配置方式必须在通过 Console 端口进行基本配置之后才能进行。Telnet 协议是一种远程访问协议，可以用它登录到远程计算机、网络设备或专用 TCP/IP 网络。

1. 使用 Telnet 的准备工作

在使用 Telnet 连接至交换机前，应确认已经做好以下准备工作。
（1）在用于管理的计算机中安装有 TCP/IP 协议，并已配置好了 IP 地址。
（2）在被管理的交换机上已经配置好管理 IP 地址。
注意：交换机上的管理 IP 应该和远程登录采用的计算机的 IP 地址处于同一个网段。
（3）在被管理的交换机上建立了具有管理权限的用户账户。如果没有建立新的账户，则 Cisco 交换机默认的管理员账户为"Admin"。

2. 配置步骤

通过 Telnet 对交换机进行远程配置的操作步骤如下。
（1）执行"开始"→"运行"命令，弹出"运行"对话框，在"打开"文本框中输入 cmd

命令，打开"命令提示符"窗口，在提示符后输入"Telnet 交换机的 IP 地址"，登录至远程交换机，图 5-18 所示是通过 Telnet 连接到一个管理 IP 为 210.43.32.120 主机。

（2）连接到交换机后，要求用户认证，如图 5-19 所示。输入管理密码后，按 Enter 键即可建立与远程交换机的连接。

（3）通过 Telnet 连接到交换机后，就可以像在本地一样对交换机进行配置操作。例如，通过 Telnet 连接后，查询交换机的相关 VLAN 信息，如图 5-20 所示。

图 5-18　Telnet 登录界面

图 5-19　认证用户

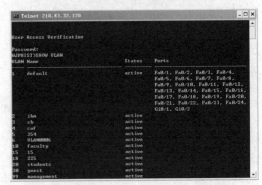

图 5-20　Telnet 模式下的查询 VLAN 显示

5.3.3　基于 Web 浏览器的配置

当利用 Console 口为交换机设置好 IP 地址并启用 HTTP 服务后，即可通过支持 Java 的 Web 浏览器访问交换机，修改交换机的各种参数，以及对交换机进行管理。

1. 使用 Web 配置的准备工作

在利用 Web 浏览器访问交换机之前，应确认已经做好以下准备工作。

（1）在用于管理的计算机中安装了 TCP/IP，且在计算机和被管理的交换机上都已经配置好 IP 地址。

（2）用于管理的计算机中安装有支持 Java 的 Web 浏览器。

（3）在被管理的交换机上建立了拥有管理权限的用户账户和密码。

（4）被管理交换机的 IOS 支持 HTTP 服务，并且已经启用了此服务。否则，应通过 Console 端口升级 Cisco IOS 和启用 HTTP 服务。

2. 配置步骤

通过 Web 浏览器对交换机进行远程配置的操作步骤如下。

（1）当准备工作做好以后，把计算机连接在交换机的一个普通端口上，并运行 Web 浏览器。在浏览器的地址栏中输入被管理交换机的 IP 地址（如 61.159.62.182）或为其指定的名称，按 Enter 键，弹出如图 5-21 所示的对话框。在"用户名"和"密码"文本框中输入拥有管理权限的用户的用户名和密码。

（2）单击"确定"按钮，即可建立与被管理交换机的连接，在 Web 浏览器中显示交换机的管理界面。图 5-22 所示的是与 Cisco Catalyst 1900 建立连接后，在 Web 浏览器中显示的配置界面。

图 5-21 输入管理用户名和密码

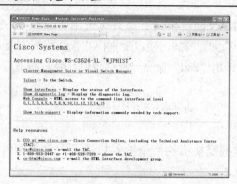

图 5-22 Web 配置界面

（3）按照 Web 界面中的提示查看交换机的各种参数和运行状态，并可根据需要对交换机的某些参数做必要的修改。

5.4 交换机的基本配置

交换机的基本配置包括设置主机名，配置相关的密码等选项。目前常见的是基于命令行的配置模式，这就要求用户要熟记常见的配置命令。

5.4.1 交换机的配置模式

交换机和路由器的命令是按模式分组的，每种模式中定义了一组命令集，所以要使用某个命令，必须先进入相应的模式。各种模式可通过命令提示符进行区分，提示符模式表明了当前所处的模式。表 5-2 列出了 Cisco 交换机常见的几种配置模式。

表 5-2   **Cisco 交换机常见的几种配置模式**

模 式	提 示 符	进入模式相关操作或命令
用户模式	Switch>	单击回车键
特权模式	Switch#	Switch>enable Switch#
全局配置模式	Switch(config)#	Switch#configure terminal Switch(config)#
接口配置模式	Switch(config-if)#	Switch(config)#interface f0/1 Switch(config-if)#
线路配置模式	Switch(config-line)#	Switch(config)#line console 0 Switch(config-line)#
VLAN 配置模式	Switch(vlan)#	Switch#vlan database Switch(vlan)#

交换机的命令模式操作是层进式的，图 5-23 列出了这些层次的关系。

这些命令模式向上一层返回的时候需要使用如下几个命令。

（1）"disable"命令，用于从特权模式返回到用户模式。

（2）在特权模式下输入"exit"或者在用户模式下输入"exit"均会退出用户模式。

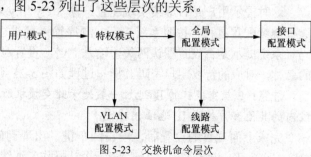

图 5-23 交换机命令层次

（3）VLAN 配置模式下，只能采用"end"命令退出到特权模式下。

（4）全局配置模式，接口配置模式，线路配置模式，均可以使用"exit"命令，返回到对应的上层，均可采用"end"命令一次性返回到特权模式。End 命令和"CTRL+z"快捷键的作用相同。

5.4.2　配置命令的输入技巧

灵活掌握交换机的命令输入技巧可以简化配置输入过程，Cisco 交换机的输入技巧主要有如下几点。

（1）命令不区分大小写。可以使用简写。

命令中的每个单词只需要输入前几个字母。要求输入的字母个数足够与其他命令相区分即可。如"configure terminal"命令可简写为"conf t"。

（2）用 Tab 键可简化命令的输入。

输入简写的命令，可以用 Tab 键输入单词的剩余部分。每个单词只需要输入前几个字母，当它足够与其他命令相区分时，用 Tab 键可得到完整单词。

（3）可以调出历史来简化命令的输入。

对于重复性的输入命令，可以用"↑"键和"↓"键翻出历史命令再回车就可执行此命令。和"↓"键（注：只能翻出当前提示符下的输入历史。）

注意：系统默认记录的历史条数是 10 条，可以用"history size"命令修改这个值。

（4）编辑快捷键。

在输入的时候如果出错，可以采用如下两个快捷键实现快速定位该命令，实现修改。

CTRL+A 用于实现光标移到行首，CTRL+E 用于实现光标移到行尾。

（5）用"？"可帮助输入命令和参数。

在提示符下输入"？"可查看该提示符下的命令集，在命令后加"？"，可查看它第一个参数，在参数后再加"？"，可查看下一个参数，如果遇到提示"<cr>"表示命令结束，可以回车了。

（6）使用 no 和 default 选项

很多命令都有 no 选项和 default 选项。no 选项可用来禁止某个功能，或者删除某项配置。default 选项用来将设置恢复为缺省值。

5.4.3　基于会话方式的基本配置

在用户模式下输入"enable"命令进入特权模式，然后输入"setup"命令，出现对话配置，显示如图 5-24 所示。

这时提示用户是否继续实现配置，输入"y"（y 表示确认操作，N 表示否认操作），表示选择继续配置过程，按照系统提示，顺序输入可进行远程管理的计算机的 IP 地址和子网掩码。系统提示是否设置默认网关，输入"y"，设置对应的网关地址，继续设置对应的交换机的名称，对应的特权用户密码。操作过程如图 5-25 所示。

注意：2 层交换机的 IP 地址一般处于此交换机所在 VLAN 的地址内，但不要与此 VLAN 段内的其他客户机的 IP 地址相冲突。

完成上面项目的设置后，单击回车键，出现询问是否设置远程登录密码的会话，输入"Y"（"Y"表示确认操作，"N"表示否认操作）继续设置对应的远程登录密码，完成后单击回车键，设置簇用户名，完成后系统自动生成基本配置的确认，操作如图 5-26 所示。

图 5-24　setup 命令的运行

图 5-25　设置 IP、子网掩码和网管及特权密码

最后系统提示用户是否启动配置，如果输入"Y"（"Y"表示确认操作，"N"表示否认操作），则完成配置并启用。操作如图 5-27 所示。

图 5-26　设置远程登录密码和簇用户名

图 5-27　启动用户配置

5.4.4　基于命令行的基本配置

本节主要讲述设置主机名和相关密码，配置相关服务等基于命令行的基本配置项目。

1．设置主机名

默认情况下，交换机的主机名默认为"Switch"。当网络中使用了多个交换机时，为了以示区别，通常应根据交换机的应用场地为其设置一个具体的主机名。设置交换机的主机名可在全局配置模式中通过"hostname"配置命令来实现。

```
Switch>enable
Switch#conf t
Switch(config)#hostname wjpswitch
wjpswitch(config)#end
wjpswitch#
```

注意：可以采用"no"命令或者"default"命令来取消以设置的命名。

（1）采用"no"命令取消

```
wjpswitch#conf t
wjpswitch(config)#no hostname
switch (config)#end
switch#
```

（2）采用 default 命令取消

```
wjpswitch#conf t
wjpswitch(config)#default hostname
Switch (config)#end
Switch#
```

2. 设置 Console 密码

Console 密码是用户进入 Console 口时进行认证使用的密码，如果没有正确的 Console 密码，则无法进入交换机。一般为防止其他用户在本地通过 Console 端口登录交换机可以设置此密码。

其相关的配置命令如下：

```
Switch>enable
Switch#conf t
Switch(config)#line console 0
Switch(config-line)#password 5301115    //设置 console 密码为 5301115
Switch(config-line)#login      //确认配置项，使配置生效
Switch(config-line)#end
Switch#
```

设置好 Console 密码后，下一次在 Console 实现登录交换机，直接按回车键，则出现 Console 口的认证请求过程，输入正确的密码才能进入用户模式。图 5-28 所示的是 Console 口要求认证的请求。

取消 Console 密码的命令如下：

```
Switch#conf t
Switch(config)#lin con 0
Switch(config-line)#no password
Switch(config-line)#end
Switch#
```

3. 设置特权密码

特权密码的设置包括 password 密码和 secret 密码两种，特权密码设置后，在经过用户模式采用 enable 命令进入特权模式时，就会出现如图 5-29 所示的认证过程。

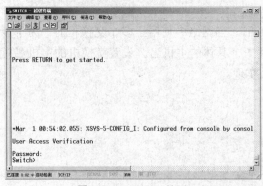

图 5-28　Console 口认证

图 5-29　特权模式认证密码

注意：如果同时设置 Secret 和 Password 密码，进入特权模式要求必须输入 Secret 密码。不管是 password，还是 secret，其登录验证窗口相同。

（1）password 密码

Password 密码是一种简单的特权认证密码，它是明文显示。其设置命令为"enable

Password [密码]"，设置 Password 密码的命令如下：

```
Switch#conf t
Switch(config)#enable password 5301115    //设置 password 密码为 5301115
Switch(config)#end
Switch#
```

图 5-30 所示的是采用 show run 命令查看 Password 密码，可以看到此密码是明文显示的。

取消 Password 密码的命令如下：

```
Switch#conf t
Switch(config)#no enable password
Switch(config)#end
Switch#
```

（2）设置 Secret 密码

Secret 密码是加密的特权认证密码，其设置命令为 "enable　Secret　[密码]"，如下所示是设置 Secret 密码的基本过程：

```
Switch#conf t
Switch(config)#enable secret hist380    //设置 Secret 密码为 hist380
Switch(config)#end
Switch#
```

通过 "show run" 命令查看 Secret 密码，可以看到此密码是加密显示的，如图 5-31 所示。

图 5-30　查看 Password 密码

图 5-31　查看 Secret 密码

取消 Secret 密码的设置如下：

```
Switch#conf t
Switch(config)#no enable secret
Switch(config)#end
Switch#
```

（3）设置虚拟终端密码

虚拟终端密码指的是 Telnet 登录时所需的密码。此密码设置后可以采用远程登录方式实现交换机的配置和管理。

设置 Telnet 命令如下：

```
Switch#conf t
Switch(config)#line vty 0 4
Switch(config-line)#password 5301115    //设置远程登录密码为 5301115
Switch(config-line)#login                //确认配置项，使配置生效
Switch(config-line)#end
Switch#
```

取消 Telnet 密码的命令如下：

```
Switch#conf t
Switch(config)#line vty 0 4
Switch(config-line)#no password
Switch(config-line)#end
Switch#
```

4. 配置 IP 地址和子网掩码

三层交换机可以给每个端口都配置 IP 地址，二层交换机仅仅只能给相关的 VLAN 配置 IP 地址。

（1）二层交换机的 VLAN IP 地址配置

2 层交换机不能直接给端口配置 IP 地址，为此在 2 层交换机中，配置 VLAN IP 地址用于远程登录管理交换机。默认情况下，交换机的所有端口均属于虚拟局域网（VLAN）1，VLAN 1 是交换机自动创建和管理的，每个 VLAN 只有一个活动的管理地址，因此，对 2 层交换机设置管理 IP 地址之前，应先选择 VLAN 接口，然后再利用"ip address"配置命令配置管理 IP 地址，如下是一个配置实例：

```
Switch(config)#inte vlan 1
Switch(config-if)#ip address 192.168.0.1 255.255.255.0    //配置 VLAN 1 的 IP 地址
Switch(config-if)#end
Switch#
```

若要取消管理 IP 地址，可执行如下命令：

```
Switch(config)#inte vlan 1
Switch(config-if)#no ip address     //取消 VLAN 1 的 IP 地址
Switch(config-if)#end
Switch#
```

（2）三层交换机的端口 IP 配置

三层交换机的端口可以直接配置 IP 地址，值得注意的是，如果没有将端口置为三层端口，将出现"IP addresses may not be configured on L2 links."的提示，说明不能实现端口 IP 地址的添加。则必须先进行二层端口向三层端口的置换。

注意：二层交换机不支持将二层端口置换为三层端口功能，但是三层交换机的三层端口可置换为二层端口。

如下是给三层交换机的端口配置 IP 地址的一个实例：

```
Switch#conf t
Switch(config)#inte fastethernet1/1
Switch(config-if)#no swit           //将端口置为三层端口
Switch(config-if)#ip address 192.168.0.1 255.255.255.0   //添加 IP 地址
Switch(config-if)#no shut    //激活端口
Switch(config-if)#end
Switch#
```

若要取消 IP 地址，则执行如下配置命令：

```
Switch#conf t
Switch(config)#inte fastethernet1/1
Switch(config-if)#no ip address      //取消 IP 地址
Switch(config-if)#end
Switch#
```

5. 配置默认网关

为了使交换机能与其他网络通信，需要为交换机设置默认网关。网关地址通常是某个 3 层接口的 IP 地址，此接口充当路由器的功能。

如下是设置默认网关的基本配置命令：

```
Switch#conf t
Switch(config)#ip default-gateway 192.168.0.254          //设置默认网关
Switch(config-if)#end
Switch#write          //保存配置
```

注意：对交换机进行配置修改后，在特权模式中执行 "write" 或 "copy run start" 命令，对配置进行保存。若要查看默认网关，可执行 "show ip route default" 命令。

6. 设置 DNS 服务

为了使交换机能解析域名，需要为交换机指定 DNS 服务器。

（1）启用和禁用 DNS 服务

启用 DNS 服务的基本配置如下：

```
Switch#conf t
Switch(config)#ip domain-lookup          //启用 DNS 服务
Switch(config)#end
Switch#
```

禁用 DNS 服务的基本配置如下：

```
Switch#conf t
Switch(config)#no ip domain-lookup          //禁用 DNS 服务
Switch(config)#end
Switch#
```

（2）指定 DNS 服务器地址

指定 DNS 服务器地址的配置命令：

```
ip name-server serveraddress1 [serveraddress2…serveraddress6]
```

交换机最多可指定 6 个 DNS 服务器地址，各地址间用空格分隔，排在最前面的为首选 DNS 服务器。

如下是一个配置实例：

```
Switch#conf t
Switch(config)# ip name-server 210.43.32.8 210.43.32.18          //指定 DNS 地址
Switch(config)#end
Switch#
```

如果启用了 DNS 服务并指定 DNS 服务器地址，则在对交换机进行配置时，对于输入错误的配置命令，交换机会试着进行域名解析，导致交换机的速度下降，这会影响配置，因此，在实际应用中，通常禁用 DNS 服务。

7. 设置 HTTP 服务

对于运行 IOS 操作系统的交换机，启用 HTTP 服务后，还可以利用 Web 界面来管理交换机。在浏览器的地址栏中输入 "http://交换机管理 IP 地址"，将弹出用户认证对话框，输入对应的用户名和密码即可进行交换机的 Web 管理页面。

交换机的 Web 配置界面功能较弱且安全性较差，在实际应用中，主要还是采用命令行来配置交换机。交换机默认启用了 HTTP 服务，如没有特殊需求，一般应该禁用该服务。

（1）启用 HTTP 服务的配置命令：ip http server

（2）禁用 HTTP 服务的配置命令：no ip http server

8. 设置 SNMP 管理

使用简单网管协议，可实现对交换机的自动配置与管理。

（1）启用 snmp 管理的配置命令：

snmp-server community public RO

snmp-server community private RW

（2）禁用 snmp 管理的配置命令：

no snmp-server community private

no snmp-server community public

以上命令在全局配置模式下运行。

5.5　VLAN 划分

虚拟局域网（Virtual Local Area Network，VLAN），是指在交换局域网的基础上，通过配置交换机创建的可跨越不同网段、不同网络的逻辑网络。VLAN 为了解决以太网的广播以及安全性等问题而提出的。在虚拟局域网内，能够方便地进行用户的增加、删除、移动等工作，提高网络管理的效率。此外，虚拟局域网在使用带宽、灵活性、性能等方面，都显示出巨大优势。VLAN 还可以允许网络管理员取消过去的物理限制，并对用户的第 3 层网络地址进行控制，而不管其处在网络中的哪个位置。

1. VLAN 的划分方式

VLAN 的划分方法很多，从不同的角度出发可以实现不同的划分方式，从总体上看，VLAN 的划分无外乎静态和动态两种划分方式。

（1）基于端口划分

根据以太网交换机的端口来划分 VLAN，是将 VLAN 交换机上的物理端口和 VLAN 交换机内部的 PVC 端口分成若干组，每组构成一个虚拟网，相当于一个独立的 VLAN 交换机。这种划分方法的优点是定义 VLAN 成员时非常简单，只要将所有的端口都定义为相应的 VLAN 组即可。缺点是如果某用户离开了原来的端口，必须重新定义 VLAN。

（2）基于 MAC 划分

根据每台主机的 MAC 地址来划分 VLAN，是对每个 MAC 地址的主机都配置其隶属的 VLAN 组，VLAN 交换机跟踪属于 VLAN MAC 的地址。这种方式的 VLAN 允许网络用户从一个物理位置移动到另一个物理位置时自动保留其所属 VLAN 的成员身份。这种 VLAN 划分方法的优点是，当用户物理位置移动时，VLAN 不用重新配置。缺点是初始化时，所有的用户都必须进行配置，交换机的执行效率较低。

（3）基于网络层协议划分

按网络层协议来划分，可分为 IP、IPX、DECnet、AppleTalk、Banyan 等 VLAN 网络。这种按网络层协议组成的 VLAN 可使广播域跨越多个 VLAN 交换机。这种划法的优点是灵活性大，根据网络协议识别用户和组，当用户的物理位置改变时，不需要重新配置所属的 VLAN。它的主要缺点是交换机的执行效率低。

（4）基于 IP 组播划分

根据 IP 组播组实现 VLAN 划分，每个组播组形成一个 VLAN 单元。这种划分方法将 VLAN 扩大到了广域网，因此具有很大的灵活性，它主要适合于不在同一地理范围的用户使用，但不适合于局域网中使用，主要问题是交换机的执行效率太低。

（5）基于策略划分

基于策略组成的 VLAN 能实现多种分配方法，包括 VLAN 交换机端口、MAC 地址、IP 地址、网络层协议等。网络管理人员可根据自己的管理模式和本单位的需求来决定选择哪种类型的 VLAN。

（6）基于用户定义/非用户授权划分

基于用户定义/非用户授权来划分 VLAN，是指为了适应特别的 VLAN 网络，根据具体的网络用户的特别要求来定义和设计 VLAN，并可以让非 VLAN 群体用户访问 VLAN，但是需要提供认证密码，在得到 VLAN 管理的认证后才可以加入一个 VLAN。

2. VLAN 的数据帧格式

交换机在进行 VLAN 数据传输时，需要为数据帧添加标明所属 VLAN 的标签信息。目前，主要有两种 VLAN 数据帧格式，分别为 IEEE 802.1.Q 帧格式和 Cisco 公司的 ISL 帧格式。

IEEE 802.1Q 俗称 dot1Q，由 IEEE 创建，IEEE 802.1Q 属于国际标准协议，适用于各个厂商生产的交换机。ISL 是 Inter Switch Link 的缩写，是 Cisco 系列交换机支持的一种与 IEEE 802.1Q 类似的，用于在汇聚链路上附加 VLAN 信息的协议，可用于以太网和令牌环网。

ISL 与 IEEE 802.1Q 协议互不兼容，ISL 是 Cisco 独有的协议，只能用于 Cisco 网络设备之间的互联。ISL 有如用 ISL 包头和新 CRC 将原数据帧整个包裹起来，因此也被称为"封装型 VLAN（Encapsulated VLAN）"。

5.5.1 单台交换机上基于端口的 VLAN 划分

基于端口的单交换机的 VLAN 配置是最基本的 VLAN 配置方式。掌握了这种常见的配置方法对后面学习其他配置方式可以打下结实的基础。通过 com 口连接交换机的 Console 接口，开启交换机，通过计算机的超级终端来配置交换机。

（1）输入"enable"或"en"命令进入交换机的特权模式，先查看系统默认的 VLAN 表。输入命令"show vlan"，出现如图 5-32 所示的 VLAN 表。

（2）输入"vlan database"命令进入 VLAN 数据库模式，输入"vlan 3 name v3"命令定义一个名为 v3 的 3 号 VLAN，定义完成后输入"exit"命令，退出 VLAN 数据库模式，系统返回到#模式下。操作过程如图 5-33 所示。

（3）查看 VLAN 是否定义成功。在特权模式下输入"Show vlan"命令，显示图 5-34 所示的界面，增加了一个 3 号 VLAN，名为 v3。

图 5-32 查看系统默认的 VLAN 表

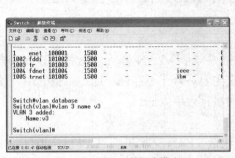

图 5-33　VLAN 数据库模式

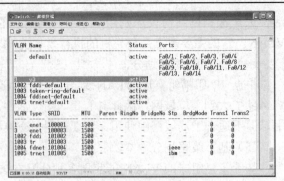

图 5-34　查看 VLAN 定义

（4）进入交换机的端口配置模式，添加 Fa0/1-fa0/6 共 6 个端口到 3 号 VLAN 中。"Switchport mode access" 命令用于指定端口访问模式，一般在交换机内部已经默认定义，可以省略。

注意：为了提高效率，可以使用 "interface range fa0/1-6" 命令一次将 6 个端口移入 3 号 vlan，操作过程如图 5-35 所示。如果要逐个端口的操作，则要进行 6 次。这种使用的命令为 "interface fa0/1" 到 "interface fa0/6"。

（5）查看 Fa0/1- Fa0/6 号端口是否已经添加到 3 号 VLAN。输入 "show vlan" 命令查看，如图 5-36 所示，端口已经移入 3 号 vlan 中。

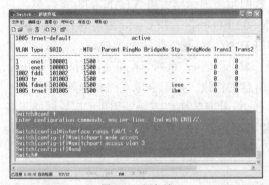

图 5-35　添加端口

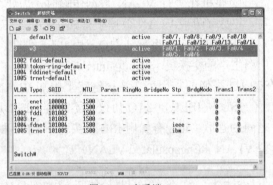

图 5-36　查看端口

（6）如果要把划分的 VLAN 删除，则进入 VLAN 数据库模式，输入 "no vlan 3" 命令，即可以将定义的 3 号 VLAN 删除。

注意：在删除 3 号 VLAN 后，原来添加到 VLAN 3 下面的端口变为非激活状态。继续使用上面的步骤，把 VLAN 3 下的端口再添加回默认的 1 号 VLAN 中即可显示。

5.5.2　跨交换机的 VLAN 划分

跨交换机的 VLAN 划分存在严重浪费交换机端口的缺陷，例如，数据当 VLAN 成员分布在多台交换机的端口上时，为了实现彼此间的通信，要求每个隶属于这个 VLAN 的交换机各拿出一个端口，实现级联通信。例如，这个 VLAN 跨越两台交换机，则至少浪费了 2 个端口，如果跨越了 3 台交换机则至少浪费了 4 个端口，另外随着 VLAN 数量的增多，实际添加的级联连接线缆也非常繁多。这种网络的扩展性和管理效率太差。

为此，提出了跨交换机的 VLAN 划分方式，即实现将多个 VLAN 通过一条实际的级联线缆来实现数据传输，让该链路允许各个 VLAN 的通讯流经过，这样就可解决对交换机端口的额外占用，这条用于实现各 VLAN 在交换机间通讯的链路，称为交换机的汇聚链路或主干链路（Trunk Link），图 5-37 所示是两个跨越交换机的 VLAN，由交换机 Switch1 和交换机 Switch2 的 Fa0/1 连接的这条线路就是汇聚链路 Trunk，每个 VLAN 中处于不同交换机上的主机要进行数据通信，则都采用这条公共线路即可。

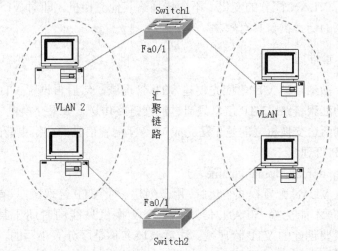

图 5-37　Trunk 链路

用于提供汇聚链路的端口，称为汇聚端口。由于汇聚链路承载了所有 VLAN 的通信流量，因此要求只有通信速度在 100 Mbit/s 或以上的端口，才能作为汇聚端口使用。

由于汇聚链路承载了所有 VLAN 的通信流量，为了标识各数据帧属于哪一个 VLAN，为此，需要对流经汇聚链接的数据帧进行打标（Tag）封装，以附加上 VLAN 信息，这样交换机就可通过 VLAN 标识，将数据帧转发到对应的 VLAN 中。

1. VTP

VTP 是 "VLAN Trunking Protocol" 的缩写，称为 VLAN 链路聚集协议，它是一个在建立了汇聚链路的交换机之间同步和传递 VLAN 配置信息的协议，以在同一个 VTP 域中维持 VLAN 配置的一致性。在同一个 VTP 域中的交换机，可通过 VTP 来互相学习 VTP 信息。VTP 对于运行 ISL 或 IEEE 802.1Q 封装协议的汇聚链路也都适用。

在创建 VLAN 之前，应先定义 VTP 管理域，VTP 消息能在同一个 VTP 管理域内，同步和传递 VLAN 配置信息。另外，利用 VTP，还能实现从汇聚链路中，裁剪掉不需要的 VLAN 流量。

VTP 有 Server、Client 和 Transparent（透明）三种工作模式，这些工作模式决定了是否允许指定的交换机管理 VLAN、VTP 如何传送和同步 VLAN 配置。

（1）Server 模式

Server 模式是交换机默认的工作模式，运行在该模式的交换机，允许创建、修改和删除本地 VLAN 数据库中的 VLAN，并允许设置一些对整个 VTP 域的配置参数。在对 VLAN 进行创建、修改或删除之后，VLAN 数据库的变化将传递到 VTP 域内所有处于 Server 或 Client 模式的其他交换机，以实现对 VLAN 信息的同步。另外，Server 模式的交换机也可接收同一个 VTP 域内其他交换机发送来的同步信息。

（2）Client 模式

处于该模式下的交换机不能创建、修改和删除 VLAN，也不能在 NVRAM 中存储 VLAN

配置，如果掉电，将丢失所有的 VLAN 信息。该模式下的交换机，主要通过 VTP 域内其他交换机的 VLAN 配置信息来同步和更新自己的 VLAN 配置。

（3）Transparent 模式

Transparent 模式也可以创建、修改和删除本地 VLAN 数据库中的 VLAN，但与 Server 模式不同的是，对 VLAN 配置的变化，不会传播给其他交换机，即对 VLAN 的配置改变，仅对处于透明模式的交换机自身有效。

2. 创建 VTP 管理域

要在交换机上激活启动 VTP，应先创建 VTP 管理域，然后再设置 VTP 的工作模式，最后还要配置和启动汇聚链路。VTP 信息只通过汇聚链路传送，如果交换机之间没有配置启动一条汇聚链路，则两台交换机之间是无法完成 VLAN 配置信息的交换更新的。

（1）创建 VTP 管理域

配置命令：vtp domain domain_name

该配置命令在 VLAN 配置模式下运行，用于创建一个 VTP 管理域。只有属于同一个 VTP 域的交换机彼此间才能交换 VLAN 信息。一个交换机只能同时属于某一个 VTP 域。domain_name 代表要创建的 VTP 管理域。注意该域名称是区分大小写的，VTP 域名不会隔断广播域，仅用于同步 VLAN 配置信息。

图 5-38 所示的是创建了一个名称为"histserver"的管理域的过程。

（2）设置 VTP 模式

配置命令：vtp [server|client|transparent]

该命令在 VLAN 数据库配置模式下运行，用于设置 VTP 的工作模式。

（3）查看 VTP 信息

若要查看 VTP 的状态信息，可使用命令：show vtp status，图 5-39 所示的是 VTP 信息的查询显示。

图 5-38 创建管理域

图 5-39 VTP 信息的查询显示

3. 配置 Trunking 和封装方法

两个交换机上用于实现汇聚链路的端口，都必须配置 Trunk（链路聚集）功能。Cisco 交换机支持两种以太网链路聚集机制，即打标封装协议 ISL 和 IEEE 802.1Q。

要配置交换机的汇聚链路，应先选择要配置的交换机端口，并设置所用的封装协议，然后再通过 switchport mode trunk 配置命令来启用该端口的 trunk 功能，如下是配置的一个实例。

switch#config t

switch(config)# interface fa1/1

switch(config-if)#switchport //设置交换机的端口为 2 层端口，2 层交换机不需要运行该命令。

switch(config-if)#switchport trunk encapsulation dot1q //设置汇聚链路采用的打标封装协议，isl 代表 ISL 协议，dot1q 代表 IEEE 802.1Q 协议。

switch(config-if)#switchport mode trunk //激活启用端口的链路聚集功能。

注意：若要在该端口上禁用 trunking 功能，则使用"no switchport mode trunk"命令配置。

查看 Trunk 是否开启，可以使用"show interface trunk"命令，图 5-40 所示的是命令运行的一个结果。

从图 5-40 上可以看出，fa1/1 端口是 trunk 口，端口已经开启，只有一个本地 VLAN，该 Trunk 口上支持的 VLAN 个数为 1 005 个，允许的活动管理域 1 个，VLAN 采用生成树协议转发数据，没有实现 VTP 修剪。

图 5-40 "show interface trunk"命令运行结果

4. Trunk 配置实例

图 5-41 所示的是由两台交换机级联形成的网络拓扑组织形式。其中两台交换机的 FA0/1 接口作为 Trunk 接口，两台交换机的名称分别为 SER-Switch 和 CLI-Switch，其中 SER-Switch 交换机的 2、4 号端口和 CLI-Switch 交换机的 2、4 号端口分别连接 PC1，PC2，PC4，PC5。这 4 个端口在 VLAN 10 中。SER-Switch 交换机的 8 号端口和 CLI-Switch 交换机的 8 号端口分别连接 PC3，PC6。这 2 个端口在 VLAN 12 中。要求设置 SER-Switch 为 Server 模式，CLI-Switch 为 Client 模式，并实现 VTP pruning 功能。设置的 VTP 域为"hist"。

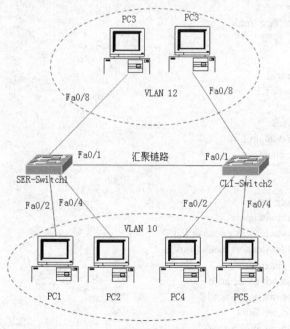

图 5-41 跨越交换机的 VLAN

（1）SER-Switch 交换机的配置

Switch>enable

Switch#configure terminal

```
Switch(config)#hostname SER-Switch
SER-Switch(config)#end
SER-Switch#vlan database
SER-Switch(vlan)#vlan 10 name vlan10
SER-Switch(vlan)#vlan 12 name vlan12
SER-Switch(vlan)#vtp domain hist
SER-Switch(vlan)#vtp server
SER-Switch(vlan)#vtp pruning
SER-Switch(vlan)#exit
SER-Switch#conf t
SER-Switch(config)#inte fa0/1
SER-Switch(config-if)#switchport
SER-Switch(config-if)#swit trunk encap dot1q
SER-Switch(config-if)#switchport mode trunk
SER-Switch(config-if)#inte fa0/2
SER-Switch(config-if)#swit mode acce
SER-Switch(config-if)#swit acce vlan 10
SER-Switch(config-if)#inte fa0/4
SER-Switch(config-if)#swit mode acce
SER-Switch(config-if)#swit acce vlan 10
SER-Switch(config-if)#inte fa0/8
SER-Switch(config-if)#swit mode acce
SER-Switch(config-if)#swit acce vlan 12
SER-Switch(config-if)#show vlan
SER-Switch(config-if)#exit
SER-Switch(config)#exit
SER-Switch#show vlan
SER-Switch#show vtp status
SER-Switch#show interface trunk
```

（2）CLI-Switch 的配置

```
Switch>enable
Switch#configure terminal
Switch(config)#hostname CLI-Switch
CLI-Switch(config)#end
CLI-Switch#vlan database
CLI-Switch(vlan)#vtp domain hist
CLI-Switch(vlan)#vtp client
CLI-Switch(vlan)#exit
CLI-Switch#conf t
CLI-Switch(config)#inte fa0/1
CLI-Switch(config-if)#switchport
CLI-Switch(config-if)#swit trunk encap dot1q
CLI-Switch(config-if)#switchport mode trunk
CLI-Switch(config-if)#inte fa0/2
CLI-Switch(config-if)#swit mode acce
CLI-Switch(config-if)#swit acce vlan 10
CLI-Switch(config-if)#inte fa0/4
CLI-Switch(config-if)#swit mode acce
CLI-Switch(config-if)#swit acce vlan 10
CLI-Switch(config-if)#inte fa0/8
CLI-Switch(config-if)#swit mode acce
CLI-Switch(config-if)#swit acce vlan 12
```

```
CLI-Switch(config-if)#show vlan
CLI-Switch(config-if)#exit
CLI-Switch(config)#exit
CLI-Switch#show vlan
CLI-Switch#show vtp status
CLI-Switch#show interface trunk
```

注意：一般的配置中，设置成 Server 和 Client 模式最简单，Client 模式不容许在本地交换机上创建 VLAN，但是它能传递从 Server 交换机上传递来的 VLAN 数据库信息，这样在 Client 交换机上直接将对应的端口移入这个 VLAN 即可。上面的配置也可以更改为两台 Server 模式，在每个交换机上各配置一个 VLAN，这样他们的 VLAN 数据库可以相互交换，要注意的是传递 VLAN 数据库信息并不传递对应加入的端口，为此为了方便管理和设置，一般设置对应的端口，比如 VLAN 10 中的端口在 SER-Switch 上的端口为 2，4，则在 Cli-Switch 上设置加入 VLAN 10 中的端口对应为 2，4 就比较方便记忆。实际上其他端口也完全可以配置使用。

5.6　VLAN 间路由的实现方式

在实际的网络管理中，通过设置 VLAN 间路由，来实现相互隔离的 VLAN 之间的数据通信。通常采用三层交换和单臂路由的方式进行。

5.6.1　基于单臂路由实现 VLAN 间路由

单臂路由是通过单个物理接口在网络中的 VLAN 之间发送流量的路由器配置。路由器接口被配置为中继链路，并以中继模式连接到交换机端口，通过接受中继接口上来自相邻交换机的 VLAN 标记流量，以及通过子接口在 VLAN 之间进行内部路由，路由器便可实现 VLAN 间路由。随后，路由器会将发往目的 VLAN 的 VLAN 标记流量从同一物理接口转发出去。

这种连接方式要求路由器和交换机的端口都支持汇聚链接，且双方用于汇聚链路的协议自然也必须相同。接着在路由器上定义对应各个 VLAN 的逻辑子接口。由于这种方式是靠在一个物理端口上设置多个逻辑子接口的方式实现网络扩展。

设置如图 5-42 所示的网络拓扑结构，其中交换机的 Fa0/1-Fa0/5 划分给 VLAN 10，Fa0/7-fa0/12 划分给 VLAN 20，Fa0/6 连接到路由器的 Fa0/1 端口，要求在 Fa0/6 端口上开启 Trunk 功能。PC1 和 PC2 均为 VLAN 10 和 VLAN 20 中的一台主机，通过配置要求该两台主机能实现通信即可。

相关配置如下。

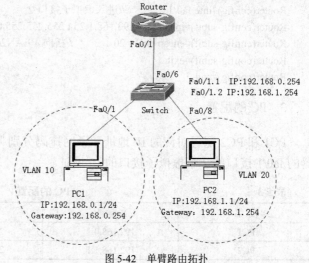

图 5-42　单臂路由拓扑

1. 交换机的配置

（1）划分 VLAN 10 和 VLAN 20

```
switch# vlan database
switch(vlan)# vlan 10 name vlan10
switch(vlan)# vlan 20 name vlan20
switch(vlan)# exit
```

（2）将端口分别移入 VLAN 10 和 VLAN 20

```
Switch#conf t
Switch(config)#inte range fa0/1 - 5
Switch(config-if)#swit mode acce
Switch(config-if)#swit acce vlan 10
Switch(config-if)#end
Switch#conf t
Switch(config)#inte range fa0/7 - 12
Switch(config-if)#swit mode acce
Switch(config-if)#swit acce vlan 20
Switch(config-if)#end
```

（3）配置 Fa0/6 为 trunk 模式

```
Switch#conf t
Switch(config)#inte fa0/6
Switch(config-if)#swit mode trunk
Switch(config-if)#end
```

2. 路由器的配置

```
Router#conf t
Router(config)#inte fa0/0
Router(config-if)#no shut
Router(config-if)#inte fa0/1.1        //进入虚拟子接口 1
Router(config-subif)#ip address 192.168.0.254 255.255.255.0        //为子接口设置 IP
Router(config-subif)#encap dot1q 10        //指向 VLAN10
Router(config-subif)#exit
Router(config)#inte fa0/1.2        //进入虚拟子接口 2
Router(config-subif)#ip address 192.168.1.254 255.255.255.0        //为子接口设置 IP
Router(config-subif)#encap dot1q 20        //指向 VLAN20
Router(config-subif)#exit
Router(config)#end
```

3. PC 的配置

PC1 和 PC2 配置对应的 IP 地址和子网掩码分别见表 5-3，他们对应的网关分别是该路由器的 fa0/1 接口的 2 个虚拟子接口的 IP 地址。

表 5-3   PC 的配置

主 机 名 称	IP 地址	子 网 掩 码	默 认 网 关
PC1	192.168.0.1	255.255.255.0	192.168.0.254
PC2	192.168.1.1	255.255.255.0	192.168.1.254

5.6.2　基于三层交换实现 VLAN 间路由方式

单臂路由的扩展性差，如果 VLAN 的数量不断增加，流经路由器与交换机之间链路的流量也变得非常大，这时，这条链路也就成为了整个网络的瓶颈。因此，当网络不断增大，划分的 VLAN 不断增多的时候，就需要配置三层交换机的路由功能，实现不同 VLAN 之间的通信。三层交换机的数据表的吞吐量通常为数百万 pps，而传统路由器的吞吐量只有 10 kpps～1 Mpps，三层交换机通过硬件来交换和路由选择数据包，吞吐量大。而路由器只是通过虚拟子接口来交换和路由选择数据包的，吞吐量小。三层交换技术在第三层实现了数据包的高速转发，从而解决了传统路由器低速、负责所造成的网络瓶颈问题。

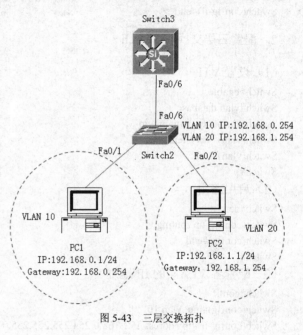

图 5-43　三层交换拓扑

采用三层交换方式的连接和采用单臂路由的连接方式基本相同，如图 5-43 所示，Switch 3 是一个三层交换机，通过该交换机实现了 VLAN 之间的通信过程，由于多个 VLAN 都要通过 Switch 3 和 Switch 2 的 Fa0/6 号端口连接的实际物理线路，为此，必须将该两个端口设置成 Trunk 模式。在 Switch 2 上划分两个 VLAN，其中连接 PC1 的端口 Fa0/1 在 VLAN 10 中，连接 PC1 的端口 Fa0/2 在 VLAN 20 中。

1.　配置二层交换机 Switch2

（1）设置 VTP
```
Switch>enable
Switch#vlan database
Switch(vlan)#vtp domain wjp
Switch(vlan)#vtp server
Switch(vlan)#exit
Switch#
```
（2）划分 VLAN 10 和 VLAN 20
```
switch# vlan database
switch(vlan)# vlan 10 name vlan10
switch(vlan)# vlan 20 name vlan20
switch(vlan)# exit
```
（3）将端口分别移入 VLAN 10 和 VLAN 20
```
Switch#conf t
Switch(config)#inte fa0/1
Switch(config-if)#swit mode acce
Switch(config-if)#swit acce vlan 10
```

```
Switch(config-if)#end
Switch#conf t
Switch(config)#inte fa0/2
Switch(config-if)#swit mode acce
Switch(config-if)#swit acce vlan 20
Switch(config-if)#end
```

（4）配置 Fa0/6 为 Trunk 模式

```
Switch#conf t
Switch(config)#inte fa0/6
Switch(config-if)#swit mode trunk
Switch(config-if)#end
```

2. 配置三层交换机 Switch 3

（1）设置 VTP

```
Switch>enable
Switch#vlan database
Switch(vlan)#vtp domain wjp
Switch(vlan)#vtp client
Switch(vlan)#exit
Switch#
```

（2）启用路由

```
Switch#conf t
Switch(config)#ip routing
Switch(config)#end
Switch#
```

（3）配置各 VLAN 的 IP 地址

```
Switch#conf t
Switch(config)#inte vlan 10
Switch(config-if)#ip address 192.168.0.254 255.255.255.0
Switch(config-if)#inte vlan 20
Switch(config-if)#ip address 192.168.1.254 255.255.255.0
Switch(config-if)#end
Switch#
```

3. PC 的配置

PC 的配置和基于单臂路由的配置方式相同。

5.7 交换机的基本维护

交换机的基本维护包括相关相关密码的恢复和实现 IOS 系统的升级。

5.7.1 交换机的密码恢复

交换机设置了相关的 Console 密码和特权密码等项目后，可以增强交换机的安全性，但是这些密码一旦遗忘，就不能在进入交换机的配置模式，为此必须实现密码恢复。本节以

Cisco 2950 交换机为例，讲述交换机的密码恢复过程。

（1）将交换机连接到一台 PC，连接方法和前面讲述的基本相同，打开超级终端。

（2）按住交换机前面板上的"MODE"按钮，同时将交换机重新加电。在端口 1 的指示灯熄灭后一到两秒后松开"MODE"键，其间观察启动信息。看到如图 5-44 所示的"SWITCH："提示符，松开"MODE"键。

（3）在 switch：后执行 flash_init 命令进行初始化，如图 5-45 所示。

图 5-44　switch：模式　　　　　　　　　　图 5-45　初始化过程

（4）输入"dir flash:"后回车，显示 flash 中所有文件。从中找出 config.text 文件，该文件为交换机配置文件。输入"rename flash:config.text flash:config.old"命令将配置文件更名。

（5）输入"boot"命令重新引导系统。

（6）进入特权模式，输入"show flash"命令，查看 flash 中的配置文件。

（7）输入"rename flash:config.old flash:config.text"命令，将 config.old 改回 config.text。

（8）输入"copy flash:config.text system:running-config"命令，将 config.text 拷入系统。

（9）输入"configure terminal"命令进入全局配置模式，采用"no enable secret"和"no enable password"命令，取消 secret 密码和 password 密码。

（10）按下"Ctrl+z"组合键退出全局配置模式。输入"copy run start"命令备份含有新密码的配置文件。

5.7.2　交换机的 IOS 升级和恢复

交换机的系统备份是为了实现交换机系统安全控制的一种方法，它可以实现将正确的配置过程备份，以防在出现故障或者错误的时候，进行备份的恢复。交换机的升级可以增加新的特征，可以再不改动原来硬件的基础上实现性能的升级。

注意：升级 IOS 必须要查看新 IOS 是否支持原硬件，如果不支持则不能升级。

将 PC 串口（COM）连接到交换机的控制端口（Console），通过直通双绞线将网卡（NIC）连接到交换机的 Fastethernet 0/1 端口。连接图如图 5-46 所示。

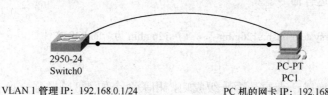

2950-24　　　　　　　　　　　　　　　　　　　　PC-PT
Switch0　　　　　　　　　　　　　　　　　　　　PC1

VLAN 1 管理 IP：192.168.0.1/24　　　　　　PC 机的网卡 IP：192.168.0.2/24

图 5-46　备份交换机的连接方式

（1）设置交换机的 IP 地址，相关命令如下：

```
Switch(config)# Interface vlan 1
Switch(config-if)#ip address 192.168.0.1 255.255.255.0
Switch(config-if)#no shutdown
```

设置完成后将和交换机连接的 PC 的 IP 地址设置和交换机的 IP 地址处于同一个网段，并且使用 Ping 命令测试 PC 和交换机的连通性。

（2）在主机上启动 TFTP 服务器软件，并设置相关参数，如图 5-47 所示。

（3）通过超级终端登录交换机，通过下列命令保存交换机的配置文件到 TFTP 服务器的根目录下，相关命令如下。

```
Switch#Copy running-config startup-config    //将当前运行的参数保存到交换机 flash
Switch#copy startup-config tftp    //备份文件系统到 tftp
```

图 5-48 所示为操作的基本过程。

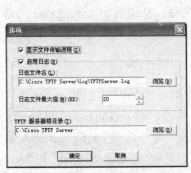

图 5-47　TFTP 服务器的根目录设置

图 5-48　备份配置文件

（4）完成配置文件的备份后，继续将要升级的操作系统文件保存在 PC 的 TFTP 服务器的根目录下。执行 copy 命令，实现升级，操作过程如图 5-49 所示。

注意：为了防止升级失败，建议将当前的交换机 IOS 系统备份到通过以太网连接的那台计算机上。如下是相关的运行命令。

```
Switch#copy flash tftp
```

（5）运行 DIR 命令查看是否正确上传了系统文件。

（6）更改设备的系统引导文件，以便能正常启动，如下是相关的运行命令。

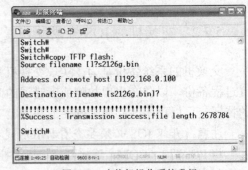

图 5-49　交换机操作系统升级

```
Switch#conf t
Switch(config)#boot system flash:s126g.bin        //s126g.bin 为新的 IOS 文件
Switch(config)#^Z
Switch#wr
```

（7）重新启动交换机，查看是否升级成功，相关命令如下：

```
Switch##reload
```

小 结

本章主要讲述了交换机的基本配置，主要的内容包括电路交换、报文交换、分组交换等常见的三种数据交换方式，交换机的基本概念，交换机的数据转发方式和规则，交换机的地址管理机制，交换机的分类，级联和堆叠方法，交换机的配置途径和基本配置项目，VLAN的划分和 VLAN 间路由的基本配置，最后讲述了交换机的基本维护。

习 题

1. 下列没有使用存储转发工作方式的是_____。
   A．电路交换　　　B．报文交换　　　　C．虚电路交换　　　　D 数据报交换

2. 下列关于交换机的级联和堆叠的描述错误的是_____。
   A．基于 UpLink 端口的级联必须采用直通线
   B．基于普通数据端口的级联必须采用交叉线
   C．交换机的堆叠一般采用专用的堆叠模块和堆叠电缆
   D．级联一般限制在同类型的交换机之间，而堆叠则没有要求

3. 基于 PC 机的 COM 口实现交换机的本地超级终端配置时，通常设置的端口数据速率为_____。
   A．2 400 bit/s　　　B．9 600 bit/s　　　C．4 800 bit/s　　　D．5 600 bit/s

4. 在交换机的特权模式下输入_____命令可以进入全局配置模式。
   A．Vlan Databse　　　　　　　B．Configure Terminal
   C．Enable　　　　　　　　　　D．Show Conf

5. 下列关于 VLAN 的说法不正确的是_____。
   A．VLAN 的优势包括加强网络的安全性能、易于控制广播和能够分布通信量
   B．根据以太网交换机的端口来划分 VLAN 的缺点是如果某用户离开了原来的端口，必须重新定义 VLAN
   C．根据每台主机的 MAC 地址来划分 VLAN，当用户物理位置移动时，VLAN 不用重新配置
   D．按网络层协议来划分，根据网络协议识别用户和组，当用户的物理位置改变时，需要重新配置所属的 VLAN

6. 下列关于 VLAN 间路由的描述错误的是_____。
   A．VLAN 间路由可以采用三层交换机来实现，也可以采用单臂路由来实现
   B．VLAN 间路由采用三层交换后，给每个 VLAN 中的主机配置的网关地址是对应 VLAN 的管理 IP 地址
   C．VLAN 间路由采用单臂路由后，给每个 VLAN 中主机配置的网关地址是对应封装的路由器逻辑子接口的 IP 地址
   D．随着 VLAN 数量的增加，可以看到三层交换来实现 VLAN 间路由的效率远远不如采用单臂路由的方式

7. 下列关于 VLAN TRUNK 的描述错误的是_____。

    A．TRUNK 既可以封装 ISL 协议，也可以封装 dot1q 协议

    B．VTP 的 Client 模式可以请求从相同 Server 域的 VLAN 数据库及其端口信息

    C．要实现 VTP Client 同步 VTP Serve 数据库，则要求他们必须都定义相同的域

    D．VTP Client 模式不容许在本地交换机上创建 VLAN

8. 一次可以实现将 fa0/1-fa0/5 这个五个端口移入 VLAN 3 的操作命令分别为_____。

    A．inte fa0/1-fa0/5，switchport access vlan 3

    B．inte range fa0/1–5，switchport access vlan 3

    C．inte fa0/1-5，switchport access vlan 3

    D．inte range fa0/1-fa0/5，switchport access vlan 3

9. 下列关于交换机的密码配置描述错误的是_____。

    A．console 密码用于验证用户实现从本地 console 登录，正确输入该密码后，才能进入用户模式

    B．password 和 secret 密码用户实现登录特权模式的验证，这两个密码如果同时设置了，则只能采用 secret 密码登录

    C．password 密码是明文显示，secret 密码是密文显示，相对安全性更高

    D．在设置交换机的所有密码时，都必须采用 login 命令确认设置的密码生效

10. 下列关于交换机的远程配置和管理的描述错误的是_____。

    A．二层交换机可以给 VLAN 1 设置 IP 地址，采用 Telnet 登录到 VLAN 1 来实现远程配置和管理

    B．三层交换机可以将任意一个端口置为三层端口，然后给该端口可以设置 IP 地址，采用 Telnet 登录到该端口来实现远程配置和管理

    C．三层交换机可以给 VLAN 1 设置 IP 地址，采用 Telnet 登录到 VLAN 1 来实现远程配置和管理

    D．三层交换机和二层交换机开启远程登录服务的命令不同

第 6 章　局域网组网技术

本章要求:

- 了解局域网的功能及主要特点;
- 了解局域网的相关技术标准;
- 理解综合布线的基本概念;
- 掌握局域网组网规划的基本步骤;
- 掌握 IP 地址的规划方式;
- 掌握基于 Windows XP 组建对等局域网的基本步骤;
- 理解局域网组网性能评价的主要指标;
- 掌握局域网性能评价的主要方法;
- 了解 Virtual PC 和 Vmware 虚拟机的基本用途。

6.1　局域网概述

根据 IEEE 的描述,局部网络技术是"把分散在一个建筑物或相邻几个建筑物中的计算机、终端、大容量存储器的外围设备、控制器、显示器以及为连接其他网络而使用的网络连接器等相互连接起来,以很高的速度进行通信的手段"。

1. 局域网的主要特点

(1) 地理范围较小,一般为数百米至数千米。可覆盖一幢大楼、整个校园或一个企业。

(2) 数据传输速率高,可交换各类数字和非数字(如语音、图像、视频等)信息。

(3) 传输质量好,误码率低,一般在 $10^{-11} \sim 10^{-8}$ 范围内。这是因为局域网通常采用短距离基带传输,可以使用高质量的传输媒体,从而提高了数据传输质量。

(4) 以 PC 为主体,包括终端及各种外设,网中一般不设中央主机系统。

(5) 一般包含 OSI 参考模型中的低三层功能,即涉及通信子网的内容。

(6) 协议简单、结构灵活、建网成本低、周期短、便于管理和扩充。

2. 局域网的功能

(1) 设备共享。这将提高整个系统的性价比。

(2) 信息共享。这将增强计算机处理能力。

(3) 可进行高速数据通信,也可进行多种媒体信息的通信。

(4) 分布式处理。网络内各计算机分别完成一项大任务中的子项,不仅使系统效能大大加强，也使网络可靠性加强。

6.1.1　局域网的相关标准

IEEE（电气电子工程师协会）于 1980 年 2 月成立了局域网委员会（简称 IEEE 802 委员会），专门从事局域网标准化工作，并制定了 IEEE 802 标准。IEEE 802 标准包括局域网参考模型与各层协议。IEEE 802 标准所描述的局域网参考模型与 OSI 参考模型关系如图 6-1 所示。

IEEE 802 参考模型只对应 OSI 参考模型的数据链路层和物理层，它将数据链路层划分为逻辑链路控制 LLC（Logical Link Control）子层与介质访问控制 MAC 子层。IEEE 802 委员会为局域网制定了一系列的标准，称作 IEEE 802 标准。这些标准主要是：

图 6-1　IEEE 802 模型与 OSI 模型对应关系

- IEEE 802.1 标准，它包括局域网体系结构、网络互连以及网络管理与性能测量；
- IEEE 802.2 标准，定义了逻辑链路控制层功能与服务；
- IEEE 802.3 标准，定义了 CSMA/CD 总线介质访问控制方法与物理层规范；
- IEEE 802.4 标准，定义了令牌总线（Token Bus）介质访问控制方法与物理层规范；
- IEEE 802.5 标准，定义了令牌环（Token Ring）介质访问控制方法与物理层规范；
- IEEE 802.6 标准，定义了城域网 MAN 介质访问控制方法与物理层规范；
- IEEE 802.7 标准，定义了宽带技术；
- IEEE 802.8 标准，定义了光纤技术；
- IEEE 802.9 标准，定义了语音与数据综合局域网技术；
- IEEE 802.10 标准，定义了可互操作的局域网安全规范；
- IEEE 802.11 标准，定义了无线局域网技术。

IEEE 802.1～IEEE 802.6 已经成为 ISO 的国际标准，IEEE 802.1～IEEE 802.6、IEEE 802.7 与 IEEE 802.8 分别讨论和定义关于利用宽带同轴电缆与光纤作为传输介质的通信标准，供 IEEE 802.3、IEEE 802.4、IEEE 802.5 等标准的物理层选用。

IEEE 802 标准之间的关系如图 6-2 所示。

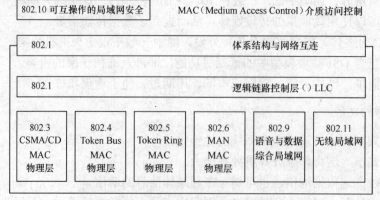

图 6-2　IEEE 802 标准体系之间的关系

6.1.2　以太网相关技术

以太网是目前使用最广泛的局域网技术。以太网最早由 Xerox（施乐）公司创建，它包括标准的以太网（10 Mbit/s）、快速以太网（100 Mbit/s）和 10G（10 Gbit/s）以太网，采用的是 CSMA/CD 访问控制法，它们都符合 IEEE 802.3。

1. 标准以太网

标准以太网只有 10 Mbit/s 的吞吐量，使用的是带有冲突检测的载波侦听多路访问（Carrier Sense Multiple Access/Collision Detection，CSMA/CD）的访问控制方法。以太网可以使用粗同轴电缆、细同轴电缆、非屏蔽双绞线、屏蔽双绞线和光纤等多种传输介质进行连接，并且在 IEEE 802.3 标准中，为不同的传输介质制定了不同的物理层标准。目前标准以太网基本上已经淘汰。

2. 快速以太网

快速以太网的传输速率定义为 100 Mbit/s，它基于 CSMA/CD 技术，快速以太网支持双绞线和光纤，它分为 100BASE-TX、100BASE-FX、100BASE-T4 三个子类。

（1）100BASE-TX

100BASE-TX 是一种使用 5 类数据级无屏蔽双绞线或屏蔽双绞线的快速以太网技术。它使用两对双绞线，一对用于发送，一对用于接收数据。在传输中使用 4B/5B 编码方式，信号频率为 125 MHz。符合 EIA586 的 5 类布线标准和 IBM 的 SPT 1 类布线标准。使用同 10BASE-T 相同的 RJ-45 连接器。它的最大网段长度为 100 m。它支持全双工的数据传输。

（2）100BASE-FX

100BASE-FX 是一种使用光缆的快速以太网技术，可使用单模和多模光纤（62.5 μm 和 125 μm）多模光纤连接的最大距离为 550 m。单模光纤连接的最大距离为 3 000 m。在传输中使用 4B/5B 编码方式，信号频率为 125 MHz。它使用 MIC/FDDI 连接器、ST 连接器或 SC 连接器。它的最大网段长度为 150 m、412 m、2 000 m 或更长至 10 km，这与所使用的光纤类型和工作模式有关，它支持全双工的数据传输。100BASE-FX 特别适合于有电气干扰的环境、较大距离连接、或高保密环境等情况下的适用。

（3）100BASE-T4

100BASE-T4 是一种可使用 3、4、5 类无屏蔽双绞线或屏蔽双绞线的快速以太网技术。100BASE-T4 使用 4 对双绞线，其中的三对用于在 33 MHz 的频率上传输数据，每一对均工作于半双工模式。第四对用于 CSMA/CD 冲突检测。在传输中使用 8B/6T 编码方式，信号频率为 25 MHz，符合 EIA586 结构化布线标准。它使用 RJ-45 连接器，最大网段长度为 100 m。

3. 吉比特以太网

吉比特以太网技术是目前主流的高速以太网技术，它采用了与快速以太网相同的帧格式、帧结构、网络协议、全/半双工工作方式、流控模式以及布线系统。吉比特以太网技术有两个标准：IEEE 802.3z 和 IEEE 802.3ab。IEEE 802.3z 制定了光纤和短程铜线连接方案的标准。IEEE 802.3ab 制定了五类双绞线上较长距离连接方案的标准。表 6-1 列出了常见的吉比特以太网技术。

表 6-1 常见的吉比特以太网技术

吉比特以太网技术	传 输 介 质	传 输 距 离
1000BASE-SX（波长 770～860 nm）	62.5 μm 波长为 850 nm（1 nm=10⁻⁹ m）的短波多模光纤	260 m
	50 μm 波长为 850 nm（1 nm=10⁻⁹ m）的短波多模光纤	525 m
1000BASE-LX（波长 1 270～1 355 nm）	62.5 μm 或 50 μm 波长为 1 300 nm（1 nm=10⁻⁹ m）的长波多模光纤	多模 550 m
	10 μm 波长为 1 300 nm（1 nm=10⁻⁹ m）的长波单模光纤	单模 3 km
1000Base-CX	STP	25 m
1000Base-T	5 类（或更高）UTP，与 10 Mbit/s 和 100 Mbit/s 以太网兼容	100 m

4. 十吉比特以太网

十吉比特以太网是当前最新的以太网技术，它由 IEEE 802.3ae 定义，支持 10 Gbit/s 的传输速率，最长传输距离可达 40 km。十吉比特以太网采用 IEEE 802.3 以太网介质访问控制方法、帧格式和帧长度，无论从技术上还是应用上都保持了高度的兼容性，给用户升级提供了极大的方便。十吉比特以太网以全双工模式工作，提高了网络的整体性能和通信带宽，满足了主干网络的应用需要。十吉比特以太网不仅再度扩展了以太网的带宽和传输距离，更重要的是其得以太网从局域网领域向城域网领域渗透。

（1）10GBASE-SR 和 10GBASE-SW

它主要支持短波（850nm）多模光纤（MMF），光纤距离为 2 m 到 300 m。10GBASE-SR 主要支持"暗光纤"（Dark Fiber），暗光纤是指没有光传播并且不与任何设备连接的光纤。10GBASE-SW 主要用于连接 SONET 设备，它应用于远程数据通信。

（2）10GBASE-LR 和 10GBASE-LW

主要支持长波（1 310 nm）单模光纤（SMF），光纤距离为 2～10 km。10GBASE-LW 主要用来连接 SONET 设备时，10GBASE-LR 则用来支持"暗光纤"。

（3）10GBASE-ER 和 10GBASE-EW

主要支持超长波（1 550 nm）单模光纤（SMF），光纤距离为 2～40 km。10GBASE-EW 主要用来连接 SONET 设备，10GBASE-ER 则用来支持"暗光纤"。

（4）10GBASE-LX4

采用波分复用技术，在单对光缆上以四倍光波长发送信号。系统运行在 1 310 nm 的多模或单模暗光纤方式下。该系统的设计目标是针对于 2～300 m 的多模光纤模式或 2～10 km 的单模光纤模式。

5. 百吉比特以太网

2006 年 7 月，IEEE 802.3 成立了高速链路研究组（Higher Speed Study Group，HSSG）来定义标准的目标。2007 年 12 月，HSSG 正式转变为 IEEE 802.3ba 任务组，其任务是制订在光纤和铜缆上实现 100 Gbit/s 和 40 Gbit/s 数据速率的标准。2010 年 6 月 22 日，IEEE 宣布批准了 IEEE 802.3ba 40 Gbit/s 100 Gbit/s 协议。IEEE 802.3ba 只支持全双工通信，仍维持 802.3/以太网 MAC 层的帧格式，保持目前 802.3 标准中的最低和最高帧长度，支持更好的不大于 10-12 的误码率，提供对光传输网络的适当支持，同时支持 40 Gbit/s 和 100 Gbit/s 的 MAC 数据传输速率。

6.2　综合布线技术

综合布线是指采用标准的、统一的和简单的结构化方式规划和布置各种建筑物（或建筑群）内各系统的通信线路，它包括计算机数据通信系统、电话通信系统、监控系统、电源和照明控制系统等。综合布线系统是一种通用的信息传输系统。

目前局域网的规划中，综合布线技术的应用领域在不断扩展，采用综合布线技术构建的局域网，兼容性好，具备强大的开放性和灵活性，可靠性高，技术先进。

综合布线系统由 6 个独立的子系统所组成，采用星形结构，如图 6-3 所示是综合布线系统的基本构成。

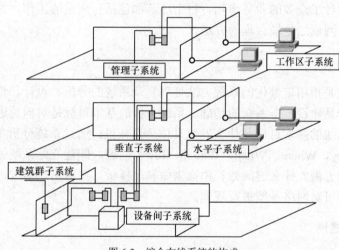

图 6-3　综合布线系统的构成

工作区子系统（Work Location）是由终端设备连接到信息插座之间的设备组成，包括信息插座、插座盒（或面板）、连接软线、适配器等。

水平子系统（Horizontal）的功能是将干线子系统线路延伸到用户工作区。水平系统是布置在同一楼层上的，一端接在信息插座上，另一端接在层配间的跳线架上。水平子系统主要采用 4 对非屏蔽双绞线，它能支持大多数现代通信设备，在某些要求宽带传输时，可采用"光纤到桌面"的方案。当水平区面积相当大时，在这个区间内可能有一个或多个卫星接线间，水平线除了要端接到设备间之外，还要通过卫星接线间，把终端接到信息出口处。

干线子系统（Backbone）通常它是由主设备间（如计算机房、程控交换机房）至各层管理间。它采用大对数的电缆馈线或光缆，两端分别接在设备间和管理间的跳线架上。

设备间子系统（Equipment）是由设备间的电缆、连续跳线架及相关支撑硬件、防雷电保护装置等构成。比较理想的设置是把计算机房、交换机房等设备间设计在同一楼层中，这样既便于管理、又节省投资。当然也可根据建筑物的具体情况设计多个设备间。

管理子系统（Administration）是干线子系统和水平子系统的桥梁，同时又可为同层组网提供条件。其中包括双绞线跳线架、跳线（有快接式跳线和简易跳线之分）。在需要有光纤的布线系统中，还应有光纤跳线架和光纤跳线。当终端设备位置或局域网的结构变化时，只要改变跳线方式即可解决，而不需要重新布线。

建筑群子系统（Campus）它是将多个建筑物的数据通信信号连接一体的布线系统。它采用可架空安装或沿地下电缆管道（或直埋）敷设的铜缆和光缆，以及防止电缆的浪涌电压进入建筑的电气保护装置。

6.3　局域网组网规划

局域网组网规划包括前期规划，网络设计和组网的安全性设计。

6.3.1　组网的前期规划

局域网组网设计了众多的业务事项，每个环节都包括有大量的工作，为此，采用系统工程的方法来进行组网规划是最合理的方法。

1. 组网分析

系统工程方法是指用定量化的系统方法处理复杂系统的分析、设计、组织、建立、经营和管理。系统分析是建设一个系统的基础。系统分析的基本目标是对问题进行定义，即用户建立计算机网络系统的基本目标是什么？更具体一点儿说，通过系统分析基本要搞清楚 5W 和 1H（What，Why，Where，When，Who 和 How）问题。即建立此系统做什么？为什么要这样做？在什么地方做？什么时间做？由谁来做和怎样做？在对用户需求进行调研、分析和理解的基础上，就可对网络系统进行规划。

2. 拟定调查提纲

在局域网设计的第一步中，首先需要收集有关组织机构的资料。这些资料包括机构的历史和现状、计划增长率、运营策略和管理过程、办公系统和过程以及将要使用局域网的人员的观点和看法。

然后是评估用户需求。一个不能向它的用户提供快速准确的信息的局域网是毫无用处的。因此，必须非常注意满足机构和员工对信息的要求。对现在和将来需求的详细分析会实现这一点。

接着找出该组织的资源和局限。影响 LAN 系统开通的组织机构资源可分为两类：计算机硬件软件资源和人力资源。一个组织机构现存的计算机硬件和软件资源必须记录在案，并确认硬件和软件要求。

规划网络系统时可拟定以下调查提纲。

（1）网络上需设多少节点？在地理上怎样布局？用户间最大距离有多远？

（2）要求各站点间通信情况如何？现有环境如何？

（3）各站点间需传送哪些类型的信息，是数据、语音、传真还是视频图像？

（4）在每一对节点间需了解以下几点。

① 每天传送多少批量数据？

② 每天必须保持几小时的交互通信？

③ 在交互方式中传送多少数据？

（5）在每一节点内需了解以下几点。

① 有无综合性服务要求？例如是否需同时传送语音、文本和图像？

② 有无特殊数据通信要求？例如，要求等待时间很短，传输时间应是确定的等。

③ 在本地通信中要求什么样的可靠性和可用性？

④ 有支持高传输率的计算机和工作站的要求吗？

⑤ 必须支持多少台主计算机？用什么样的接口？

⑥ 必须支持多少台终端和其他附属设备？它们使用什么样的接口和协议？它们设置在何处和被利用的程度如何？

⑦ 需要网络提供何种服务（包括文件服务器、打印机服务器、数据库、电子邮件、网间互连等）？

6.3.2　网络设计

组网的前期规划完成后，就应该进行网络的详细设计过程。局域网网络设计主要关注如下几个方面。

1. 网络拓扑的设计

局域网的构建中，常见的拓扑结构有星型、总线型、环型、树型等。在实际的建设中，可根据网络规模选择一种适用的拓扑结构，或者是几种拓扑结构的组合。

网络拓扑结构确定后，要审定选用的网络拓扑结构是否合适，有什么问题。一般说来，不同的介质访问控制方法适用于不同的网络拓扑结构。如 IEEE 802.3、IEEE 802.4 标准协议适用于总线型局域网络，IEEE 802.6 适用于环形局域网络。

2. 服务器的设计

服务器是局域网网络中承担数据管理任务的核心设备。服务器的设计既要考虑到其硬件性能，又要考虑到所安装的软件系统。

（1）服务器的硬件系统设计

根据所设计局域网的规模、用途和相关投入的资金来选择相关的服务器硬件。首先，应该根据需求和预算，再结合服务器产品的大致价位确定要选择的服务器档次，在此基础上确定选择品牌。选择业界著名的服务器品牌。从可管理性、可用性、可扩展性、安全稳定性等多方面进行综合考虑。

（2）服务器的软件系统设计

服务器的软件系统设计主要包括网络操作系统的设计和网络应用软件的设计。网络操作系统是服务器软件系统的核心，在构建的时候必须要考虑所采用的平台，是基于 UNIX 的，还是基于 Windows 的，必须根据实际网络规模和用途来构建。一般的 Windows 类的网络操作系统用于小规模的网络环境使用，其维护和使用相对较为简单，UNIX 类操作系统用于大规模的网络环境使用，相关维护和使用起来较为困难。

网络应用类软件主要指的是网络服务器类软件和网络安全管理类软件。网络服务器类软件包括 Web 服务器、FTP 服务器，DNS 服务器，DHCP 服务器等。网络管理软件主要用于实现网络的安全管理过程，主要包括性能管理，记账管理、安全管理、用户管理等几大类型。这些软件系统的设计中，通常也需要根据实际情况来进行选择。

3. 客户端的设计

客户机是局域网中最多的设备，和服务器系统相类似，局域网系统中的客户机系统设计也要考虑硬件和软件两个方面，硬件系统要考虑到客户机的主要工作，比如仅仅以办公自动化为目标，则在硬件上的要求可能相对低一些，但是项使用在网吧等相关环境下，考虑到网络游戏等相关问题，则对显卡、内存、CPU 等要求普遍提高，另外客户机中还要考虑网卡等相关的外围设备。

软件系统的设计应该从实际网络使用情况出发，满足当前的网络使用，目前比较流行的是采用 Windows 操作系统来做客户端，要求安装的操作系统和当前的客户机硬件系统兼容，版本稳定，相关的客户机软件能在当前客户机环境下正常运行。

4. 传输介质

目前在局域网中使用最多的传输介质包括双绞线和光纤，考虑到千兆以太网的逐渐普及，光纤连接到桌面技术在不久的未来将全面实现，超五类 UTP 双绞线和光纤的使用范围将不断扩展。传输介质决定了网络的传输速率、网络段的最大长度、传输可靠性（抗电磁干扰能力）、网络接口板的复杂程度等，对网络成本也有巨大影响。

5. 其他核心网络相关设备的设计

组建局域网中，最重要的两种网络设备就是交换机和路由器。交换机是实现局域网组网的核心设备，选择的交换机的个数应该根据实际网络连接的客户机数量来决定，根据实际网络要求选择是采用固定端口还是采用模块化产品，是采用三层设备还是二层设备，是否支持 VLAN 等。

路由器根据实际情况考虑，根据网络接入方式选择路由器的接入端口，根据网络状况来选择路由器的性能等。

6.3.3　组网的安全性设计

组网的安全设计主要考虑到实体安全和信息安全两个方面。

1. 实体安全

实体安全属于物理安全，主要指计算机网络硬件设备和通信线路的安全性。对实体安全的威胁来自许多方面。例如人为地破坏系统和设备、各种自然灾害、盗窃和丢失各种传输介质、设备故障以及环境和场地因素等。

为保护网络实体的安全，除加强和严格执行各种安全防范措施外，应注意电缆的布置。中心机房应有良好的通风、防潮环境、灾害报警、防火防电磁辐射等设施，还应有严格的人事、机房出入的控制与管理、运行管理等措施。

2. 信息安全

信息安全主要包括软件安全和数据安全。对信息安全的威胁有两种：信息泄漏和信息破坏。信息泄漏指的是由于偶然或人为原因将一些重要信息为别人所获，造成泄密事件。信息破坏则可能由于偶然事故和人为因素使信息在正确性、完整性和可用性等方面遭受损失。

当前信息安全方面主要考虑如下问题：

（1）网络病毒和黑客的防范；

（2）操作系统安全；

（3）相关软件和端口安全。

6.4 IP 地址规划

IP 地址规划是局域网组网的关键步骤之一，实现合理的 IP 地址规划可以简化网络维护和管理。目前 IPv4 仍然是局域网中最常使用的地址，考虑到安全性，可管理性等问题，在局域网的规划中，内部 IP 地址一般使用私有地址。

IP 地址规划的重点实际上就是如何实现 IP 地址的分配，由于局域网的规模大小不等，所以在地址分配的时候采用子网划分可以实现网络地址的灵活分配和管理。

（1）唯一性：IP 地址是主机和设备再网络中的标识，具有唯一性。

（2）可扩展性：在 IP 地址分配时，要有余量，以满足日后扩展需要。

（3）连续性：分配的、连续的 IP 地址有利于地址管理和地址汇总。

（4）实意性：再分配 IP 地址时尽量使所分配的 IP 地址具有一定的实际意义，方便查看、管理。

6.4.1 IP 地址的分类

IP 地址是为了实现网络通信给连入网络的每一台计算机分配的一个全球唯一的标识地址。它由 32 位二进制数构成，分 4 段，每段 8 位（1 个字节），常用十进制数字表示。每段数字范围为 0～255，段与段之间用实心小圆点分隔。每个字节（段）也可以用十六进制或二进制表示。

1. 标准分类方式

Internet 委员会定义了五种地址类型以适应不同尺寸的网络，即 A 类、B 类、C 类、D 类和 E 类地址。地址类型定义网络 ID 使用哪些位，它也定义了网络的数目和每个网络的主机数目。对应这 5 种 IP 地址的划分方法，使得 IP 地址的数量大打折扣，表 6-2 是关于 A、B、C 类网络分别对应的网络数量和各个网络所分配的主机数目。

表 6-2 　　　　　　　　　　　　　　　网络类型和主机号对应表

类　　别	网　络　号	占　位　数	主　机　号	占　位　数	用　　途
A	1～126/8	0～255	0～255	1～254/24	国家级
B	128～191	0～255/16	0～255	1～254/16	跨国组织
C	192～223	0～255	0～255/24	1～254/8	企业组织

（1）A 类 IP 地址

一个 A 类 IP 地址由 1 字节（每个字节是 8 位）的网络地址和 3 个字节主机地址组成，网络地址的最高位必须是 "0"，即第一个字节的十进制数值范围为 0～127。通常把 A 类网络叫做巨型网络，A 类网络已经全部分配完毕。

（2）B 类 IP 地址

一个 B 类 IP 地址由 2 个字节的网络地址和 2 个字节的主机地址组成，网络地址的最高位必须是"10"，即第一个字节的十进制数值范围为 128～191。每个 B 类地址可连接 64 516 台主机，Internet 有 16 256 个 B 类地址。

（3）C 类 IP 地址

一个 C 类地址是由 3 个字节的网络地址和 1 个字节的主机地址组成，网络地址的最高位必须是"110"，即第一个字节的十进制数值范围为 192～223。每个 C 类地址可连接 254 台主机，Internet 有 2 054 512 个 C 类地址。

（4）D 类地址

第一个字节以"1110"开始，第一个字节的十进制数值范围为 224～239，是多点播送地址，用于多目的地信息的传输和作为备用。全零（"0.0.0.0"）地址对应于当前主机，全"1"的 IP 地址（"255.255.255.255"）是当前子网的广播地址。

（5）E 类地址

以"11110"开始，即第一个字节的十进制数值范围为 240～254。E 类地址保留，仅作实验和开发用。

注意： 从 D 类开始，IP 地址不再分配给主机使用。

2. 特殊 IP 地址

特殊 IP 地址指的是不能直接分配给主机使用的 IP 地址。特殊 IP 地址主要包括如下几类。

（1）网络地址

主机段 ID 全部设为"0"的 IP 地址称为网络地址。

（2）广播地址

主机 ID 部分全设为"1"（即 255）的 IP 地址称之为广播地址。例如一个标准的 C 类 IP：210.43.32.128，其广播地址则为 210.43.32.254。

（3）环路自测地址

网络 ID 中，以 127 开头的地址做为内部环路自测地址，它不能分配给任何网络使用。127.0.0.1 一般作为本地内部自测地址，它和 localhost 这个名称等价。

（4）本地网络地址

网络 ID 的第一个字节全置"0"，表示本地网络。0.X.X.X 表示的 IP 地址均为本地网络地址。

注意： X 表示 0～255 的整数。

（5）受限广播地址

32 位全"1"的 IP 地址用于本地网络广播，叫受限广播地址，它的取值为 255.255.255.255。

（6）自动专用 IP 地址 APIPA

自动专用 IP 地址（Automatic Private IP Addressing，APIPA）是一个 DHCP 故障转移机制。当 DHCP 服务器出故障时，APIPA 取值在 169.254.0.1-169.254.255.254 的私有空间内分配地址，所有设备使用默认的网络掩码 255.255.0.0。客户机调整它们的地址使用它们在使用 ARP 的局域网中是唯一的。APIPA 可以为没有 DHCP 服务器的单网段网络提供自动配置 TCP/IP 协议的功能。

3. 内部私有 IP 地址

由于 IPv4 地址有限，同时为了方便管理和考虑网络的安全性，在 IP 地址进行分配的时候，通常保留了 3 类私有 IP 地址，这些地址可以由内部网络自由分配使用，但是不能使用在公网上。

局域网的组网中，通常使用分配内部私有 IP 地址，RFC 1918 标准在 A、B 和 C 类中保留几个地址范围。如表 6-3 所示，这些私有地址范围包含一个 A 类网络、16 个 B 类网络和 256 个 C 类网络，这让网络管理员在分配内部地址时有极大的灵活性。

表 6-3   私有地址空间

地 址 类	保留的网络号数	网 络 地 址
A	1	10.0.0.0
B	16	172.16.0.0～172.31.0.0
C	256	192.168.0.0～192.168.255.0

超大型网络可使用 A 类私有网络地址，这种网络提供了超过 1 600 万的私有地址。中型网络可使用 B 类私有网络地址，其提供的地址超过 65 000 个。家庭和小型企业网络通常使用一个 C 类私有地址，最多可容纳 254 台主机。

任何规模的组织都可在内部使用 RFC 1918 定义的一个 A 类网络、16 个 B 类网络或 256 个 C 类网络。通常，很多组织使用 A 类私有网络，因为它提供了足够的地址供组织内部的主机使用。

6.4.2 VLSM 和子网划分

子网（Subnet）是在 TCP/IP 网络上用路由器连接的网段。同一子网内的 IP 地址必须具有相同的网络地址。所谓子网指的是占用原网络地址的相关主机位来划分子网络的过程。在网络中，通常处于安全性和减少路由表容量的考虑，进行 IP 地址的子网划分过程。经过子网划分后的网络范围缩小，提高了安全性，但是子网划分过程中舍弃了全 0 和全 1 的 IP 段，并且把部分在原网络中使用的 IP 地址借用充当子网的网络地址和广播地址，这种划分方式将导致网络中很多 IP 地址的浪费，子网的划分是以牺牲 IP 地址为代价的。

1. 子网掩码

子网掩码是一个 32 位的 IP 地址，用于屏蔽 IP 地址的一部分以区别网络标识和主机标识。使用子网可以把单个网络划分成多个物理网络，并用路由器把它们连接起来。子网掩码的算法是，把对应主机 IP 地址的网络部分全部用 1 来标识，把其对应的主机部分全部用 0 来标识。

（1）无子网划分的子网掩码

按照子网掩码的定义，对无子网划分的 IP 地址，可写成主机号为 0 的掩码。

A 类网络的子网掩码为 255.0.0.0。

B 类网络的子网掩码为 255.255.0.0。

C 类网络的子网掩码为 255.255.255.0。

（2）有子网划分的子网掩码

按照子网掩码的定义，凡是网络部分按全 1 表示，凡是主机部分按全 0 表示。在子网划分过程中，占用的主机位充当子网位，这样，将原来网络中的网络位置就扩充了，凡是网络位和子网位将全部用 "1" 来表示，剩余的主机位全部用 0 来表示，这就是有子网划分的子网掩码的表示。实际上它和无子网划分的子网掩码的计算方式完全相同，它完全遵循子网掩码的概念。

2. VLSM 技术

VLSM（Variable Length Subnetwork Mask）即可变长子网掩码，VLSM 的引入，使网络位由固定的 A、B、C 三种变成了可以任意改变，从而部分地解决了原来必须使用固定的子网掩码所造成的地址空间的浪费。

在使用 VLSM 划分子网时，将原来分类 IP 地址中的主机位数按照需要划出一部分作为网络位使用。VLSM 提供了一个主类（A 类、B 类、C 类）网络内包含多个子网掩码的能力，可以对一个子网再进行子网划分。VLSM 实现了对 IP 地址更为有效的使用，使得应用路由归纳的能力更强。

3．子网划分的步骤

（1）确定网络类型，按照子网数目确定占用主机的位数。

（2）按照占用主机的位数，写出子网掩码。注意在描述过程中原 IP 地址的网络部分和要划分的子网部分全部用 1 表示，剩余的主机 ID 部分全部用 0 来表示。

（3）划分过程中去掉以全 0 和全 1 开头的子网。

注意：一般的网络可丢弃中两个网络，实际上在内部使用中，如果地址较为紧张，可以考虑使用。

（4）设置每个子网的网络地址和广播地址。

（5）把划分好的子网地址和对应的子网掩码配置到进行子网划分的机器上。

（6）进行子网划分的测试。

4．子网划分实例

下面给出一个 C 类网络地址 192.168.0.0，现在要求其具有 6 个子网，按理论计算，则必须使用主机的三位进行子网划分。由于 C 类网络本身的网络部分为 24 位，仅有 8 位主机部分，因此划分子网后，仅仅剩余 5 位来做子网的主机位，这样网络位为 27 位，主机位为 5 位，按定义计算该网络进行子网划分后的子网掩码的二进制形式为 11111111.11111111.11111111.11100000，写成十进制则为 255.255.255.224。划分好的子网如表 6-4 所示。

表 6-4   子网划分

子 网 号	可用 IP 地址	子网网络地址	子网广播地址
001	192.168.0.33～192.168.0.62	192.168.0.32	192.168.0.63
010	192.168.0.65～192.168.0.94	192.168.0.64	192.168.0.95
011	192.168.0.97～192.168.0.126	192.168.0.96	192.168.0.127
100	192.168.0.129～192.168.0.158	192.168.0.128	192.168.0.159
101	192.168.0.161～192.168.0.190	192.168.0.160	192.168.0.191
110	192.168.0.193～192.168.0.222	192.168.0.192	192.168.0.223

注意：按三位划分理论上有 8 个子网，一般去掉了全 0 和全 1 的网络，即不包括 000 和 111 子网。

完成子网的计算后，可以采用相关的子网 IP 地址，进行配置，采用 ping 命令测试其连通性。例如从 001 号子网中取出一个可用 IP 地址 192.168.0.50，从 011 号子网中取出一个可用 IP 地址 192.168.0.100，将该两个地址分别配置给局域网中的两台主机，配置的子网掩码为255.255.255.224，则采用 ping 命令不能联通，这就达到了子网划分的目的。

6.4.3　CIDR 技术

CIDR（Classless Inter-Domain Routing）即无类域间路由，它是用于帮助减缓 IP 地址和路由表增大问题的一项技术。

CIDR 的基本思想是取消 IP 地址的分类结构，将多个地址块聚合在一起生成一个更大的网络，以包含更多的主机。CIDR 支持路由聚合，能够将路由表中的许多路由条目合并为成更少的数目，因此可以限制路由器中路由表的增大，减少路由通告。同时，CIDR 有助于 IPv4 地址的充分利用。

使用 CIDR 聚合地址的方法与使用 VLSM 划分子网的方法类似。在使用 CIDR 聚合地址时，则是将原来分类 IP 地址中的网络位数划出一部分作为主机位使用。CIDR 由 RFC1519 定义。

CIDR 的作用和方式刚好和 VLSM 相反，在 CIDR 中，采用借用网络位数充当主机位数来实现网络聚合服务。和 VLSM 不同的是，CIDR 实现的是多个网络的聚合，这就要求要聚合的网络有相当一部分网络地址位相同，另外，CIDR 实现聚合服务的网络数量必须满足 2n，这样才能保证纳入所有需要聚合的网络，否则可能将本来不准备使用的网络也纳入到了聚合后的网络中，就可能导致路由器黑洞。并不是任意几个网络都可以采用 CIDR 实现聚合，如果聚合不当，将引起网络地址混乱。

1．CIDR 超网的聚合步骤

（1）将要聚合成超网的所有 IP 地址全部转化成 2 进制串。

（2）从第一位开始比较它们之中的相同部分，所有相同的部分将保留为超网的网络部分，剩余的部分将保留为超网的主机部分。

（3）写出超网的子网掩码，并且可以计算超网的网络地址。

（4）配置 IP 地址，子网掩码，使用 Ping 命令实现测试。

2．超网聚合的实例

采用超网聚合技术，实现 210.43.32.0，210.43.33.0，210.43.34.0，210.43.35.0 四个 C 类网络的聚合。

（1）上面的 4 个网络地址中，前面两个部分都是相同的，第三个部分转化成 8 位的 2 进制分别是 00100000，00100001，00100010，00100011 对照该 8 位，发现前面的 6 位（001000）全部相同，所以可以确定，把前面的 22 位可以全部做为网络地址来使用。

（2）按照上面的步骤求出的二进制子网掩码串为 11111111.11111111.11111100.00000000。转化成十进制后，求出该网段对应的子网掩码为 255.255.252.0，为此可以得出聚合的网络为 210.43.32.0/22，该聚合网段的 IP 地址范围为 210.43.32.1-210.43.35.254，网络地址为 210.43.32.0，广播地址为 210.43.35.255。

（3）给局域网内的任何两台主机配置上面聚合网段的一个 IP 地址，配置 255.255.252.0 这个一个子网掩码，采用 Ping 命令测试即可发现测试通过。如果配置一个 255.255.255.0，则就是按照标准的 C 类网络分类了，则采用 Ping 命令测试发现测试不能通过。

6.5　基于 Windows XP 的对等局域网

基于 Windows XP 组建局域网是目前最常见的对等局域网组网方式，硬件设置上，要求采用双绞线将要组网的计算机连接到交换机，组织成星型网络拓扑结构。关于连接线缆的制作，设置相关的交换机连接，交换机的配置等向相关内容在其他章节已经讲述，在此不再阐述。

6.5.1　安装 Windows XP 操作系统

Windowx XP 操作系统是对等局域网的基础，Windows XP 提供了图形化的安装界面，安装方法包括升级安装、从光盘新安装，基于网络安装几种方式。本节讲述基于光盘安装的基本步骤：

1. 设置 CMOS

（1）启动计算机，在计算机自检过程中按"DEL"键进入 CMOS 设置程序，将光标移至"Boot"选项。在子菜单中，把光标移到"Boot Device Priority"后按回车键进入下一级菜单，用"+"或"−"号键改变计算机的引导顺序，使 CD-ROM 项处于"1 st Boot Device"项。

（2）用同样的方法将"Power"菜单里的"Power Management/APM"设为"Disabled"（关闭）。

（3）将光标移至"Exit"菜单（或按 F10 键），选择"Exit Saving Changes"，最后选择"OK"退出。然后，计算机将重新启动。

注意：鉴于 CMOS 版本不同，设置方法也不尽相同。本教材以最常用的 CMOS 为例，如与此 CMOS 版本不同，请参考相关说明书进行设置。

2. 安装 Windows XP

（1）在上面的操作过程中设置好 CMOS 的第一个启动方式为光盘，开机，插入 Windows XP 安装光盘，安装程序将检测计算机的硬件配置，自动从安装光盘中提取必要的安装文件，如图 6-4 所示。

（2）之后屏幕随即出现欢迎使用安装程序菜单，按回车键选择安装操作系统，操作如图 6-5 所示。

图 6-4　安装界面

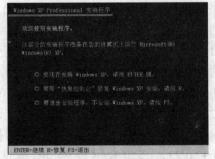
图 6-5　选择安装

（3）屏幕随即出现 Windows XP 许可协议，按 F8 按钮，选择接受安装协议，操作如图 6-6 所示。

（4）随即将出现显示硬盘分区信息的界面，将亮度条调到已有分区上，根据屏幕提示按 D 键将该分区删除，如图 6-7 所示。

（5）继续确认删除分区，显示如图 6-8 所示。

（6）将所有分区删除后，即可创建分区。根据屏幕提示，将亮度条放在未划分空间，然后按 C 键，操作如图 6-9 所示。

（7）进入创建分区大小界面。将最大分区数值删除后，请自行输入希望的分区大小，然后单击回车键确认，操作如图 6-10 所示。

若希望分 2 个以上的分区，请重复步骤（6）和步骤（7）。

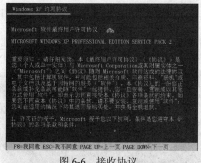

图 6-6 接收协议

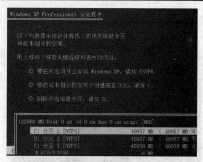

图 6-7 删除分区

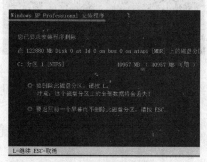

图 6-8 删除分区

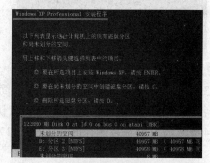

图 6-9 创建分区

（8）在完成分区后，即可进入硬盘格式化的步骤。将亮度条放在分区 C 上面，然后单击回车键，显示如图 6-11 所示。

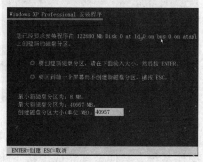

图 6-10 设置分区大小

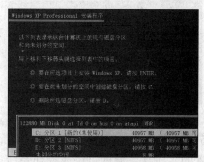

图 6-11 选择新的分区

（9）完成上一步操作后，即可进入格式化画面。请任意选择一种格式对硬盘进行格式化。建议选择第一个格式，以减少格式化时间，显示如图 6-12 所示。

（10）接下来无需进行任何操作，系统将自动进行格式化，并进行系统文件的复制，显示如图 6-13 所示。

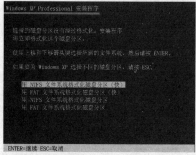

图 6-12 选择分区格式

图 6-13 格式化磁盘

（11）完成格式化后，系统开始进行文件复制，完成后后自动重新启动，显示如图 6-14 所示。

（12）系统在完成第一次重启后，会继续自动安装操作系统，显示如图 6-15 所示。

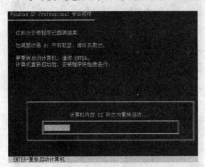

图 6-14　重新启动系统

图 6-15　进入安装界面

（13）接下来所需做的只是进行几个简单的系统信息确认。需要确认的有如下几项：区域，姓名，计算机名，日期（仍是系统默认即可），操作如图 6-16 所示。

（14）进入系统安装倒计时。如图 6-17 所示，只需单击下一步，由系统默认配置网络设置即可。

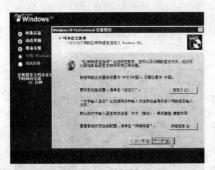

图 6-16　区域设置

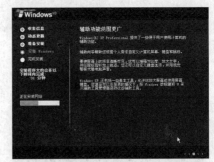

图 6-17　安装网络

（15）完成系统安装后，系统将进行最后一次重启。重启后，在进入系统前，只需单击显示设置的"确认"键即可进入操作系统。至此，操作系统安装便全部完成。接下来将进行系统驱动程序的安装。

6.5.2　协议的安装和设置

协议的安装和设置是组建局域网的核心任务，协议的正确设置是保证网络互通的关键。

1. 检查网卡状态

（1）单击"设备管理器"按钮，从"设备管理器"对话框中单击设备目录树中"网络适配器"对应的节点"+"号，将其展开，找到已安装的网卡，操作如图 6-18 所示。

（2）双击"网络适配器"选项，双击相应的

图 6-18　设备管理器

网络适配器程序，出现网络适配器的属性窗口，如图 6-19 所示，检测网卡是否工作正常。

（3）单击"资源"选项卡，查看中断值与 I/O 地址是否与其他硬件冲突。如冲突，则更改网卡的中断值、I/O 地址以避免冲突，操作如图 6-20 所示。

图 6-19　网卡属性窗口

图 6-20　网络适配器属性窗口

2. 检查 TCP/IP 是否安装

右键单击桌面"网上邻居"，在弹出的快捷菜单中选择"属性"，打开"网络和拨号连接"窗口。右键单击"本地连接"，在弹出快捷菜单中选择"属性"。在弹出的"本地连接属性"对话框中检查 TCP/IP 是否已经安装。如果没有安装，单击"安装"按钮，安装 TCP/IP，操作如图 6-21 所示。

3. 配置 TCP/IP

在"本地连接属性"对话框中，选择"Internet 协议（TCP/IP）"选项，弹出"Internet 协议（TCP/IP）属性"对话框，设置相应的 IP 地址、子网掩码。如果 IP 地址采用自动分配，可以选择"自动获取 IP 地址"选项。以上配置完成后，单击"确定"按钮返回，操作如图 6-22 所示。

图 6-21　本地连接属性

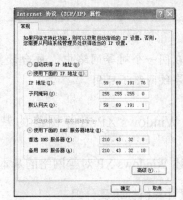

图 6-22　IP 属性设置

4. 添加 NetBEUI 和 IPX/SPX 协议

在"本地连接属性"对话框中，单击"安装"按钮打开"选择网络组件类型"对话框，选中网络组件列表中的协议项（默认项是客户，如图 6-23 所示），然后单击"添加"按钮，打开"选择网络协议"对话框。选中所要添加的协议（操作如图 6-24 所示），单击"确定"按钮即可。

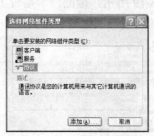

图 6-23　选择网络组件类型

图 6-24　选择网络协议

5．协议绑定

在为计算机添加了 TCP/IP，进行这些协议的安装时，它们会被自动绑定到本机已经安装的网卡上。查看协议绑定的方法如下。

（1）在"控制面板"窗口中双击"网络连接"图标，打开网络连接窗口，单击"高级"-"高级设置"菜单项，操作如图 6-25 所示。

（2）弹出如图 6-26 所示的"高级设置"窗口，找到"本地连接"项目，查看相关的协议绑定状况。

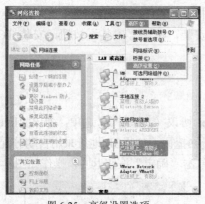

图 6-25　高级设置选项

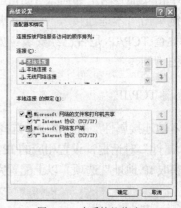

图 6-26　查看协议绑定

注意：在同一个对等网络中，每台计算机应该设置相同的"绑定"，否则会出现协议被禁用，甚至导致网络不可用。

6.5.3　Windows XP 对等网络的基本设置

本节讲述 Windows XP 对等网络的基本设置。

1．设置计算机标识及分组

（1）右键单击桌面"我的电脑"，在弹出的快捷菜单中选择"属性"，在"系统属性"对话框中单击"计算机名"标签，操作如图 6-27 所示。

（2）单击"更改"按钮，打开"计算机名称更改"窗口，在计算机名称中输入唯一的标识名称。选择其隶属的工作组，单击"确定"按钮，重启计算机使修改设置生效，操作如图 6-28 所示。

图 6-27　系统属性

图 6-28　计算机名称更改

2．添加网络用户

（1）双击"控制面板"→"管理工具"→"计算机管理"，打开计算机管理窗口，从左侧的树中展开"本地用户和组"，操作如图 6-29 所示。

（2）选择"用户"，从右边列表框中可以看到 Guest 账户上有一红色的标记表明该账户已经被禁用。双击该账户取消"账户已停用"选择，并单击"确定"，Guest 账户已经启用，操作如图 6-30 所示。

图 6-29　计算机管理

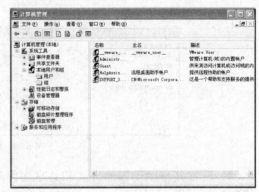

图 6-30　计算机管理

（3）如要添加一个新的用户，在图 6-30 所示窗体的空白区域，单击右键，在出现的菜单上选择"新用户"命令，出现图 6-31 所示的窗口，输入用户名和登录密码，选择密码永不过期选项。单击"创建"按钮，完成新用户的添加，按"关闭"按钮，关闭该窗口。

3．设置资源共享

（1）选中要共享的文件夹，右键单击，在弹出快捷菜单中选择"属性"，出现该文件的属性窗口。在"属性"对话框中选择"共享该文件夹"，设置该文件夹的共享名、备注、连接用户限制等，操作如图 6-32 所示。

（2）单击"权限"按钮，按照提示设置对网络资源的操

图 6-31　添加新用户

作权限。默认的用户是 Everyone，即所有合法用户都可以访问；默认权限是完全控制，用户可以根据共享级别自己定义访问用户及操作限制，如图 6-33 所示。

图 6-32　共享设置

图 6-33　权限设置

（3）如果要使用独立的用户访问共享资源，则选择 Everyone 用户，将其删除。单击"添加"按钮，添加已经注册的新用户，操作如图 6-34 所示。

图 6-34　添加新用户

（4）设置共享驱动器的方式和共享文件夹的方式类似，但是其"共享名"文本框中盘符后面加了一个"$"（如 C$），并在"备注"文本框中注明了"默认共享"。要想将某驱动器供其他用户访问，就必须重新设置为共享资源，操作如图 6-35 所示。

（5）单击"新建共享"按钮，弹出"新建共享"对话框（如图 6-36 所示），在"共享名"文本框中输入共享名称，设置"用户数限制"；单击"权限"按钮，设置可以访问的用户以及相应的访问权限，方法与文件夹的设置相同。

4．映射网络驱动器

双击桌面上的"网上邻居"图标，在"网上邻居"窗口中单击"工具"→"映射网络驱动器"，在弹出的对话框（如图 6-37 所示）中选择驱动器盘符和要共享的文件夹，设置完成后，单击"完成"按钮即可。

图 6-35　共享选项设置

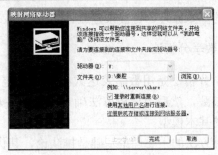

图 6-36　新建共享　　　　　　　　　　图 6-37　映射网络驱动器

6.6　局域网的组网的性能评价和测量

本节主要讲述局域网组网的性能评价和测量方法。

6.6.1　局域网的主要性能指标

局域网的主要性能指标包括响应时间，资源利用率，吞吐量等。

1．资源利用率

资源利用率主要是指网络资源被使用的时间所占百分比。资源利用率主要包括 CPU 利用率、通信线路利用率、内存利用率、磁盘利用率、整个网络的利用率等。资源利用率是评价网络性价比的主要参数。如果网络的资源利用率较低，说明网络没有充分发挥效益。

2．响应时间

指网络上源节点提出请求并得到目的节点（如服务器）响应所需的时间。具体说，是当用户在源节点终端最后一次敲回车键至得到对方系统的响应并在该终端屏幕上显示为止所用的时间。

影响响应时间的因素主要有 3 部分：本地系统、网络和远程系统。本地系统和远程系统指源节点和目的节点。影响响应时间的主要因素包括 CPU 的处理能力、缓冲区的大小、I/O 处理能力、内存的存取速度和优先度调度策略等。在网络方面的主要影响因素包括信息传输速率、通信流量大小及转发信息时的协议软件的复杂程度、介质访问控制方式等。通信流量与网络用户数有关，是动态因素。

3．吞吐量

吞吐量指的是在各站点间传送的全部数据量。影响吞吐量的主要因素包括本地系统、网络和远程系统。主要有网络信道的频宽或容量、通信处理软件的复杂程度或效率、源系统和目的系统的负载、网络的信息流量等。不同的介质访问控制方式有不同的吞吐量特性。

6.6.2　网络性能的评价方法

目前，网络系统的性能评价方法主要采用数学分析法和程序模拟法。这两种方法都是根据网络的基本原理、特性来建立评估模型。

1. 数学分析法

数学分析法是用数学表达式描述在确定的拓扑结构及通信协议环境中网络所表现出来的性能参数，然后用分析方法确定网络中各项参数对性能参数的影响。图 6-38 所示是数学分析法的基本模型。

这种方法的主要理论基础是排队论，其优点是开销小，但对复杂的系统，由于涉及因素太多，或很难找出合适的表达式，或由于计算太复杂，不可能得到解。一般采用近似分析方法，但结果误差较大。

2. 程序模拟法

程序模拟法是通过模拟程序来实现模型，模拟网络实际的运行过程。图 6-39 所示的是程序模拟法的基本模型。

图 6-38　数学分析法　　　　　图 6-39　程序模拟法的基本模型

该方法的优点是可用程序模拟复杂的模型，且可通过程序方法修改某些网络参数，分析它们对网络性能的影响，现常被人们采用。该方法的缺点是开销较大。构造网络模型并对网络性能进行评价的基本目的是预测在给定输入负载下网络的性能，对不同的网络设计策略、设计方案进行评价，对已存在的网络，控制输入负载，从而得到需要的性能。对用户来说，若能对初选的网络规划设计方案进行性能评价，是非常有意义的。它会使网络的设计方案更加合理，更有效并确保系统的可用性。

6.6.3　局域网的测量内容

局域网的测试内容主要包括如下几个方面。

1. UTP 线缆测试

从工程的角度来讲，UTP 线缆测试可划分为导通测试和认证测试两类。

（1）导通测试

导通测试注重结构化布线的连接性能，不关心结构化布线的电气特性。线缆安装是一个以安装工艺为主的工作，由于没有人能够完全无误地工作，为确保线缆安装满足性能和质量的要求，必须进行链路测试。导通测试的常见问题如下。

① 开路和短路。在施工中，由于工具、接线技巧或墙内穿线技术欠缺等问题，会产生开路或短路故障。

② 反接。同一对线在两端针位接反，比如一端为 1-2，另一端为 2-1。

③ 错对。将一对线接到另一端的另一对线上，比如一端是 1-2，另一端接在 4-5 上。

④ 串绕。所谓串绕是指将原来的两对线分别拆开后又重新组成新的线对。由于出现这种故障时端对端的连通性并未受影响，所以用普通的万用表不能检查出故障原因，只有通过

使用专用的线缆测试仪才能检查出来。

（2）认证测试

认证测试是指对结构化布线系统依照标准进行测试，以确定结构化布线是否全部达到设计要求。通常结构化布线的通道性能不仅取决于布线的施工工艺，还取决于采用的线缆及相关连接硬件的质量，所以对结构化布线必须要做认证测试。通过测试，可以确认所安装的线缆、相关连接硬件及其工艺能否达到设计要求。

认证测试的内容包括 Length、Next（Near and crosstalk）、Attenuation、Acr（Attenuation to crosstalk）、Wire Map、Impedance、Capacitance、Loop Resistance 和 Noise 共 9 项 5 类技术指标。当所有测试结果均为"PASS"时表示该布线系统符合 Category 5 Cable 的传输技术要求。

认证测试的常见问题如下。

① 近端串扰未通过。故障原因可能是近端连接点的问题，或者是因为串对、外部干扰、远端连接点短路、链路线缆和连接硬件性能问题、不是同一类产品以及线缆的端接质量问题等。

② 接线图未通过。故障原因可能是两端的接头有断路、短路、交叉或破裂，或是因为跨接错误等。

③ 衰减未通过。故障原因可能是线缆过长或温度过高，或是连接点问题，也可能是链路线缆和连接硬件的性能问题，或不是同一类产品，还有可能是线缆的端接质量问题等。

④ 长度未通过。故障原因可能是线缆过长、开路或短路，或者设备连线及跨接线的总长度过长等。

⑤ 测试仪故障。故障原因可能是测试仪不启动（可采用更换电池或充电的方法解决此问题）、测试仪不能工作或不能进行远端校准、测试仪设置为不正确的线缆类型、测试仪设置为不正确的链路结构、测试仪不能存储自动测试结果以及测试仪不能打印存储的自动测试结果等。

2. 光纤传输通道测试

光纤是局域网组网中不可缺少的传输介质，对磨接后的光纤或光纤传输系统，必须进行光纤特性测试，使之符合光纤传输通道测试标准。光纤基本的测试内容包括连续性和衰减/损耗、光纤输入功率和输出功率、分析光纤的衰减/损耗及确定光纤连续性和发生光损耗的部位等。实际测试时还包括光缆长度和时延等内容。如果在测试光纤过程中出现一些问题，需要查看光纤磨接是否正确，光纤头是否一一对应。

3. 网络设备测试

网络设备测试主要包括功能测试、可靠性测试和稳定性测试、一致性测试、互操作性测试和性能测试几个方面。

（1）功能测试验证产品是否具有设计的每一项功能。

（2）可靠性和稳定性测试往往通过加重负载的办法来分析和评估。

（3）一致性测试验证产品的各项功能是否符合标准。如交换机对 IEEE 802.3、IEEE 802.3Z、IEEE 802.1P、IEEE 802.1q、IEEE 802.3x 等的支持。

（4）互操作性测试考察一个网络产品是否能在一个不同厂家的多种网络产品互连的网络环境中很好地工作。

（5）性能测试的主要目标是分析产品在各种不同的配置和负载条件下的容量和对负载的处理能力，如交换机的吞吐量、转发延迟等。

4. 网络系统测试

网络系统测试的主要内容包括规划验证测试、性能测试和应用测试三个方面。

（1）规划验证测试

规划验证测试的目的在于分析所采用网络技术的可用性和合理性，网络设计方案的合理性，所选网络设备的功能、性能等是否能够合理地有效地支持网络系统的设计目标。规划验证测试主要采用的两个基本手段是模拟与仿真。模拟是通过软件的办法，监理网络系统的模型，模拟实际网络的运行。仿真是指通过建立典型的试验环境，仿真实际的网络系统。

（2）性能测试

性能测试是指通过对网络系统的被动监测和主动测量确定系统中站点的可达性、网络系统的吞吐量、传输速率、带宽利用率、丢包率、服务器和网络设备的响应时间、应用和用户产生最大的网络流量，以及服务质量等。此项工作同时可以发现系统物理连接和系统配置中的问题，确定网络瓶颈，发现网络问题。测试设备记录一段时间内的网络流量，实时和非实时地分析数据。被动测量不干涉网络的正常工作，不影响网络的性能。主动测量向网上发送特定类型的数据包或网络应用，以分析系统的行为。

（3）应用测试

应用测试主要体现在测试网络对应用的支持水平，如网络应用的性能和服务质量的测试等。例如部署基于 IP 的语音传输 VoIP 时，最直接的问题是网络中的交换机和路由器是否有效地支持语音传输；网络能支持多大的语音流量、多少个语音通道；如果支持 VoIP，对网络的其他业务特别是关键业务，会产生什么影响；网络是否支持服务质量 QoS。这些问题都需要通过网络测试来回答。

6.6.4　基于 Chariot 的网络性能测量

Chariot 是 NetIQ 公司出品的一款优秀的应用层 IP 网络及网络设备的测试软件，它可提供端到端、多操作系统、多协议测试、多应用模拟测试。Chariot 可用于测试有线网、无线网、广域网及各种网络设备。可以进行网络故障定位、系统评估、网络优化等，能从用户角度测试网络的吞吐量、反应时间、延时、抖动、丢包等。Chariot 的相关信息可以查看其官方站点 http://www.netiq.com。

Chariot 包括 Chariot 控制台和 Endpoint。Chariot 控制台主要负责监视和统计，Endpoint 负责流量测试工作，Endpoint 执行 Chariot 控制台发布的脚本命令，完成需要的测试。

1. 测量任意节点间的带宽

（1）在通过交换机连接的网络中，给 A，B 两台机器分别安装运行 Chariot 的客户端软件 Endpoint。运行 Endpoint 后，用户可以查看任务管理器，查找名为"endpoint"的进程。操作如图 6-40 所示。

（2）在网络中另外找一台计算机作为运行控制端 Chariot，安装 Chariot 控制台，安装过程非常简单，在此不再讲述。安装完成后，打开控制台出现如图 6-41 所示的窗口，要注意的是这三台机器必须要能连通，可以采用 PING 命令分别去测试。

图 6-40　进程查看

（3）单击"Chariot"主界面中的"New"按钮，接着单击"ADDPAIR"，在"Add an Endpoint Pair"窗口中输入"Pair"名称，然后在 Endpoint1 处输入 A 计算机的 IP 地址 59.69.190.25，在 Endpoint2 处输入 B 计算机的 IP 地址 59.69.190.27。按"select scrIPt"按钮，选择软件内置的 Throughput.scr 脚本，操作如图 6-42 所示。

图 6-41　Chariot 控制台

图 6-42　添加测试点

注意： Chariot 可以测量包括 TCP、UDP、IPv4\IPv6 在内的多种协议，用户可以根据需要选择。

（4）单击"OK"按钮，系统返回到主窗口，单击主菜单工具栏中的"RUN"按钮，启动测量工作。软件会测试 100 个数据包从计算机 A 发送到计算机 B 的情况。在结果中单击"THROUGH PUT"可以查看具体测量的带宽大小。图 6-43 是一次测量的实际结果。

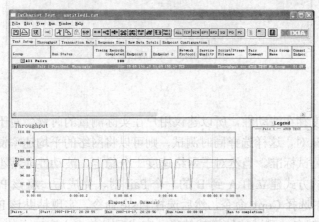

图 6-43　测量结果

注意： 由于实际的网络损耗，可以看出实际的带宽往往比理论值要小一些。

2. 双向测量

前面讲述的是 A 到 B 的单项测量，实际网络中为了检测网线的质量等情况，通常需要检测其反方向上的网络速率。这就是所谓双工通信是否速率对等性的测试。

和前面讲授单向测试的过程基本相同，分别在要测试的 A、B 机器上安装运行 Endpoint，然后在控制台机器上安装 Chariot，在添加测试的时候，先添加一条由 A 到 B 的 pair，然后在添加一条由 B 到 A 的 Pair，脚本继续选择"Throughput.scr"，操作如图 6-44 所示。

两对 Pair 建立起来后，单击主菜单中的"Run"按钮，系统出现测量过程，系统将由机器 A 向机器 B 发送 100 个数据包，同时由机器 B 向机器 A 发送 100 个数据包，发送完成后，在结果页面中单击"Throughput"标签可以查看具体测量的带宽大小，如图 6-45 所示。

注意： 如果 A 到 B 的速度和 B 到 A 的速度差距过大就说明网络速率不对等，就要查看网线的制作是否合理等。

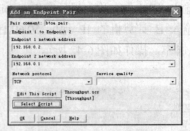

图 6-44　添加双向测试对

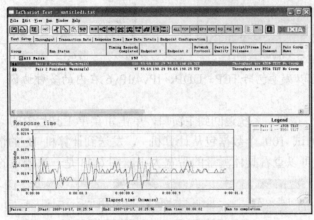

图 6-45　双向测试结果

3．精确测量

由于网络的速度存在波动性，所以建议用户在实际测量的时候，对于一个网络方向建立相同的多条测试 Pair 对，这样选择同时测试，则可以将网络的平均速率测试下来，这也是最为精确的网络速率测试标准。当然对于网络速度十分稳定，波动性非常小的网络是不必要这样做的。按照上面的方式建立由 A 到 B 的一个 Pair 对，完成后，将该 Pair 对选中，右键单击，在出现的菜单中选择 Copy 命令，然后选择 Paste 命令，实现粘贴该 Pair 对的过程，按照理论粘贴的 Pair 对越多，测试的结果越精确。完成后，单击主窗口上的"Run"按钮，实现测试过程。图 6-46 所示的是精确测量的一次结果。

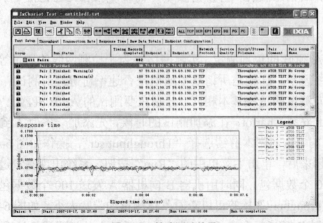

图 6-46　精确测试结果

4. 大包测量法

由于 Chariot 默认的测量数据包的大小仅为 100 KB，对于速率较高的网络进行测量的时候，得出的结果就不太准确，这时候就需要将原来默认的 100 KB 的数据包修改来实现精确测量的过程，这就是所谓的大包测量法。

按照前面的方法，添加一个要测量网络的 Pair，选择 Throughput.scr 脚本，单击 "Edit This Script" 按钮。弹出如图 6-47 所示的 Script Edit 窗口。在该窗口中将详细的显示该脚本的信息。

在弹出的窗口下方 file_size 处双击，出现如图 6-48 所示的窗口，将该值修改为实际测试所需要的数据。

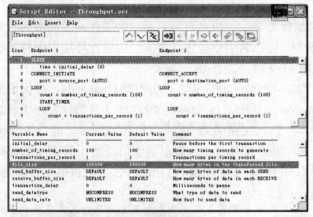

图 6-47 编辑脚本

图 6-48 设置测试的数据包

按照设置的数据包运行 Chariot，运行的测试结果如图 6-49 所示。

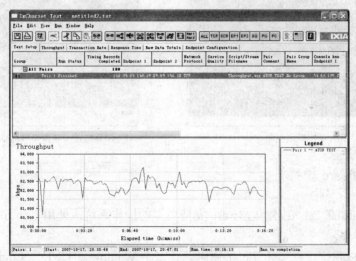

图 6-49 大包测试结果

注意：必须根据实际环境设置数据包大小，这样可以使结果更准确，设置的包过大或者过小将都不利于网络的实际测试。

6.7　模拟局域网组网的利器——虚拟机

目前流行的虚拟机平台软件有 VMware、Virtual PC、Virtuozzo、z/VM、Bochs 、PearPC 和 Qemu 等。在实际的局域网组建中，采用虚拟机可以在一台计算机上清晰的模拟组网的实际过程，另外对于相关实验室条件受限的网络设备也可以采用虚拟机来进行模拟，这样将提高网络实验教学的真实性和可扩展性，为此，本节主要介绍了 Virtual PC 和 VMware 这两种虚拟机，这两种软件的使用非常简单，在此不再阐述，有兴趣的读者可以查询相关资料自学。

6.7.1　Virtual PC

Virtual PC 是一个功能强大的虚拟软件方案，可以允许用户在一个工作站上同时运行多个 PC 操作系统，当用户转向一个新 OS 时，可以为用户提供一个安全的运行环境以保持兼容性，它可以保存重新配置的时间，使得工作变得更加有效。

Virtual PC 最早由 Connectix 公司开发，微软在 2003 年 2 月份收购 Connectix，并很快完成了对 Virtual PC 的改造，正式发布 Microsoft Virtual PC 2004。2007 年 2 月微软发布了新款的虚拟机系统 Microsoft Virtual PC 2007 ，该系统提供 32 位和 64 位两种版本，随后的 2008 年 5 月又发布了针对 Microsoft Virtual PC 2007 的 SP1，目前市场上广泛使用的微软的虚拟机为 Microsoft Virtual PC 2007 SP1。图 6-50 所示为 Microsoft Virtual PC 虚拟机的运行界面。图 6-51 所示为在虚拟机环境中运行操作系统。

图 6-50　虚拟机主界面

图 6-51　安装操作系统后的虚拟机

6.7.2　VMware 虚拟机

和微软的 Virtual PC 相比，VMware 支持更多的操作系统，使用更加方便，所以市场的占有率极高。

VMware 可以在一台真实计算机上同时运行多个 Windows、UNIX、Linux 或其他操作系统。VMware 实现了真正的"同时"运行，将多个操作系统同时运行在宿主机系统上，实现诸如应用程序一样的切换。每个虚拟机系统都可以进行虚拟分区、配置而不影响真实硬盘的数据，另外系统提供强大的虚拟联网能力。目前 VMware 有 Linux 及 Windows 两个版本，市场上常见的 Windows 版本的 VMware 虚拟机为 VMware 6.5 版。

VMware 虚拟机的特点主要体现在以下几个方面。

（1）提供 BIOS 调试功能

虽然 VMware 只是模拟一个虚拟的计算机，但是它就像物理计算机一样提供了 BIOS，用户可以相同的方法更改 BOIS 的参数设置。图 6-52 所示的是运行 VMware 6.5 后实现 BIOS 的调试窗口。

（2）多操作系统同时运行

用户不需要重新启动就可以同时在一台计算机上运行多个操作系统，这些操作系统可以是在窗口模式下运行，也可以在全屏模式下运行。当用户从 Guest OS 切换到 Host OS 屏幕之后，系统将自动保存 Guest OS 上运行的所有任务，以避免由于 Host OS 的崩溃，而损失 Guest OS 应用程序中数据。图 6-53 和图 6-54 所示的是在同时启动 CentOS 和 Windows Server 2003 的显示。

图 6-52　BIOS 调试窗口

（3）虚拟机操作系统的独立性

图 6-53　同时启动界面（1）

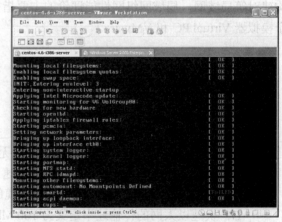

图 6-54　同时启动界面（2）

每一个在主机上运行的虚拟机操作系统都是相对独立的，拥有自己独立的网络地址，就像单机运行一个操作系统一样，提供全部的功能，VMware 完全隔离并且保护不同 OS 的操作环境以及所有安装在 OS 上面的应用软件和资料。

（4）同种系统分区共用

在虚拟机上安装同一种操作系统的另一发行版，不需要重新对硬盘进行分区，比如，用户可以在 Red Hat Linux 的一个目录下，安装 Turbo Linux 或者其他的 Linux 版本，而不需要重新分区。

（5）支持多协议通信、共享和联网

虚拟机之间支持 TCP/IP、Novell Netware 以及 Microsoft 网络虚拟网络以及 Samba 文件共享等。而且不同的 OS 之间还能互动操作，包括网络、周边、文件分享以及复制贴上功能。

（6）有复原功能，安全性好

VMware 采用快照和复原的相关功能，可以将出错的系统恢复到故障前的一个正常的状态下，这样大大的增加了系统的安全性，对于实现病毒处理等，采用 VMware 虚拟机成为了最好的选择。

（7）支持设备的种类增加

能够设定并且随时修改操作系统的操作环境，如内存、磁碟空间、周边设备等。VMware 支持 CD-ROM、软驱以及音频的输入输出，最新版本的 VMware 增加了对 SCSI 设备、SVGA 图形加速卡以及 ZIP 驱动器的支持。

（8）虚拟的真实性强

在 VMware 的窗口上，模拟了打开虚拟机电源、关闭虚拟机电源以及复位键等，这些按钮的功能对于虚拟机来说，就如同虚拟机机箱上的按钮一样。如果用户的客户机的操作系统是 Windows，在运行过程中非正常关机或者 VMware 崩溃，下次启动 Windows 的时候，它会自动进行文件系统的检查与修复。

小　结

本章主要讲述了局域网组网的基本技术，主要的知识点包括局域网的基本概念，相关特点及主要功能，局域网的相关体系结构标准和技术，综合布线的基本概念，局域网组网的前期规划，网络的设计及组网的安全性设置，IP 地址的分类，VLSM 和 CIDR，基于 Windows XP 构建对等局域网，局域网组网性能评价的主要指标和一般方法，最后介绍了局域网组网的两个模拟器 Virtual PC 和 VMware。

习　题

1. 下列关于快速以太网标准描述错误的是_____。
   A. 100BASE-TX 是一种使用 5 类数据级无屏蔽双绞线或屏蔽双绞线的快速以太网技术
   B. 100BASE-FX 是一种使用光缆的快速以太网技术
   C. 100BASE-T4 是一种可使用同轴电缆的快速以太网技术
   D. 快速以太网的传输速率定义为 100 Mbit/s，它基于 CSMA/CD 技术
2. 下列属于 C 类 IP 地址的是_____。
   A. 202.114.47.256　　　　　　　　B. 120.0.0.128
   C. 10.0.0.190　　　　　　　　　　D. 210.43.32.8
3. 网络 10.0.0.0 按照主机的 16 位进行子网划分，则配置的子网掩码应该为_____。
   A. 255.0.0.0　　　　　　　　　　B. 255.255.0.0
   C. 255.255.255.0　　　　　　　　D. 255.255.224.0
4. 网络 210.43.32.0 和 210.43.33.0 如果可以实现合并成一个超网，则配置的子网掩码应该为_____。
   A. 255.255.255.0　　　　　　　　B. 255.255.255.128
   C. 255.255.254.0　　　　　　　　D. 255.255.224.0
5. 某个主机配置的 IP 地址和子网掩码分别为 210.43.32.63，255.255.255.224，则说明该 IP 对应的网段实现了按主机的_____位进行的子网划分。
   A. 3　　　　　　　B. 4　　　　　　　C. 5　　　　　　　D. 6

6. 网络 192.168.0.0 按照主机的 3 位进行子网划分，则 4 号子网的网络地址为＿＿＿＿＿。

  A．192.168.0.128　　　　　　　　B．192.168.0.254

  C．192.168.0.224　　　　　　　　D．192.168.0.250

7. 网络 172.16.0.0 划分子网后，配置的子网掩码为 255.255.255.0，则每个子网可容纳的主机数量为＿＿＿＿＿。

  A．254　　　　B．1024　　　　C．2048　　　　D．128

8. 万兆以太网是当前最新的以太网技术，它由＿＿＿＿＿定义。

  A．IEEE 802.3ae　　　　　　　　B．IEEE 802.11

  C．IEEE802.3u　　　　　　　　　D．IEEE802.11Z

9. 下列关于综合布线系统的描述错的是＿＿＿＿＿。

  A．水平子系统（Horizontal）的功能是将干线子系统线路延伸到用户工作区

  B．干线子系统（Backbone）通常它是由主设备间（如计算机房、程控交换机房）至各层管理间

  C．设备间子系统（Equipment）是由设备间的电缆、连续跳线架及相关支撑硬件、防雷电保护装置等构成

  D．管理子系统是将多个建筑物的数据通信信号连接一体的布线系统

10. 由于 Chariot 默认的测量数据包的大小仅为 100 KB，对于速率较高的网络进行测量的时候，得出的结果就不太准确，这时候就需要采用＿＿＿＿＿。

  A．大包测量法　　　　　　　　　B．精确测量法

  C．双向测量法　　　　　　　　　D．任意测量法

第 7 章　路由器的基本配置

本章要求:
- 理解路由协议的基本概念;
- 掌握路由器的基本分类;
- 掌握路由器的基本配置;
- 掌握静态路由和浮动静态路由的基本配置;
- 掌握 RIP 路由协议的基本配置;
- 掌握 OSPF 路由协议的基本配置;
- 掌握 IGRP 路由协议的基本配置;
- 掌握 EIGRP 路由协议的基本配置;
- 掌握 BGP 路由协议的基本配置。

7.1　路由协议与路由算法

路由指的是路径选择,在网络中,如何选择路径把信息传送到目标端的任务通常由路由器来承担。网络中的数据包通过路由器转发到目的网络。路由器内部保存一张路由表,该表中包含有该路由掌握的目的网络地址以及通过此路由器到达这些网络的最佳路径,路由器依据路由表进行数据报的转发。

7.1.1　路由协议的类型

路由协议可以分为被路由协议和路由选择协议两种。

1. 被路由协议

被路由协议(Routed Protocol)以寻址方案为基础,为分组从一个主机发送到另一个主机提供充分的第三层地址信息。被路由协议通过网络传输数据,通过路由器把数据从一个主机传输到另一个主机,被路由协议用在路由器之间引导用户流量。

被路由协议包括任何网络协议集,以提供足够网络层地址信息,使路由器能够转发到下一个设备并最终达到目的地,它定义了分组的格式和其中所用的字段,使得分组能实现端到端的传递。

IP 协议、Novell 的网际分组交换(Internetwork Packet eXchange,IPX)和 Apple Talk 的数据报传送协议(Datagram Delivery Protocol,DDP)等协议都能提供第 3 层的支持,因此都是被路由协议。

2．路由选择协议

路由协议（Routing Protocol）用来确定被路由协议为了到达目标所遵循的路径。路由器使用路由选择协议来交换路由选择信息。路由选择协议使得网络中的路由设备能够相互交换网络状态信息，从而在内部生成关于网络连通性的映象（Map）并由此计算出到达不同目标网络的最佳路径或确定相应的转发端口。

通常，按路由选择算法的不同，路由协议被分为距离矢量路由协议、链路状态路由协议和混合型路由协议三大类。距离矢量路由协议的有路由消息协议（Routing Information Protocol，RIP），内部网关路由协议（Interior Gateway Routing Protocol，IGRP）。链路状态路由协议包括开放最短路径优先协议（Open Shortest Path First，OSPF）。混合型路由协议是综合了距离矢量路由协议和链路状态路由协议的优点而设计出来的路由协议，如 IS-IS（Intermediate System-Intermediate System）和增强型内部网关路由协议（Enhanced Interior Gateway Routing Protocol，EIGRP）。

7.1.2　默认路由、静态路由与动态路由

根据路由是否有管理员的参与，可分为静态路由和动态路由。

1．默认路由

默认路由是指当路由表中与包的目的地址之间无匹配的表项时路由器能够作出的选择。一般地，路由器查找路由的顺序为静态路由，动态路由，如果以上路由表中都没有合适的路由，则通过默认路由将数据包传输出去，可以综合使用 3 种路由。

2．静态路由

静态路由指的是由管理员手工添加的固定路由表项。除非网络管理员干预，否则静态路由不会发生变化。由于静态路由不能对网络的改变作出反映，一般用于网络规模不大、拓扑结构固定的网络中。静态路由的优点是简单、高效、可靠。在所有的路由中，静态路由优先级最高。当动态路由与静态路由发生冲突时，以静态路由为准。缺省路由是静态路由的一种，也是由管理员设置的。在没有找到目标网络的路由表项时，路由器将信息发送到缺省路由器。

3．动态路由

动态路由是指路由器能够自动地建立自己的路由表，并且能够根据实际情况的变化适当地进行调整。动态路由的运作依赖路由器的两个基本功能：对路由表的维护和路由器之间适时的路由信息交换。动态路由能自动适应网络拓扑结构和流量变化，动态路由适用于网络规模大、网络拓扑复杂的网络。

根据是否在一个自治域内部使用，动态路由协议分为内部网关协议（Interior Gateway Protocol，IGP）和外部网关协议（External Gateway Protocol，EGP）。自治域指一个具有统一管理机构、统一路由策略的网络。内部网关协议主要用于自治区域内的路由选择，常用的有 RIP、OSPF。外部网关协议主要用于多个自治域之间的路由选择，常用的有 BGP 和 BGP-4。

7.1.3 常见路由算法

常见路由算法包括最短路径路由算法，扩散法，距离矢量路由，链路状态路由四种。

1. 最短路径路由

最短路径路由（Shortest Path，SP）是由 Dijkstra 提出的，其基本思想是：将源节点到网络中所有节点的最短通路都找出来，作为这个节点的路由表，当网络的拓扑结构不变、通信量平稳时，该点到网络内任何其他节点的最佳路径都在它的路由表中。如果每一个节点都生成和保存这样一张路由表，则整个网络通信都在最佳路径下进行。每个节点收到分组后，查找路由表决定向哪个后继节点转发。

根据网络拓扑结构可以将一个通信网络表示成一个加权无向图，如图 7-1（a）所示。在图中，节点表示网络中的路由器，点与点之间的连线表示通信线路，连线上的数字表示线路的权值。权值可以和很多因素有关，如线路长度、信道带宽、平均通信量、线路延时等。如果要搜索从 A 到 F 的最短路径，其结果如图 7-1（b）所示。

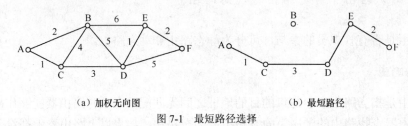

（a）加权无向图　　　　　　　　　　（b）最短路径

图 7-1　最短路径选择

采用 Dijkstra 算法建立最短路径的搜索过程如表 7-1 所示。

表 7-1　　　　　　　　　　　　　**最短路径的搜索过程**

步　骤	最短路径节点集合	B	C	D	E	F
1	{C}	(2, A)	(1, A)	(∞, -)	(∞, -)	(∞, -)
2	{C, D}	(5, C)	(1, A)	(4, C)	(∞, -)	(∞, -)
3	{C, D, E}	(9, D)	(1, A)	(4, C)	(5, D)	(9, D)
4	{C, D, E, F}	(11, E)	(1, A)	(4, C)	(5, D)	(7, E)

2. 扩散法

扩散法（Flooding）是一种静态路由算法，每一个输入的分组都被从除了输入线路之外的其他线路转发出去。扩散法显然会产生大量的分组副本，因此，一般在分组头中携带一个跳数（Hop）计数器，分组每到一个节点，其跳数计数器就减 1，当计数器为 0 时分组被丢弃。计数器的初始值可以设为通信子网的直径，即相距最远的两个节点之间的跳数。

扩散法本质上是一种广播式的路由算法，因此在一些要求广播传输的应用中很有用，如分布式数据库的同步更新。在无线网络中，位于发送站功率范围内的所有站都能收到发送站发送的消息，这其实也是一种扩散的形式，这个特性常被一些算法利用。

3. 距离矢量路由

距离矢量路由（Distance Vector Routing）是一种动态路由。距离矢量路由算法的基本思想是：各节点周期性地向所有相邻节点发送路由刷新报文，报文由一组（V，D）有序数据对组成，其中 V 表示该节点可以到达的节点，D 表示到达该节点的距离。收到路由刷新报文的节点重新计算和修改路由表。

距离矢量路由算法具有简单、易于实现的优点。但它不适用于剧烈变化的路由或大型网络环境。因为某个节点的路由变化从相邻节点传播出去，其过程是非常缓慢的。因此，在路由刷新过程中，可能会出现路径不一致的问题。另外距离矢量路由选择算法需要大量的信息交换，但很多都可能与当前路由刷新无关。

4. 链路状态路由

链路状态路由（Link State Routing）是一种动态路由。其算法的基本思想如下。

首先，每个节点必须找出它的所有邻近接点。当一个节点启动后，通过在每一条点到点的链路上发送一个特殊的 Hello 报文，并通过链路另一端的节点发送一个应答报文。

其次，链路状态路由选择算法要求每个节点都知道到它的邻近节点的时延，所以每个节点都得测量出到它的每个邻近节点的时延或其他参数。测量的方法是在它们之间的链路上发送一个特殊的 Echo 响应报文，并且要求对方收到后立即再将其发送回来。将测量得到的来回时间除 2，即可得到一个比较合理的估计。

收集齐了用于交换的信息后，下一步就为每一个节点建立一个包含所有数据的报文。报文以发送者的标识符开始，随后建立顺序号以及它的所有邻近节点的列表。对于每一个邻近节点，给出到此近节点的时延。一般每隔一段规律的时间间隔周期性地建立它们，或者当节点检测到了某些重要事件的发生时建立它们。

最后是计算新路由。一旦一个节点收集齐了所有来自于其他节点的链路状态报文，它就可以据此构造完整的网络拓扑结构图，然后使用 Dijkstra 算法在本地构造到所有可能目的地的最短通路。

链路状态路由选择算法具有各节点独立计算最短路径、能够快速适应网络变化、交换路由信息少等优点，但它较为复杂，难以实现。

7.2　路　由　器

路由器工作在 OSI 模型的网络层，它的工作就是为经过路由器的数据包寻找一条最优路径，并将该数据包有效地传送到目的地。

7.2.1　路由器的结构

路由器用来连接不同的网段或网络，如果将数据包发送到其他的网络中，则需要选择一个能够达到目的网络的路由器，通过路由器将数据包送到目的网络。整个路由器结构可划分为两大部分：路由选择部分和分组转发部分。

（1）路由选择部分

路由选择部分也称为控制部分，其核心部件是路由选择处理机。路由选择处理机根据所选定的路由选择协议构造出路由表，同时经常或定期地和相邻路由器交换路由信息而不断地更新和维护路由表。

（2）分组转发部分

分组转发部分由交换结构、一组输入端口和一组输出端口三部分组成。交换结构又称为交换组织，它的作用就是转发表对分组进行处理，将某个输入端口进入的分组从一个合适的输出端口转发出去。

7.2.2 路由选择步骤

路由器在选择从一个网络到另一个网络的路径时通过下列两步实现。

（1）路由器接收信息分组并读取信息分组中的目的网络地址，并判断该网络地址是否位于该路由器相连的网络上。若是，则直接将信息分组传送给目的网络地址的工作站。

（2）若路由器没有直接连接到目的网络上，则查询其路由选择表，并找出信息分组转发的下一路由器，该路由器应是更靠近信息分组的最终目的地。如果路由表中查找不到目的 IP 地址项目，路由器会将数据包送向它的缺省网关处理，即路由表将不知转向何处的数据包都送向缺省网关。路由器通过逐级的传送，最终将数据包送向目的地。对于无法传送的数据包，路由器将丢弃它。

7.2.3 路由器的分类

不同网络对路由器的要求不同，常见的路由器可以按如下几个方面进行分类。

1. 按性能分类

路由器按性能档次可分为高、中和低端路由器，低端路由器主要适用于小型网络的 Internet 接入或企业网络远程接入，端口数量和类型、包处理能力都非常有限。中端路由器适用于较大规模的网络，拥有较高的包处理能力，具有较丰富的网络接口，适应较为复杂的网络结构。高端路由器主要应用于大型网络的核心路由器，拥有非常高的包处理性能，并且端口密度高、端口类型多，以适应复杂的网络环境。

通常将背板交换能力大于 40 Gbit/s 的路由器称为高端路由器，背板交换能力在 25 G～40 Gbit/s 之间的路由器称为中端路由器，低于 25 Gbit/s 的当然就是低端路由器了。背板交换能力就是指路由器的接口处理器和数据总线间所能吞吐的最大数据量。

2. 按结构分类

路由器按结构可分为模块化结构路由器和非模块化结构路由器。模块化结构路由器有若干插槽，可以插入不同的接口卡，根据实际需要进行灵活的升级和变动，可扩展性较好，可以灵活地配置路由器，以适应企业不断增加的业务需求；非模块化路由器就只能提供固定的端口，可扩展性较差，一般价格比较便宜。通常中高端路由器为模块化结构，低端路由器为非模块化结构。

3. 按应用分类

路由器按应用可以分为骨干级（核心层）路由器，企业级（分布层）路由器和接入级（访问层）路由器。

骨干级路由器是实现企业级网络互联的关键设备，骨干级路由器位于网络中心，通常要求快速的包交换能力和高速的网络接口。骨干级路由器通常采用热备份、双电源、双数据通路等技术实现硬件的可靠性。

企业级路由器连接许多终端系统，连接对象较多，但系统相对简单，且数据流量较小，对这类路由器的要求是以成本最低的方法实现尽可能多的端点互联，同时还要求能够支持不同的服务质量。企业级路由器要求能支持尽可能多的终端接入、造价较低，支持不同的服务质量，支持多种协议，支持防火墙、包过滤，支持大量的网络管理、安全策略、VLAN 划分与管理等。

接入级路由器主要应用于连接家庭或小型企业的局域网。接入级路由器位于网络边缘，通常使用中低端路由器，要求有相对低速的端口以及较强的接入控制能力。接入路由器不仅支持 SLIP 或 PPP 连接，还支持 PPTP 和 IPSec 等虚拟私有网络协议。

4．按协议支持数量分类

路由器能支持的网络协议的数量也是衡量其性能指标的一个方面，从支持网络协议能力的角度，可分为单协议路由器和多协议路由器。通常支持的网络协议越多，则适用范围越广泛，但是价格也越高，目前的路由器基本上都支持 TCP/IP 协议。

5．按性能分类

从性能上分，路由器可分为线速路由器以及非线速路由器。所谓"线速路由器"就是完全能够按传输介质带宽进行通畅传输，基本上没有间断和延时。通常线速路由器是高端路由器，具有非常高的端口带宽和数据转发能力，能以媒体速率转发数据包；中低端路由器是非线速路由器。但是一些新的宽带接入路由器也有线速转发能力。

6．从应用划分

从功能上划分，路由器可分为通用路由器与专用路由器。一般所说的路由器皆为通用路由器。专用路由器通常为实现某种特定功能对路由器接口、硬件等做特地优化。例如接入服务器用做接入拨号用户，增强 PSTN 接口以及信令能力；VPN 路由器用于为远程 VPN 访问用户提供路由，它需要在隧道处理能力以及硬件加密等方面具备特定的能力；宽带接入路由器则强调接口带宽及种类。

7.3　路由器的基本配置

本节主要讲述路由器的基本配置项目。

7.3.1　路由器的常见配置

路由器的常见配置项目包括配置主机名和相关密码，配置远程登录，相关端口等。

1．配置路由器的主机名和密码

路由器的主机名的合理配置用于清楚的标示网络中的对应路由器，设置相关的 Secret 密码可以增强路由器的安全性。另外如果要实现远程登录管理和配置路由器，则必须配置 Secret 密码。如下是一个配置实例：

```
Router>en
Router#configure terminal
Router(config)#hostname Wjprouter          //修改路由器的主机名;
```

```
Wjprouter(config)#enable secret wjpcisco
Wjprouter(config)#end
```

2. 配置远程登录

设置远程登录可以方便实现路由器的远程配置和管理。如下是一个配置实例：

```
Router>en
Router#configure terminal
Router(config-if)#line vty 0 4              //vty 0 4 的线路配置模式；
Router(config-line)#login                   //配置 vty 线路的登录验证；
Router(config-line)#password 123456         //配置 vty 线路的登录密码；
Router(config-line)#exec-timeout 15 0       //将 vty 线路的 exec-timeout 值设置为 15 分钟
Router#copy running-config startup-config
Router#wr
```

3. 配置端口通信方式

配置通信方式的命令为"duplex {auto|full|half}"，例如，配置 e1 端口的通信方式为双工，s0 端口的通信方式为半双工，e10 端口的通信方式为自适应，则相应的命令如下：

```
Router(config)#interface e0
Router(config-if)#duplex full
Router(config-if)# interface s0
Router(config-if)#duplex half
Router(config-if)# interface e10
Router(config-if)#duplex auto
```

4. 配置端口速度

配置端口速度的命令为"speed { 10 | 100 | auto }"，端口的速率可以设置为 10 Mbit/s，也可以设置为 100 Mbit/s，或者为自适应。速率应该和实际网络的要求相符。例如，配置 e0 端口的速度为 100 Mbit/s，则相应的命令如下：

```
Router(config)#interface e0
Router(config-if)#speed 100
```

5. 配置 MTU

MTU 值的是端口的最大传输单元，通过用这个值来实现网络中传输数据包的大小限制，配置命令为"mtu {mtu_size} "，mtu_size 的取值范围为 64～18 000。例如，设置 e0 端口的 MTU 为 1500，则相应的命令如下：

```
Router(config)#interface e0
Router(config-if)#mtu 1500
```

6. 配置封装协议

配置封装协议的命令为"encapsulation{frame-relay|hdlc|ppp}"，可以封装的协议类型包括 FR 帧中继，HDLC 和 PPP，例如，设置 E0 端口封装 PPP 拨号协议，则相应的命令如下：

```
Router(config)#interface e0
Router(config-if)#encapsulation PPP
```

7. 配置端口的时钟频率

配置端口的时钟频率的命令为"clock rate{speed}"。用 clock rate 命令可以配置网络接口模块（Network Interface Module，NIM）和接口处理器等设备的时钟速率，可以设置的时钟速率为 1 200，2 400，4 800，9 600，19 200，38 400，56 000，64 000，72 000，125 000，148 000，250 000，500 000，800 000，1 000 000，1 300 000，2 000 000，4 000 000 或 8 000 000，单位为 bit/s（位每秒）。例如，设置 E0 端口的时钟频率为 9 600，则相应的命令如下：

```
Router(config)#interface e0
Router(config-if)# clock rate 9600
```

7.3.2　端口的 IP 配置

端口配置是路由器最主要的配置项目，路由器的端口配置主要包括 Ethernet 端口、串口、FDDI 口等。不同的端口，配置的基本项目有所区别，对路由器而言，最关键的是实现路由协议的配置，端口 IP 地址的配置为路由的配置打下了基础。

路由器端口 IP 协议配置的基本原则如下：

（1）一般地，路由器的物理网络端口通常要有一个 IP 地址；

（2）相邻路由器的相邻端口 IP 地址必须在同一 IP 网络上；

（3）同一路由器的不同端口的 IP 地址必须在不同 IP 网段上；

（4）除了相邻路由器的相邻端口外，所有网络中路由器所连接的网段，即所有路由器的任何两个非相邻端口都必须不在同一网段上。

1. 以太网端口的 IP 配置

下面以一个实例讲述以太网端口的 IP 配置：

```
Router>enable                                    //进入特权模式
Router#ip routing                                //启用 ip 路由
Router#appletalk routing                         //启用 appletalk 路由
Router#ipx routing                               //启用 ipx 路由
Router#configure terminal                        //进入全局配置模式
Router(config)#interface e0/1                     //进入 Ethernet 0 的 1 号端口
Router(config-if)#ip address 192.168.3.1 255.255.255.0 //为端口指定 IP 地址和子网掩码
Router(config-if)# ip address 192.168.0.2   255.255.255.0   secondary   //指定第 2 个备用的 IP 地址和子
网掩码
Router(config-if)# no shutdown                    //激活端口
Router(config-if)# end                            //退出接口配置模式
```

2. 串口 IP 的配置

路由器的串口分为 DTE 和 DCE 两种类型。一般说来，通信双方一边为 DTE，另一边为 DCE，而 DCE 需要指定通信双方的工作时钟频率，DTE 就根据这个通告的工作频率来进行数据传输。

下面以一个实例讲述串口 IP 的基本配置。

（1）DTE 端口的设置

```
Router>enable                                    //进入特权模式
Router# config   terminal                        //进入全局配置模式
Router(config) # interface s0                     //进入 serial 0
Router(config-if) # ip address 172.16.0.1 255.255.0.0 //为接口设置 IP 地址和子网掩码
Router(config-if) # no shutdown                   //启用接口
Router(config-if) # end                           //退出接口配置模式
```

（2）DCE 串口配置命令序列

```
Router >enable
Router # config terminal
Router(config) # interface serial 0
Router(config-if) # ip address 172.16.0.1 255.255.0.0
Router(config-if) #clock rate 64000                              //设置时钟频率
Router(config-if) # no shutdown
Router(config-if) # end
```

3. 串口实现无编号 IP 接口配置

由于 IP 地址比较紧张，因此在广域网链路汇总地址的分配时一般采取无编号 IP（IP unnumbered）策略。IP unnumbered 通过在串口上从另一个接口上借用一个 IP（可以是 Ethernet 或 Loopback），因此不需要它自己的地址。使用 IP unnumbered 的接口必须是串口且是点到点连接。配置好 IP unnumbered 后，不能用 Ping 命令来测试接口是否是 UP 的，不能通过一个使用 IP unnumbered 的串口来从网络 IOS 映像中启动。使用 IP unnumbered 的接口不支持 IP 安全选项。

如图 7-2 所示，路由器 RouterA 的 serial0/0 和路由器 RouterB 的 serial0/0 接口实现如下的 IP unnumbered 配置。

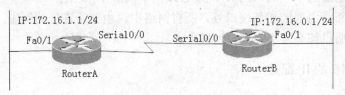

图 7-2　无编号 IP 配置

（1）RouterA 的配置

```
RouterA(config)# interface fastethernet0/0
RouterA(config-if)#ip address 172.16.1.1 255.255.0.0
RouterA(config-if)#interface serial0/0
RouterA(config-if)#ip unnumbered fastethernet0/0
```

（2）RouterB 的配置

```
RouterB(config)#interface fastethernet0/0
RouterB(config-if)#ip address 172.16.0.1 255.255.0.0
RouterB(config-if)#interface serial0/0
RouterB(config-if)#ip unnumbered fastethernet0/0
```

7.4　静态路由和浮动静态路由

本节主要讲述静态路由和浮动静态路由的基本配置。

7.4.1　静态路由的基本配置

静态路由是一种由网管手工配置的路由路径，网管必需了解路由器的拓扑连接，通过手工方式指定路由路径，而且在网络拓扑发生变动时，也需要网管手工修改路由路径。

静态路由的配置步骤如下：

（1）为路由器的每一个接口配置 IP 地址；

（2）确定本路由器有哪些直连网段的路由信息；

（3）确定网络中有哪些属于本路由器的非直连网段；

（4）添加本路由器的非直连网段的相关路由信息。

给出如图 7-3 所示的网络拓扑连接方式，通过 Router1、Router2、Router3 三个路由器可以连接对应的 5 个网段，即 210.43.32.0，192.168.0.0，172.0.0.0，10.0.0.0，202.114.47.0。

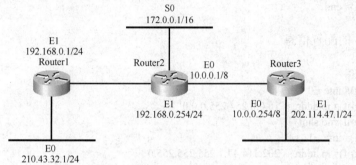

图 7-3　路由连接方式

三个路由器的端口 IP 配置如表 7-2 所示。

表 7-2 路由器端口和 IP 设置

路由器名称	端　口	IP 地　址	子 网 掩 码
Router1	E0	210.43.32.1	255.255.255.0
	E1	192.168.0.1	255.255.255.0
Router2	E0	10.0.0.1	255.0.0.0
	E1	192.168.0.254	255.255.255.0
	S0	172.0.0.1	255.255.0.0
Router3	E0	10.0.0.254	255.0.0.0
	E1	202.114.47.1	255.255.255.0

（1）Router1 的配置信息

```
Router1>enable
Router1#conf t
Router1(config)# inte E0
Router1(config-if)# ip address 210.43.32.1 255.255.255.0
Router1(config-if)#no shut
Router1(config)# inte E1
Router1(config-if)# ip address 192.168.0.1 255.255.255.0
Router1(config-if)#no shut
Router1(config-if)# ip route 210.43.32.0 255.255.0.0 192.168.0.1
Router1(config)# ip route 10.0.0.0 255.0.0.0 192.168.0.254
Router1(config)# ip route 202.114.47.0 255.255.255.0 192.168.0.254
Router1(config)# end
Router1#wr
```

（2）Router2 的配置信息

```
Router2>enable
Router2#conf t
Router2(config)# inte E0
Router2(config-if)# ip address 10.0.0.2 255.0.0.0
Router2(config-if)#no shut
```

```
Router2(config)# inte E1
Router2(config-if)# ip address 192.168.0.254 255.255.255.0
Router2(config-if)#no shut
Router2(config-if)# inte S0
Router2(config-if)# ip address 172.0.0.1 255.255.0.0
Router2(config-if)#no shut
Router2(config-if)# ip route 192.168.2.0 255.255.255.0 192.168.1.2
Router2(config)# ip route 202.114.47.0 255.255.255.0 10.0.0.254
Router2(config)# end
Router2#wr
```

（3）Router3 的配置信息

```
Router3>enable
Router3#conf t
Router3(config)# inte E0
Router3(config-if)# ip address 10.0.0.254 255.0.0.0
Router3(config-if)#no shut
Router3(config)# inte E1
Router3(config-if)# ip address 202.114.47.1 255.255.255.0
Router3(config-if)#no shut
Router3(config-if)# ip address 172.0.0.0 255.255.0.0 10.0.0.1
Router3(config-if)# ip address 192.168.0.0 255.255.255.0 10.0.0.1
Router3(config-if)# ip address 210.43.32.0 255.255.255.0 10.0.0.1
Router3(config)# end
Router3#wr
```

7.4.2　浮动静态路由的基本配置

浮动静态路由是 Cisco 的静态路由协议的扩展，它的主要是作备份链路用。实际上网络的路由选择中，通常选择管理距离 AD 值最小的那个，而静态路由的管理距离 AD 值为 1，一般的动态路由的 AD 值都比静态路由的 AD 值大。这样，当网络中存在静态路由项目的时候，路由器则优先选择静态路由。

浮动静态路由的意思就是改变静态路由的 AD 值，一般的在一个网络中为了实现链路备份，通常设置浮动静态路由，当设置的动态路由失效后，则自动启动浮动静态路由，以保证网络的连通性。

例如，在一个网络中，运行的是 EIGRP 路由协议，EIGRP 的默认 AD 为 90。如果配置了静态路由的话，那么路由器就会选择 AD 小的那个，用静态路由协议。浮动静态路由就是把自身的 AD 由 1 改到大于 90 或更高的值。使路由器开始就选择 EIGRP。当一个网络环境中的 EIGRP 出现问题的时候，那么，路由器就可以用是先配置好的浮动静态路由，以保证了网络的畅通。

图 7-4 所示的网络采用的是 RIP 路由协议实现连接，为了实现备份，则可以给路由器 R1 和 R2 设置浮动静态路由。相关的配置及其说明如下。

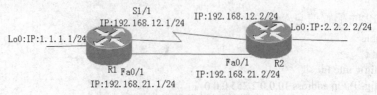

图 7-4　浮动静态路由拓扑

（1）R1 的配置

```
R1(config)#ip route 2.2.2.0 255.255.255.0 192.168.12.2 130          //浮动静态路由
R1(config)#router rip                                                //RIP 路由
R1(config-router)#version 2
R1(config-router)#no auto-summary
R1(config-router)#network 1.0.0.0
R1(config-router)#network 192.168.21.0
```

（2）R2 的配置

```
R2(config)#ip route 1.1.1.0 255.255.255.0 192.168.12.1 130          //浮动静态路由
R2(config)#router rip                                                // RIP 路由
R2(config-router)#version 2
R2(config-router)#no auto-summary
R2(config-router)#network 192.168.21.0
R2(config-router)#network 2.0.0.0
```

7.5　RIP

　　RIP（Routing Information Protocol），即路由信息协议，它是基于距离矢量算法的路由协议。RIP 协议的正式文档是 RFC1058、RFC1723。RIP 基于跳数计算路由，通过计算抵达目的地的最少跳数来选取最佳路径，并且定期向邻居路由器发送更新消息。

　　RIP 的跳数最多为 15 跳，当超过这个数字时，RIP 会认为目的地不可达。RIP 通过广播 UDP 报文来交换路由信息，每 30 秒发送一次路由信息更新。RIP 基于跳数计算路由，它简单、可靠，便于配置，但是单纯的以跳数作为选路的依据不能充分描述路径特征，可能导致所选的路径不是最优，另外，RIP 每隔 30s 进行一次路由信息广播，这也是其造成网络广播风暴的原因之一，因此 RIP 只适用于中小型的网络中。RIP 已经成为在网关、路由器和主机间实现路由信息交换的实际标准，几乎所有的 IP 路由器都支持 RIP。

　　RIP 的核心命令如下：

（1）指定使用 RIP

router rip

（2）指定参与 RIP 路由的子网

network [network]

（3）允许在非广播型网络中进行 RIP 路由广播

neighbor [network]

（4）指定 RIP 版本

version {1|2}

　　注意：RIP 有 2 个版本，在与其他厂商路由器相连时，注意版本要一致，缺省状态下，Cisco 路由器接收 RIP 版本 1 和 2 的路由信息，但只发送版本 1 的路由信息。另外，还可以控制特定端口发送或接收特定版本的路由信息。Cisco 的 RIP 版本 2 支持验证、密钥管理、路由汇总、无类域间路由（CIDR）和变长子网掩码（VLSM）。

　　给出如图 7-5 所示的网络拓扑连接方式，通过 Router1、Router2 两个路由器可以连接对应的 7 个网段，即 210.43.32.0，202.114.47.0，192.168.0.0，10.0.0.0，208.47.56.0，206.45.38.0，203.20.32.0。

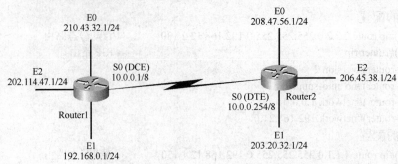

图 7-5　RIP 路由拓扑

两个路由器的端口 IP 配置如表 7-3 所示。

表 7-3　　　　　　　　　　　　　路由器端口和 IP 设置

路由器名称	端　　口	IP 地　　址	子网掩码
Router1	S0	10.0.0.1	255.0.0.0
	E0	210.43.32.1	255.255.255.0
	E1	192.168.0.1	255.255.255.0
	E2	202.114.47.1	255.255.255.0
Router2	S0	10.0.0.254	255.0.0.0
	E0	208.47.56.1	255.255.255.0
	E1	203.20.32.1	255.255.255.0
	E2	206.45.38.1	255.255.255.0

（1）Router1 的配置

```
Router1>enable
Router1#conf t
Router1(config)# inte S0
Router1(config-if)# ip address 10.0.0.1 255.0.0.0
Router(config-if) #clock rate 6400
Router1(config-if)#no shut
Router1(config)# inte E0
Router1(config-if)# ip address 210.43.32.1 255.255.255.0
Router1(config-if)#no shut
Router1(config)# inte E1
Router1(config-if)# ip address 192.168.0.1 255.255.255.0
Router1(config-if)#no shut
Router1(config)# inte E2
Router1(config-if)# ip address 202.114.47.1 255.255.255.0
Router1(config-if)#no shut
Router1(config-if)# Router rip
Router1(config-router)# version 2
Router1(config-router)# network 10.0.0.0
Router1(config-router)# network 210.43.32.0
Router1(config-router)# network 192.168.0.0
Router1(config-router)# network 202.114.47.0
Router1(config-router)#end
Router1# wr
```

（2）Router2 的配置信息

```
Router2>enable
Router2#conf t
Router2(config)# inte S0
```

```
Router2(config-if)# ip address 10.0.0.254 255.0.0.0
Router2(config-if)#no shut
Router2(config)# inte E0
Router2(config-if)# ip address 208.47.56.1 255.255.255.0
Router2(config-if)#no shut
Router2(config)# inte E1
Router2(config-if)# ip address 203.20.32.1 255.255.255.0
Router2(config-if)#no shut
Router2(config)# inte E2
Router2(config-if)# ip address 206.45.38.1 255.255.255.0
Router2(config-if)#no shut
Router2(config-if)# Router rip
Router2(config-router)# version 2
Router2(config-router)# network 10.0.0.0
Router2(config-router)# network 208.47.56.0
Router2(config-router)# network 203.20.32.0
Router2(config-router)# network 206.45.38.0
Router2(config-router)#end
Router2# wr
```

7.6　OSPF

OSPF（Open Shortest Path First）是一个内部网关协议（Interior Gateway Protocol，IGP），用于在单一自治系统（Autonomous System，AS）内决策路由。

7.6.1　OSPF 协议概述

OSPF 是 IETF 组织开发的一个基于链路状态的内部网关协议。每个路由器维护一个相同的链路状态数据库，保存整个 AS 的拓扑结构。一旦每个路由器有了完整的链路状态数据库，该路由器就可以自己为根，构造最短路径树，然后再根据最短路径构造路由表。对于大型的网络，为了进一步减少路由协议通信流量，利于管理和计算，OSPF 将整个 AS 划分为若干个区域，区域内的路由器维护一个相同的链路状态数据库，保存该区域的拓扑结构。OSPF 路由器相互间交换信息，但交换的信息不是路由，而是链路状态。

1.　OSPF 的路由计算过程

OSPF 协议的路由计算过程可简单描述如下。

每个支持 OSPF 协议的路由器都维护着一份描述整个自治系统拓扑结构的链路状态数据库（Link State Database，LSDB）。每台路由器根据自己周围的网络拓扑结构生成链路状态广播（Link State Advertisement，LSA），通过相互之间发送协议报文将 LSA 发送给网络中其他路由器。这样每台路由器都收到了其他路由器的 LSA，所有的 LSA 一起组成链路状态数据库。

由于 LSA 是对路由器周围网络拓扑结构的描述，那么 LSDB 则是对整个网络的拓扑结构的描述。路由器很容易将 LSDB 转换成一张带权的有向图，这张图便是对整个网络拓扑结构的真实反映。显然，各个路由器得到的是一张完全相同的图。

每台路由器都使用 SPF（Shortest Path First）算法计算出一棵以自己为根的最短路径树，

这棵树给出了到自治系统中各节点的路由，外部路由信息为叶子节点，外部路由可由广播它的路由器进行标记以记录关于自治系统的额外信息。显然，各个路由器各自得到的路由表是不同的。此外，为使每台路由器能将本地状态信息（如可用接口信息、可达邻居信息等）广播到整个自治系统中，在路由器之间要建立多个邻接关系，这使得任何一台路由器的路由变化都会导致多次传递，既没有必要，也浪费了宝贵的带宽资源。为解决这一问题，OSPF 协议定义了指定路由器（Designated Router，DR），所有路由器都只将信息发送给 DR，由 DR 将网络链路状态广播出去。这样就减少了多址访问网络上各路由器之间邻接关系的数量。

OSPF 协议支持基于接口的报文验证以保证路由计算的安全性；并使用 IP 多播方式发送和接收报文。

2. OSPF 相关的基本概念

（1）Router ID

一台路由器如果要运行 OSPF 协议，必须存在 Router ID。如果没有配置 ID 号，则按如下方式处理。

① 若系统当前配置了 Loopback 接口 IP 地址，则选择最后配置的 Loopback 接口的 IP 地址作为 Router ID。

② 若系统当前没有配置 Loopback 接口，则选取第一个配置并 UP 的物理接口的 IP 地址作为 Router ID。

③ 一般建议选择 Loopback 接口的 IP 地址作为本机 ID 号，因为该接口永远 UP（除非手工 shutdown）。

（2）区域

随着网络规模日益扩大，当一个网络中的 OSPF 路由器数量非常多时，会导致链路状态数据库 LSDB 变得非常庞大，占用大量存储空间，并消耗很多 CPU 资源来进行 SPF 计算。并且，网络规模增大后，拓扑结构发生变化的概率也会增大，导致大量的 OSPF 协议报文在网络中传递，降低网络的带宽利用率。OSPF 协议将自治系统划分成多个区域（Area）来解决这个问题。

区域在逻辑上将路由器划分为不同的组。不同的区域以区域号（Area ID）标识，其中一个最重要的区域是区域 0，也称为骨干区域（Backbone Area）。骨干区域完成非骨干区域之间的路由信息交换，它必须是连续的，对于物理上不连续的区域，需要配置虚连接（Virtual Links）来保持骨干区域在逻辑上的连续性。

连接骨干区域和非骨干区域的路由器称作区域边界路由器（Area Border Router，ABR）。OSPF 中还有一类自治系统边界路由器（Autonomous System Boundary Router，ASBR），实际上，这里的 AS 并不是严格意义的自治系统，连接 OSPF 路由域（Routing Domain）和其他路由协议域的路由器都是 ASBR，可以认为 ASBR 是引入 OSPF 外部路由信息的路由器。

（3）路由聚合

AS 被划分成不同的区域，每一个区域通过 OSPF 边界路由器 ABR 相连，区域间可以通过路由汇聚来减少路由信息，减小路由表的规模，提高路由器的运算速度。ABR 在计算出一个区域的区域内路由之后，查询路由表，将其中每一条 OSPF 路由封装成一条 LSA 发送到区域之外。

3. OSPF 路由器的类型

路由器根据在自治系统中的不同位置划分为以下四种类型。

（1）内部路由器

区域内路由器（Internal Area Router，IAR），是指该路由器的所有接口都属于同一个 OSPF 区域。这种路由器只生成一条 Router LSA，只保存一个 LSDB。内部路由器上仅仅运行其所属区域的 OSPF 运算法则。

（2）骨干路由器

骨干路由器（BackBone Router，BBR）至少有一个接口属于骨干区域。因此，所有的 ABR 和位于 Area0 的内部路由器都是骨干路由器。

（3）区域边界路由器

区域边界路由器（Area Border Router，ABR）可以同时属于两个以上的区域，但其中一个必须是骨干区域。ABR 用来连接骨干区域和非骨干区域，它与骨干区域之间既可以是物理连接，也可以是逻辑上的连接。

（4）自治系统边界路由器

自治系统边界路由器（AS Boundary Router，ASBR）是与 AS 外部的路由器互相交换路由信息的 OSPF 路由器。ASBR 并不一定位于 AS 的边界，它可能是区域内路由器，也可能是 ABR。只要一台 OSPF 路由器引入了外部路由的信息，它就成为 ASBR。

4．OSPF 的协议报文

OSPF 有五种报文类型。

（1）Hello 报文

Hello 报文是编号为 1 的 OSPF 数据包。运行 OSPF 协议的路由器每隔一定的时间发送一次 Hello 数据包，用以发现、保持邻居（Neighbors）关系并可以选举 DR/BDR。Hello 报文的内容包括一些定时器的数值、DR、BDR 以及自己已知的邻居。

（2）DD 报文

链路状态数据库描述报文（Database Description，DD）是编号为 2 的 OSPF 数据包。该数据包在链路状态数据库交换期间产生。它的主要作用有三个。

① 选举交换链路状态数据库（Link State DataBase，LSDB）过程中的主/从关系。

② 确定交换 LSDB 过程中的初始序列号。

③ 交换所有的链路状态广播（Link-State Advertisement，LSA）数据包头部。

两台路由器进行数据库同步时，用 DD 报文来描述自己的 LSDB，内容包括 LSDB 中每一条 LSA 的摘要（摘要是指 LSA 的头域，通过该头域可以唯一标识一条 LSA）。这样做是为了减少路由器之间传递信息的量，因为 LSA 的头域只占一条 LSA 的整个数据量的一小部分，根据头域，对端路由器就可以判断出是否已有这条 LSA。

（3）LSR 报文

链路状态请求报文（Link State Request，LSA）是编号为 3 的 OSPF 数据包。该报文用于请求在数据库描述报文（DD）交换过程发现的本路由器中没有的或已过时的 LSA 包细节。两台路由器互相交换 DD 报文之后，知道对端的路由器有哪些 LSA 是本地的链路状态数据库所缺少的，这时需要发送 LSR 报文向对方请求所需的 LSA。内容包括所需要的 LSA 的摘要。

（4）LSU 报文

链路状态更新报文（Link State Update，LSU）是编号为 4 的 OSPF 数据包。该数据包用于将多个 LSA 泛洪，也用于对接收到的链路状态更新进行应答。如果一个泛洪 LSA 没有被确认，它将每隔一段时间（缺省是 5 秒）重传一次。

（5）LSAck 报文

链路状态确认报文（Link State Acknowledgment，LSAck）是编号为 5 的 OSPF 数据包。该报文用于对接收到的 LSA 进行确认。该报文以组播的形式发送。如果发送确认的路由器的状态是 DR 或者 BDR，确认数据包将被发送到 OSPF 路由器组播地址：224.0.0.5。如果发送确认的路由器的状态不是 DR 或者 BDR，确认将被发送到 OSPF 路由器组播地址：224.0.0.6。

5．OSPF 网络分类

OSPF 根据链路层协议类型将网络分为下列 4 种类型。

（1）广播（Broadcast）类型

当链路层协议是 Ethernet、FDDI 时，OSPF 默认认为网络类型是 Broadcast。在该类型的网络中，通常以组播形式（224.0.0.5 和 224.0.0.6）发送协议报文。广播网络（Broadcast）需要选举 DR/BDR。OSPF 路由器之间的 Hello 数据包每 10 秒钟发送一次，邻居的死亡间隔时间为 40s。

（2）NBMA（Non-Broadcast Multi-Access，非广播多点可达网络）类型

非广播多路访问（Non-Broadcast Multi-Access，NBMA）网络是指非广播、多点可达的网络，NBMA 网络无法通过广播 Hello 报文的形式发现相邻路由器，必须手工为该接口指定相邻路由器的 IP 地址，以及该相邻路由器是否有 DR 选举权等。之后，其运行模式将同广播网络一样。OSPF 路由器之间的 Hello 数据包每 30 秒钟发送一次，邻居的死亡间隔时间为 120s。

NBMA 网络必须是全连通的，即网络中任意两台路由器之间都必须有一条虚电路直接可达。如果部分路由器之间没有直接可达的链路时，应将接口配置成 P2MP 方式。如果路由器在 NBMA 网络中只有一个对端，也可将接口类型改为 P2P 方式。

（3）P2MP 类型

点到多点（P2MP）类型的介质包括运行帧中继、X.25、ATM 等协议的网络。没有一种链路层协议会被默认的认为是 P2MP 类型。点到多点必须是由其他的网络类型强制更改的。常用做法是将 NBMA 改为点到多点的网络。在该类型的网络中，以组播形式（224.0.0.5）发送协议报文。在点到多点介质中，不选举 DR/BDR。OSPF 路由器之间的 hello 数据包每 30 秒钟发送一次，邻居的死亡间隔时间为 120s。

（4）P2P（Point-to-Point，点到点）类型

当链路层协议是 PPP、HDLC 时，OSPF 默认的网络类型是 P2P。在该类型的网络中，以组播形式（224.0.0.5）发送协议报文。在点到点类型的介质中，OSPF 数据包以多播地址发送，不选举 DR、BDR，OSPF 路由器之间的 Hello 数据包每 10 秒钟发送一次，邻居的死亡间隔时间为 40s。

6．OSPF 相关配置命令

（1）配置环回接口

配置环回接口，设置 OSPF 路由器 ID，命令如下：

```
interface loopback 0
ip address ip-address subnet mask
```

所有的 OSPF 路由器标识自身及其链路状态的声明。如果配置了一个环回地址，那么路

由器就使用最大的环回地址；否则它们使用活动接口的最大 IP 地址。通过设置环回地址，可以控制路由器 ID。该操作在启动 OSPF 进程之前完成。

（2）启用 OSPF 动态路由协议

启用 OSPF 动态路由协议，命令为：

router ospf {process-id}

process-id（进程号）可以随意设置，只标识 OSPF 为本路由器内的一个进程。

（3）定义参与 OSPF 的子网

定义参与 OSPF 的子网，命令为：

network {network-number} {wildcard-mask} area {area-id}

"network"命令在通配掩码所指定的网络范围内的接口上启动 OSPF 进程。

"area-id"将给指定的网络分配 OSPF 区域（area）。area-id 可以定义成一个十进制区域（0 到 4 294 967 295）或者用 IP 地址表示。区域 0 为主干 OSPF 区域，路由器将限制只能在相同区域内交换子网信息，不同区域间不交换路由信息。不同区域交换路由信息必须经过区域 0。

注意：一般地，某一区域要接入 OSPF 0 路由区域，该区域必须至少有一台路由器为区域边缘路由器，即它既参与本区域路由又参与区域 0 路由。

（4）OSPF 区域间的路由信息总结，命令为：

area {area-id} range {Wild-mask}

如果区域中的子网是连续的，则区域边缘路由器向外传播给路由信息时，采用路由总结功能后，路由器就会将所有这些连续的子网总结为一条路由传播给其他区域，则在其他区域内的路由器看到这个区域的路由就只有一条。这样可以节省路由时所需网络带宽。

（5）指明网络类型

指明网络类型的命令为：

ip ospf network {broadcast | non-broadcast | point-to–mutlipoint}

注意：DDN，帧中继和 X.25 属于非广播型的网络，选择 non-broadcast。

（6）指定相邻路由器

对于非广播型的网络连接，需指明相邻路由器，其命令为：

neighbor {ip-address}

"ip-address"指的是相邻路由器的相邻端口的 IP 地址。

（7）安全设置

OSP 具备身份验证功能，通过两种方法可启用身份验证功能，纯文本身份验证和消息摘要（MD5）身份验证。纯文本身份验证传送的身份验证口令为纯文本，安全性差。消息摘要(MD5)身份验证在传输身份验证口令前，要对口令进行加密，安全性高。

注意：默认情况下 OSPF 不使用区域验证。使用身份验证时，区域内所有的路由器接口必须使用相同的身份验证方法。

① 指定身份验证：

area {area-id} authentication [message-digest]

值得注意的是，message-digest 表示采用 MD5 方式。

② 设置纯文本验证口令 .

ip ospf authentication-key {password}

③ 设置 MD5 验证口令

ip ospf message-digest-key {key-number} MD5 {password}

注意：同一区域的相邻路由器的相邻端口的口令标号（key-number）及口令字符串

（password）必须相同，同一路由器的不同端口的 MD5 口令可以不同。

（8）相关查看命令

show ip protocols	//查看已配置并运行的路由协议。
show ip route	//查看路由表。
show ip ospf	//查看 OSPF 的配置。
show ip ospf database	//查看 OSPF 链路状态数据库。
show ip ospf interface 接口	//查看 OSPF 接口数据结构。
show ip ospf neighbor	//查看路由器的所有邻居。
debug ip ospf adj	//查看 OSPF 路由器之间建立邻居关系的过程。
debug ip ospf events	//查看 OSPF 事件。
debug ip ospf packet	//查看 lsa 包的内容。

7.6.2　OSPF 的基本配置

本节讲述 OSPF 路由协议的基本配置。

给出如图 7-6 所示的网络拓扑连接方式，通过 Router1、Router2、Router3、Router4 四个路由器可以连接对应的三个网段，即 210.43.32.0，10.0.0.0，172.16.0.0。

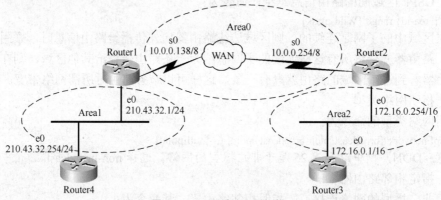

图 7-6　OSPF 路由配置拓扑

四个路由器的端口 IP 配置如表 7-4 所示。

表 7-4　　　　　　　　　　　　路由器端口和 IP 设置

路由器名称	端　口	IP 地　址	子 网 掩 码
Router1	S0	10.0.0.138	255.0.0.0
	E0	210.43.32.1	255.255.255.0
Router2	S0	10.0.0.254	255.0.0.0
	E0	172.16.0.254	255.255.0.0
Router3	E0	172.16.0.1	255.255.0.0
Router4	E0	210.43.32.254	255.255.255.0

1. OSPF 相关的基本配置

（1）Router1 的配置

```
Router1>enable
Router1#conf t
Router1(config)#inte S0
```

```
Router1(config-if)#ip address 10.0.0.138 255.0.0.0
Router1(config-if)#clockrate 12800
Router1(config-if)#no shut
Router1(config)#inte E0
Router1(config-if)#ip address 210.43.32.1 255.255.255.0
Router1(config-if)#no shut
Router1(config-if)#Router ospf 100
Router1(config-router)network 10.0.0.0 0.0.0.255 area 0
Router1(config-router)network 210.43.32.0 0.0.0.255 area 1
Router1(config-router)#end
Router1# wr
```

（2）Router2 的配置信息

```
Router2>enable
Router2#conf t
Router2(config)#inte S0
Router2(config-if)#ip address 10.0.0.254 255.0.0.0
Router2(config-if)#no shut
Router2(config)# inte E0
Router2(config-if)#ip address 172.16.0.254 255.255.0.0
Router2(config-if)#no shut
Router2(config-if)#Router ospf 200
Router2(config-router)network 10.0.0.0 0.0.0.255 area 0
Router2(config-router)network 172.16.0.0 0.0.255.255 area 2
Router2(config-router)#end
Router2# wr
```

（3）Router3 的配置信息

```
Router3>enable
Router3#conf t
Router3(config)#inte e0
Router3(config-if)#ip address 172.16.0.1 255.255.0.0
Router3(config-if)#no shut
Router3(config-if)#Router ospf 300
Router3(config-router)network 172.16.0.0 0.0.255.255 area 2
Router3(config-router)#end
Router3# wr
```

（4）Router4 的配置信息

```
Router4>enable
Router4#conf t
Router4(config)#inte E0
Router4(config-if)#ip address 210.43.32.254 255.255.255.0
Router4(config-if)#no shut
Router4(config-if)#Router ospf 400
Router4(config-router)network 210.43.32.0 0.0.0.255 area 1
Router4(config-router)#end
Router4#wr
```

2．OSPF 身份验证的配置

下面列出纯文本身份验证和消息摘要(MD5）身份验证两种基本的配置方式。配置如图 7-6 中区域 0 使用 OSPF 的身份验证。

（1）使用纯文本身份验证

① Router1 的配置

Router1>enable

Router1#conf t

Router1(config)#inte S0

Router1(config-if)#ip address 10.0.0.138 255.0.0.0

Router1(config-if)#clockrate 12800

Router1(config-if)#no shut

Router1(config-if)#ip ospf authentication-key cisco

Router1(config-if)#Router ospf 100

Router1(config-router)network 10.0.0.0 0.0.0.255 area 0

Router1(config-router)#area 0 authentication

Router1(config-router)#end

Router1# wr

② Router2 的配置信息

Router2>enable

Router2#conf t

Router2(config)#inte S0

Router2(config-if)#ip address 10.0.0.254 255.0.0.0

Router2(config-if)#no shut

Router2(config-if)#ip ospf authentication-key cisco

Router2(config-if)#Router ospf 200

Router2(config-router)network 10.0.0.0 0.0.0.255 area 0

Router2(config-router)#area 0 authentication

Router2(config-router)#end

Router2# wr

（2）消息摘要（MD5）身份验证

① Router1 的配置

Router1>enable

Router1#conf t

Router1(config)#inte S0

Router1(config-if)#ip address 10.0.0.138 255.0.0.0

Router1(config-if)#clock rate12800

Router1(config-if)#no shut

Router1(config-if)# ip ospf message-digest-key 1 md5 cisco

Router1(config-if)#Router ospf 100

Router1(config-router)network 10.0.0.0 0.0.0.255 area 0

Router1(config-router)# area 0 authentication message-digest

Router1(config-router)#end

Router1# wr

② Router2 的配置信息

Router2>enable

Router2#conf t

Router2(config)#inte S0

Router2(config-if)#ip address 10.0.0.254 255.0.0.0

Router2(config-if)#no shut

Router2(config-if)# ip ospf message-digest-key 1 md5 cisco

Router2(config-if)#Router ospf 200

Router2(config-router)network 10.0.0.0 0.0.0.255 area 0

Router2(config-router)# area 0 authentication message-digest
Router2(config-router)#end
Router2# wr

7.7　IGRP

IGRP（Interior Gateway Routing Protocol）是 Cisco 开发的一种动态距离向量路由协议。

7.7.1　IGRP 概述

IGRP 的默认最大跳数为 100，IGRP 使用一组 Metric 的组合，网络延迟、带宽、可靠性和负载进行路由选择。IGRP 通过 IP 层进行 IGRP 信息交换，协议号为 9。IGRP 通过周期性（90S）组播整个路由表来与邻居路由器交换路由信息。每个路由器都使用相邻路由器组播来的信息来决定到达目的网络的最佳路由。缺省情况下，IGRP 每 90 秒发送一次路由更新广播，在 3 个更新周期内（即 270s），没有从路由中的第一个路由器接收到更新，则宣布路由不可访问。在 7 个更新周期即 630s 后，Cisco IOS 软件从路由表中清除路由。

1. IGRP 基本配置命令

（1）启动 IGRP 路由协议
router igrp {as-id}
（2）本路由器参加动态路由的子网
network [network]
注意：IGRP 只是将由 network 指定的子网在各端口中进行传送以交换路由信息，如果不指定子网，则路由器不会将该子网广播给其他路由器。
（3）指定某路由器所知的 IGRP 路由信息广播给那些与其相邻接的路由器
neighbor [ip address]
注意：IGRP 是一个广播型协议，为了使 IGRP 路由信息能在非广播型网络中传输，必须使用该设置，以允许路由器间在非广播型网络中交换路由信息，广播型网络无须设置此项。

2. 负载平衡设置命令

IGRP 可以在两个进行 IP 通信的设备间同时启用四条线路，且任何一条路径断掉都不会影响其他路径的传输。当两条路径或多条路径的 Metric 相同或在一定的范围内，就可以启动平衡功能。
（1）设置是否使用负载平衡功能
traffic-share {balanced|min}
balanced 表示启用负载平衡，min 表示不启用负载平衡，只选择最优路径。
（2）设置路径间的 Metric 相差多大时，可以在路径间启用负载平衡
variance metric {差值}
缺省值为 1，表示只有两条路径 Metric 相同时才能在两条路径上启用负载平衡。

3. 核实配置命令

（1）查看当前路由表

show ip route

（2）查看路由更新摘要信息

debug ip igrp events

（3）查看实际的 IGRP 路由更新信息

debug ip igrp transactions

7.7.2　IGRP 基本配置

本节讲述 IGRP 路由协议的基本配置。

给出如图 7-7 所示的网络拓扑连接方式，通过 Router1、Router2、Router3 三个路由器可以连接对应的四个网段，即 210.43.32.0，10.0.0.0，172.16.0.0。

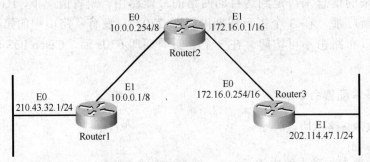

图 7-7　IGRP 路由配置拓扑

三个路由器的端口 IP 配置如表 7-5 所示。

表 7-5　　　　　　　　　　　　　　　路由器端口和 IP 设置

路由器名称	端　　口	IP 地　址	子 网 掩 码
Router1	E0	210.43.32.1	255.255.255.0
	E1	10.0.0.1	255.0.0.0
Router2	E0	10.0.0.254	255.0.0.0
	E1	172.16.0.1	255.255.0.0
Router3	E0	172.16.0.254	255.255.0.0
	E1	202.114.47.1	255.255.255.0

（1）Router1 的配置

Router1>enable

Router1#conf t

Router1(config)#inte E0

Router1(config-if)#ip address 210.43.32.1 255.255.255.0

Router1(config-if)#no shut

Router1(config)#inte E1

Router1(config-if)#ip address 10.0.0.1 255.0.0.0

Router1(config-if)#no shut

Router1(config-if)#router igrp 100

Router1(config-router)network 10.0.0.0
Router1(config-router)network 210.43.32.0
Router1(config-router)#end
Router1# wr

（2）Router2 的配置

Router2>enable
Router2#conf t
Router2(config)#inte E0
Router2(config-if)#ip address 10.0.0.254 255.0.0.0
Router2(config-if)#no shut
Router2(config)#inte E1
Router2(config-if)#ip address 172.16.0.1 255.255.0.0
Router2(config-if)#no shut
Router2(config-if)#router igrp 100
Router2(config-router)network 10.0.0.0
Router2(config-router)network 172.16.0.0
Router2(config-router)#end
Router2# wr

（3）Router3 的配置

Router3>enable
Router3#conf t
Router3(config)#inte E0
Router3(config-if)#ip address 172.16.0.254 255.255.0.0
Router3(config-if)#no shut
Router3(config)#inte E1
Router3(config-if)#ip address 202.114.47.1 255.255.255.0
Router3(config-if)#no shut
Router3(config-if)#router igrp 100
Router3(config-router)network 172.16.0.0
Router3(config-router)network 210.43.32.0
Router3(config-router)#end
Router3# wr

7.8　EIGRP

EIGRP（Enhanced Interior Gateway Routing Protocol），即加强型内部网关路由协议。它是 Cisco 开发的距离矢量路由协议，它综合了距离矢量和链路状态两种路由算法，支持 IP、IPX 等多种网络层协议。

7.8.1　EIGRP 概述

EIGRP 采用了扩散更新算法（Diffusing Update Algorithm，DUAL），DUAL 算法收敛速度快，且可保证网络 100% 无环路。EIGRP 采用触发更新，支持 VLSM 和不连续的子网，可实现非等开销路径的负载平衡。EIGRP 和 IGRP 可在同一自治系统内交换路由信息。EIGRP 适用于中大型网络使用。

1．EIGRP 的工作原理

初始运行 EIGRP 的路由器都要经历发现邻居、了解网络、选择路由的过程，在这个过程中同时建立三张独立的表：列有相邻路由器的邻居表、描述网络结构的拓扑表、路由表，并在运行中网络发生变化时更新这三张表。

（1）建立相邻关系

运行 EIGRP 的路由器自开始运行起，就不断地用组播地址从参与 EIGRP 的各个接口向外发送 Hello 包。当路由器收到某个邻居路由器的第一个 Hello 包时，以单点传送方式回送一个更新包，在得到对方路由器对更新包的确认后，这时双方建立起邻居关系。

（2）发现网络拓扑，选择最短路由

路由器动态地发现了一个新邻居时，也获得了来自这个新邻居所通告的路由信息。路由器将获得的路由更新信息首先与拓扑表中所记录的信息进行比较，符合可行条件的路由被放入拓扑表，再将拓扑表中通过后继路由器的路由加入路由表，通过可行后继路由器的路由如果在所配置的非等成本路由负载均衡的范围内，则也加入路由表，否则，保存在拓扑表中作为备择路由。如果路由器通过不同的路由协议学到了到同一目的地的多条路由，则比较路由的管理距离，管理距离最小的路由为最优路由。

（3）路由查询、更新

当路由信息没有变化时，EIGRP 邻居间只是通过发送 Hello 包，来维持邻居关系，以减少对网络带宽的占用。在发现一个邻居丢失、一条链路不可用时，EIGRP 立即会从拓扑表中寻找可行后继路由器，启用路由。如果拓扑表中没有后继路由器，由于 EIGRP 依靠它的邻居来提供路由信息，在将该路由置为活跃状态后，向所有邻居发送查询数据包。

如果某个邻居有一条到达目的地的路由，那么它将对这个查询进行答复，并且不再扩散这个查询，否则，它将进一步地向它自己的每个邻居查询，只有所有查询都得到答复后，EIGRP 才重新计算路由，选择新的后继路由器。

2．EIGRP 的数据包类型

（1）Hello

以组播的方式发送，用于发现邻居路由器，并维持邻居关系。Hello 包在邻居间进行交换。只要收到 Hello 包，路由器就会认为邻居还在工作。

（2）更新

更新（Update）包被用来在邻居路由器间发送路由信息。当一条路径的度量改变了或者一个路由器第一次产生，将会发送更新报文。当路由器收到某个邻居路由器的第一个 Hello 包时，以单点传送方式回送一个包含它所知道的路由信息的更新包。当路由信息发生变化时，以组播的方式发送一个只包含变化信息的更新包。

（3）查询

当一个路由器失去了到达目的端的路径，并且没有可行性后继可利用时，路由器进入主动状态，当处于一个主动状态时，路由器一个特定目的端的所有邻居发送查询（Query）包。路由器将会等待一个来自所有邻居的响应，再计算一个新的后继。

（4）答复

答复（Reply）包在响应查询时发送。答复包括了如何到达一个目的端的信息。如被查询的邻居没有所需信息，这个邻居将会向它的所有邻居发送查询。答复以单点的方式回传给查询方，对查询数据包进行应答。

（5）确认

确认（ACK）包以单点的方式传送，用来确认更新、查询、答复数据包，以确保更新、查询、答复传输的可靠性。应答包的发送是为了对收到更新包进行应答。

3．EIGRP 基本的配置命令

（1）启动 EIGRP 路由进程

router eigrp {autonomous-system}

注意：自治系统（Autonomous-System，AS）是一个把有相同路由选择域的 EIGRP 路由器关联起来的一个号码。以相同 AS 号运行 EIGRP 的路由器能交换路由。

（2）把网络和 EIGRP AS 关联起来

network {network-number}

注意：如果正在从 IGRP 过渡，那么需在过渡路由器上既要运行 IGRP 也要运行 EIGRP。在 IGRP 和 EIGRP 中的 AS 或者进程号必须相同，从而自动地重新分发路由。一旦重新分发完成，就能关闭 IGRP。

（3）监视 EIGRP

①从邻居表中删除相邻路由。

clear ip eigrp neighbors {ip-address | interface}

②显示 EIGRP 端口的信息。

show ip eigrp interface {interface} {AS-number}

③显示 EIGRP 发现的邻居。

show ip eigrp neighbors {type-number}

④显示 EIGRP 拓扑表。

show ip eigrp topology {autonomous-system-number} | {{ip-address} {mask}}

⑤显示数据包发送和接收的数量。

show ip eigrp traffic [autonomous-system-number]

7.8.2 EIGRP 的基本配置

本节讲述 EIGRP 路由协议的基本配置。

给出如图 7-8 所示的网络拓扑连接方式，通过 Router1、Router2、Router3、Router4 四个路由器可以连接对应的 5 个网段，即 172.16.0.0，10.0.0.0，210.43.32.0，202.114.47.0，192.168.0.0。

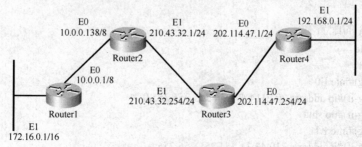

图 7-8 EIGRP 路由配置拓扑

三个路由器的端口 IP 配置如表 7-6 所示。

表 7-6 路由器端口和 IP 设置

路由器名称	端　口	IP 地　址	子　网　掩　码
Router1	E0	10.0.0.1	255.0.0.0
	E1	172.16.0.1	255.255.0.0
Router2	E0	10.0.0.138	255.0.0.0
	E1	210.43.32.1	255.255.255.0
Router3	E0	202.114.47.254	255.255.255.0
	E1	210.43.32.254	255.255.255.0
Router4	E0	202.114.47.1	255.255.255.0
	E1	192.168.0.1	255.255.255.0

（1）Router1 的配置

Router1>enable
Router1#conf t
Router1(config)#inte E0
Router1(config-if)#ip address 10.0.0.1 255.0.0.0
Router1(config-if)#no shut
Router1(config)#inte E1
Router1(config-if)#ip address 172.16.0.1 255.255.0.0
Router1(config-if)#no shut
Router1(config-if)#Router eigrp 100
Router1(config-router)network 10.0.0.0
Router1(config-router)network 172.16.0.0
Router1(config-router)no auto-summary
Router1(config-router)#end
Router1# wr

（2）Router2 的配置

Router2>enable
Router2#conf t
Router2(config)#inte E0
Router2(config-if)#ip address 10.0.0.138 255.0.0.0
Router2(config-if)#no shut
Router2(config)#inte E1
Router2(config-if)#ip address 210.43.32.1 255.255.255.0
Router2(config-if)#no shut
Router2(config-if)#Router eigrp 100
Router2(config-router)network 10.0.0.0
Router2(config-router)network 210.43.32.0
Router2(config-router)no auto-summary
Router2(config-router)#end
Router2# wr

（3）Router3 的配置

Router3>enable
Router3#conf t
Router3(config)#inte E0
Router3(config-if)#ip address 202.114.47.254 255.255.255.0
Router3(config-if)#no shut
Router3(config)#inte E1
Router3(config-if)#ip address 210.43.32.254 255.255.255.0
Router3(config-if)#no shut
Router3(config-if)#Router eigrp 100

```
Router3(config-router)network 202.114.47.0
Router3(config-router)network 210.43.32.0
Router3(config-router)no auto-summary
Router3(config-router)#end
Router3# wr
```

（4）Router4 的配置

```
Router4>enable
Router4#conf t
Router4(config)#inte E0
Router4(config-if)#ip address 202.114.47.1 255.255.255.0
Router4(config-if)#no shut
Router4(config)#inte E1
Router4(config-if)#ip address 192.168.0.1 255.255.255.0
Router4(config-if)#no shut
Router4(config-if)#Router eigrp 100
Router4(config-router)network 10.0.0.0
Router4(config-router)network 210.43.32.0
Router4(config-router)no auto-summary
Router4(config-router)#end
Router4# wr
```

7.9　BGP

BGP（Border Gateway Protocol，边界网关协议）是一个增强的距离矢量路由协议，BGP 用于多个自治域之间，它的主要功能是与其他自治域的 BGP 交换网络可达信息，各个自治域可以运行不同的内部网关协议。

7.9.1　BGP 概述

BGP 使用 TCP 作为其传输层协议，使用 TCP 的 179 号端口。BGP 仅在首次连接时交换整个路由表，它具有丰富的路由过滤和路由策略，允许使用基于策略来选择路由。BGP 不接收包含其自身自治系统号的路由更新，不会形成路由环路。BGP 经历了 4 个版本，目前使用的是第 4 版，简称 BGP-4，其主要文档是 RFC1771，相关的文档还有 RFC1772-1774，1863，1930，1965，2439 等。

1．BGP 的 3 个功能过程

（1）邻居获取：两个不同自治系统的网关，定期交换路由信息时的协商过程。

（2）邻居可达性：确定邻居关系后，双方周期性的交换 Keep alive 报文。

（3）网络可达性：发布更新路由信息的广播，使所有 BGP 网关可以建立和维护路由信息。

2．BGP 工作过程

在 BGP 刚开始运行时，BGP 边界路由器与相邻的边界路由器交换整个的 BGP 路由表，在以后只需要在发生变化时更新有变化的部分。当两个边界路由器属于两个不同的自治系统，边界路由器之间定期地交换路由信息，维持的相邻关系。当某个路由器或链路出现故障时，BGP 发言人可以从不止一个相邻边界路由器获得路由信息。

3．BGP 报文类型

BGP 路由选择协议在执行过程中使用了打开（Open）、更新（Update）、保活（Keepalive）与通知（Notification）等 4 种报文。

（1）Open 报文

它用于建立与另一个网关的邻居关系。

（2）Update 报文

它用于传输关于一个路由的信息以及理出取消了的多条路由。

（3）Keepalive 报文

它用于确认 Open 消息以及定期确认邻居关系。

（4）Notification 报文

当检测到错误时，发送通知消息。

4．BGP 常用命令

BGP 的基本配置命令及其说明如下。

Router(config)#router bgp {AS-number}　//启用 BGP 进程。
Router(config-router)#neighbor {ip-address} remote–as {AS number}　//指定 BGP 邻居。
Router(config-router)#network {network-number } {mask mask}　//定义要宣告的网络。
Router(config-router)#neighbor {ip-address} ebgp-multihop [ttl]　//使用回环接口建立 BGP 邻居关系，定义跳数 TTL，默认为 255。
Router(config-router)#neighbor {ip-address} update-source loopback {number}　//使用回环接口建立 TCP 会话。
Router(config-router)#neighbor {ip-address} next-hop-self　//更改 BGP 的下一跳。
Router(config-router)#no synchronization　//关闭 BGP 同步命令。
Router(config-router)#no auto-summary　//关闭 BGP 路由汇总。
Router(config-router)#aggregate-address {ip-address} {mask} {summary-only} {route-map map-name}
//BGP 手动汇总，当使用 summary-only 后，本地 BGP 细致路由全部被抑制，并且在 BGP 表中以 S 进行标记。
Router(config-router)#bgp default local-prefercence {local-prefercence}　//配置 BGP 的本地优先级属性，默认值为 100，值越高越优先。
Router(config-router)#neighbor {ip-address} weight {weight}　//配置 BGP 的管理权重。
Router(config-router)#default- metric {metric}　//指定多出口标识 MED（Multi-Exit Discriminator）属性。
Router(config-router)#bgp always-compare-med　//启用比较来自不同的 AS 的 BGP 路由更新的 MED 属性，默认 BGP 只比较来自相同外部 AS 的 BGP 路由更新的 MED 属性。
Router(config-router)#neighbor {group-name} peer-group　//定义对等体组名。
Router(config-router)#neighbor {ip-address} peer-group {group-name}　//把角色分进对等体组里面。
Router#show ip bgp summary　//验证 BGP 对等体信息。

7.9.2　BGP 的配置

给出如图 7-9 所示的网络拓扑连接方式，通过 R1、R2、R3、R4 四个路由器，可以连接对应的 7 个网段，即 210.43.32.0，10.0.0.0，172.16.0.0，202.114.47.0，120.1.1.0，208.9.9.0，130.0.0.0。

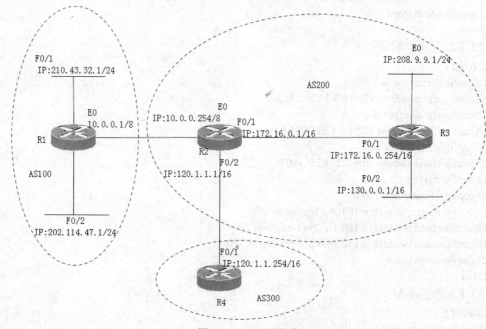

图 7-9　BGP 配置拓扑

四个路由器的端口 IP 配置如表 7-7 所示。

表 7-7　　　　　　　　　　　　　　**路由器端口和 IP 设置**

路由器名称	端　　口	IP 地　址	子 网 掩 码
R1	F0/1	210.43.32.1	255.255.255.0
	F0/2	202.114.47.1	255.255.255.0
	E0	10.0.0.1	255.0.0.0
R2	F0/1	172.16.0.1	255.255.0.0
	F0/2	120.1.1.1	255.255.0.0
	E0	10.0.0.254	255.0.0.0
R3	F0/1	172.16.0.254	255.255.0.0
	F0/2	130.0.0.1	255.255.0.0
	E0	208.9.9.1	255.255.255.0
R4	F0/1	120.1.1.254	255.255.0.0

（1）R1 的基本配置

R1#conf t
R1(config)#interface f0/1
R1(config-if)#ip address 210.43.32.1 255.255.255.0
R1(config-if)#interface f0/2
R1(config-if)#ip address 202.114.47.1 255.255.255.0
R1(config-if)#interface e0
R1(config-if)#ip address 10.0.0.1 255.0.0.0
R1(config-if)#exit
R1(config)#Router bgp 100
R1(config-router)#neighbor 10.0.0.254 remote-as 200
R1(config-router)#network 210.43.32.0
R1(config-router)#network 202.114.47.0

R1(config-router)#end

R1#wr

（2）R2 的基本配置

R2#conf t

R2(config)#interface f0/1

R2(config-if)#ip address 172.16.0.1 255.255.0.0

R2(config-if)#interface f0/2s

R2(config-if)#ip address 120.1.1.1 255.255.0.0

R2(config-if)#interface e0

R2(config-if)#ip address 10.0.0.254 255.0.0.0

R2(config-if)#exit

R2(config)#Router bgp 200

R2(config-router)#neighbor 10.0.0.1 remote-as 100

R2(config-router)#neighbor 120.1.1.254 remote-as 200

R2(config-router)#neighbor 172.16.0.254 remote-as 300

R2(config-router)#end

R2#wr

（3）R3 的基本配置

R3#conf t

R3(config)#interface f0/1

R3(config-if)#ip address 172.16.0.254 255.255.0.0

R3(config-if)#interface f0/2

R3(config-if)#ip address 130.0.0.1 255.255.0.0

R3(config-if)#interface e0

R3(config-if)#ip address 208.9.9.1 255.255.255.0

R3(config-if)#exit

R3(config-router)#router bgp 300

R3(config-router)#neighbor 172.16.0.1 remote-as 200

R3(config-router)#network 208.9.9.0

R3(config-router)#network 130.0.0.0

R3(config-router)#end

R3#wr

（4）R4 的基本配置

R4#conf t

R4(config)#interface f0/1

R4(config-if)#ip address 120.1.1.254 255.255.0.0

R4(config-if)#exit

R4(config)#Router bgp 400

R4(config-router)#neighbor 120.1.1.1 remote-as 200

R4(config-router)#end

R4#wr

小　结

　　本章主要讲述了路由器的基本配置，主要的内容包括路由协议的基本概念，路由器的基本结构及其分类，路由器的常见配置，端口 IP 的配置，静态路由和浮动静态路由器的配置，RIP、OSPF、IGRP、EIGRP、BGP 等动态路由协议的配置过程。

习　题

1．下列属于被路由协议的是_____。

　　A．RIP　　　　　　B．OSPF　　　　　　C．IP　　　　　　D．BGP

2．下列关于路由的描述不正确的是_____。

　　A．缺省路由是指当路由表中与包的目的地址之间无匹配的表项时路由器能够作出的选择

　　B．静态路由指的是由管理员手工添加的固定路由表项。除非网络管理员干预，否则静态路由不会发生变化

　　C．动态路由是指路由器能够自动地建立自己的路由表，并且能够根据实际情况的变化适当地进行调整

　　D．如果一个网络中即存在静态路由，又存在动态路由，则路由器优先考虑采用动态路由

3．下列属于静态路由算法的是_____。

　　A．扩散法　　　B．距离矢量路由　　C．链路状态路由　　D．最短路径路由

4．_____是实现企业级网络互联的关键设备，它位于网络中心，通常要求快速的包交换能力和高速的网络接口。

　　A．骨干级路由器　　　　　　　　B．企业级路由器

　　C．接入级路由　　　　　　　　　D．用户级路由器

5．RIP 协议的默认最大跳数和路由信息更新时间分别为_____。

　　A．12，30 秒　　B．18，15 秒　　C．15，20 秒　　D．20，20 秒

6．在 OSPF 路由协议中，可以将路由器划分为四类，其中_____是与 AS 外部的路由器互相交换路由信息的 OSPF 路由器。

　　A．自治系统边界路由器　　　　　B．区域边界路由器

　　C．骨干路由器　　　　　　　　　D．内部路由器

7．采用 OSPF 协议实现路由解析的路由器连接到 10.0.0.0 网段，则配置的 ospf 路由协议的反掩码为_____。

　　A．255.0.0.0　　B．255.255.0.0　　C．0.0.0.255　　D．0.0.255.255

8．IGRP 的默认最大跳数和路由更新广播时间分别为_____。

　　A．100，90 秒　　B．50，45 秒　　C．120，60 秒　　D．80，90 秒

9．EIGRP 采用的路由算法是_____。

　　A．扩散更新算法　　　　　　　　B．扩散法

　　C．最短路径优先算法　　　　　　D．距离矢量路由算法

10．用于多个自治域之间，交换网络可达信息的路由协议的是_____。

　　A．OSPF　　　　B．BGP　　　　　C．RIP　　　　　D．IGRP

第8章 广域网技术

本章要求：

- 了解广域网的基本概念；
- 掌握 PPP 的基本配置；
- 掌握 X.25 协议的基本配置；
- 掌握 HDLC 协议的基本配置；
- 掌握 FR 协议的基本配置；
- 了解 ISDN 的基本配置。

8.1 广域网概述

广域网是指覆盖范围很广的长距离网络。广域网由一些节点交换机以及连接这些交换机的链路组成。广域网一般利用公用通信网络提供的信道进行数据传输，网络结构比较复杂。

对照 OSI 参考模型，广域网技术主要位于底层的 3 个层次，分别是物理层，数据链路层和网络层。图 8-1 列出了一些经常使用的广域网技术同 OSI 参考模型之间的对应关系。

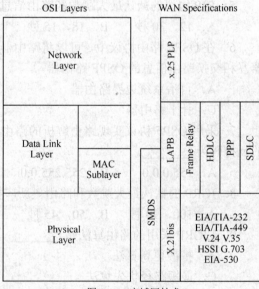

图 8-1　广域网技术

1．物理层协议

广域网的物理层协议描述了如何提供电气、机械、操作和功能的连接到通信服务提供商所提供的服务。广域网物理层描述了数据终端设备（Data Terminal Equipment，DTE）和数据通信设备（Data Communications Equipment，DCE）之间的接口。连接到广域网的设备通常是一台路由器，它被认为是一台 DTE。而连接到另一端的设备为服务提供商提供接口，这就是一台 DCE。

WAN 的物理层描述了连接方式，WAN 的连接基本上属于专用或专线连接、电路交换连接、包交换连接等三种类型。它们之间的连接无论是包交换或专线还是电路交换，都使用同步或异步串行连接。许多物理层标准定义了 DTE 和 DCE 之间接口的控制规则，如 EIA/TIA-232、EIA/TIA-449、EIA-530、EIA/TIA-612/613、V.35、X.21 等。

2．数据链路层协议

广域网的数据链路层定义了传输到远程站点的数据的封装形式，并描述了在单一数据路径上各系统间的帧传送方式。在每个 WAN 连接上，数据在通过 WAN 链路前都被封装到帧中。为了确保验证协议被使用，必须配置恰当的第二层封装类型。协议的选择主要取决于WAN 的拓扑和通信设备。

广域网的数据链路层协议有两种类型：面向字节和面向比特。目前广域网中常用的SDLC、HDLC、LAP 和 LAPB 等协议都是同步、面向比特的协议，它们具有相同的帧格式。其中 SDLC、HDLC、LAP 和 LAPB 是同步串行传输的数据链路层标准，SLIP 和 PPP 是串行异步传输的数据链路层协议，常用于拨号连接。PPP 同时也支持同步串行传输。

3．网络层协议

网络层协议规定了怎样分配地址，怎样把包从网络的一端传到另一端（从一个网络转发到另一个网络）。广域网的网络层协议有 CCITT 的 X.25 协议和 TCP/IP 中的 IP 等。

8.2　PPP

点对点协议（Point to Point Protocol，PPP）是为在两个对等实体间传输数据包，建立简单连接而设计的一种广域网协议。它通过同步和异步电路实现路由器到路由器和主机到网络（Host-to-Network）的连接。

8.2.1　PPP 概述

PPP 能支持差错检测，支持各种协议，在连接时 IP 地址可复制，具有身份验证功能，可以以各种方式压缩数据、支持动态地址协商、支持多链路捆绑。PPP 由以下 3 个部分组成。

（1）协议封装方式

PPP 提供了一种将网络层协议封装到串行链路的方法，PPP 既支持面向字符的异步串行链路，也支持面向比特的同步串行链路。在串行链路上通常采用高级数据链路控制（HDLC）作为在点对点的链路上封装数据报的基本方法。

（2）LCP

链路控制协议（Link Control Protocols，LCP）用于配置和测试数据通信链路，在 RFC 1661中定义了 11 种类型的 LCP 分组。LCP 具有 3 个主要功能：

① 按规定方式建立链路；

② 确定运用该链路所需的配置；

③ 当链路上会话结束时，PPP 正确无误地释放该链路。

（3）NCP

网络控制协议（Network Control Protocol，NCP）用于建立和配置不同网络层协议的协议簇。PPP 协议允许同时采用多种网络层协议，如 IP 协议、IPX 协议和 DECnet 协议。NCP 支持对各种协议的处理及分组的压缩和加密。此外，在 NCP 中还对压缩整个分组数据的 CCP（The PPP Compression Control Protocol，RFCl962）进行协商。

1. PPP 链路的工作过程

（1）链路不可用阶段（Link Dead Phase）

在最开始，整条链路处于链路不可用状态，此阶段有时也称为物理不可用阶段，PPP 链路都需从这个阶段开始和结束，当通信双方的两端检测到物理线路激活时，就会从当前这个阶段进入到链路建立阶段。

（2）链路建立阶段（Link Establishment Phase）

在此阶段，PPP 链路将进行 LCP 相关协商，协商内容包括工作方式，认证方式，连路压缩等，LCP 在协商成功后进入 Opened 状态，表示底层链路已经建立，如果链路协商失败，则会返回到第一阶段，在链路建立阶段成功后，如果配置了 PPP 认证，则会进入认证阶段，如果没有配置 PPP 认证，则会直接进入网络层协议阶段。

（3）认证阶段（Authentication Phase）

在此阶段，PPP 将进行用户认证工作，PPP 支持 PAP 和 CHAP 两种认证方式，关于这两种认证方式在后面将会详细介绍，如果认证失败，PPP 链路会进入链路终止阶段，拆除链路，LCP 状态转为 DOWN，如果认证成功就进入网络层协议阶段。

（4）网络层协议阶段（Network-Layer Protocol Phase）

一旦 PPP 完成前面几个阶段，每种网络层协议（IP，IPX 等）会通过各自相应网络控制协议进行配置，只有相应的网络层协议协商成功后，该网络层协议才可以通过这条 PPP 链路发送报文，对于 IPCP，协商的内容主要包括双方的 IP 地址等。

（5）链路终止阶段（Link Termination Phase）

PPP 能在任何时候终止链路，载波丢失，认证失败后用户人为关闭链路等情况均会导致链路终止，PPP 通过交换 LCP 的链路之中报文来关闭链路，当链路关闭时，连路层会通知网络层做相应的操作，而且也会通过物理层强制关断链路。

2. PPP 的认证协议

PPP 的认证协议有口令验证协议（Password Authentication Protocol，PAP）和挑战握手验证协议（Challenge-Handshake Authentication Protocol，CHAP）。

（1）PAP

PAP 是一种简单的两次握手明文验证协议。被验证方直接将用户名和口令传递给验证方。验证方将这个用户名和口令与自己用户命令配置的用户列表进行比较，如果相同则通过验证。在 PAP 认证中，被认证方采用明文的方式直接将用户名和密码发送给主认证方，这很容易引起密码的泄漏。

（2）CHAP

CHAP 是质询握手认证协议的简称，与 PAP 认证比起来，CHAP 认证更具有安全性，CHAP 为三次握手协议，它只在网络上传送用户名而不传送口令，因此安全性比 PAP 高，CHAP 认证的程序如下。

① 主认证方主动发起认证请求，主认证方向被认证方发送一些随机产生的报文（Challenge），并同时将本端的用户名附带上一起发送给被认证方。

② 被认证方接到主认证方的认证请求后，被认证方根据此报文中主认证方的用户名查找用户密码。

③ 主认证方接受到该报文后，根据此报文中被认证方的用户名，在自己的本地用户数据库中查找被认证方用户名对应的被认证方密码（CHAP 认证密码），利用报文 ID，该密码和 MD5 算法对原随机报文加密，然后将加密的结果和被认证方发来的加密结果进行比较。

8.2.2　PPP 的基本配置

本节主要讲述 PPP 的基本配置。

1. PPP 的配置命令

（1）封装 PPP

封装 PPP 的配置命令：Router(Config)# encapsulation PPP

（2）设置对端拨号的用户名和口令

设置对端拨号的用户名和口令的配置命令：Router(Config)# username {username1} password { password1}

注意：username1 为对端的用户名，password1 为对端用户名对应的口令。

（3）配置认证方式

配置认证方式的配置命令：Router(Config)# PPP authentication {chap | chap pap | pap chap | pap} [list-name] [callin]

注意：PPP 支持的 "chap | chap pap | pap chap | pap" 四种认证方式，其中 chap 表示采用挑战握手验证协议，采用 MD5 加密传输；pap 表示密码验证协议，用明文传输；pap chap、chap pap 两种以排列前的优先权先执行，后面的做为备份。注意两端的路由器必须使用相同的用户认证协议。去掉用户验证的命令为 "no PPP auth"。

（4）设置本地路由器名和口令

设置本地路由器名和口令的配置命令如下：

Router(config)# hostname {hostname1}
Router(config)# enable secret {secret-string}

注意：hostname1 设置路由器的名字，secret-string 设置路由器的口令。

（5）设置压缩算法

设置压缩算法的配置命令：Router(Config)# compress {mppc|predictor|stac}

注意：MPPC 使用 LZ（Lempel-Ziv）算法，支持 Cisco 路由器和 Microsoft 客户端之间交换压缩数据。Stacker 也一种基于 LZ（Lempel-Ziv）的压缩算法。Predictor 用于检测数据是否已经被压缩。

2. PPP 的基本配置

设置如图 8-2 所示的拓扑结构方式，其中 Router1 和 Router2 的 S0 和 S1 端口作为 PPP 专线多点连接链路，通过该专线方式，连接 172.16.0.0 和 210.43.32.0 两个网段，设置的 PPP 认证方式为 PAP。

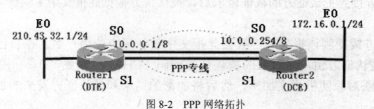

图 8-2　PPP 网络拓扑

表 8-1 列出了相关端口的 IP 设置。

表 8-1　　　　　　　　　　　　路由器及其相关端口 IP

路 由 器	端 口	IP 地 址	子网掩码
Router1	E0	210.43.32.1	255.255.255.0
	S0	10.0.0.1	255.0.0.0
	S1		
Router2	E0	172.16.0.1	255.255.0.0
	S0	10.0.0.254	255.0.0.0
	S1		

（1）Router1 的配置

```
Router1>en
Router1# config t
Router1(config)# interface e0
Router1(config-if)# ip address 210.43.32.1 255.255.255.0
Router1(config-if)# no shut
Router1(config-if)# interface s0
Router1(config-if)# encapsulation PPP                      \\将接口封装为 PPP
Router1(config-if)# PPP multilink group 1                  \\将接口加入到 multilink 1
Router1(config-if)# no shut
Router1(config-if)# interface s1
Router1(config-if)# encapsulation PPP
Router1(config-if)# PPP multilink group 1
Router1(config-if)# no shut
Router1(config-if)# interface multilink 1
Router1(config-if)# ip address negotiated                  \\设置 IP 地址为协商
Router1(config-if)# exit
Router1(config)# ip route 0.0.0.0 0.0.0.0 multilink 1       \\默认路由
Router1(config-router)# username DCE password 0 eric       \\设置认证用户名和密码
Router1 (config-router)# exit
Router1 (config)# interface multilink 1
Router1 (config-if)# PPP pap sent-username DCE password 0 eric   \\设置 pap 认证
Router1(config-if)# end
Router1# wr
```

（2）Router2 的配置

```
Router2>en
Router2# config t
Router2(config)# interface e0
Router2(config-if)# ip address 172.16.0.1 255.255.255.0
Router2(config-if)# no shutdown
```

```
Router2(config-if)# exit
Router2(config)# interface s0
Router2(config-if)# encapsulation PPP
Router2(config-if)# PPP multilink group 1
Router2(config-if)# no shu
Router2(config-if)# exit
Router2(config-if)# inter s1
Router2(config-if)# encapsulation PPP
Router2(config-if)# PPP multilink group 1
Router2(config-if)# no shut
Router2(config-if)# exit
Router2(config)# interface multilink 1
Router2(config-if)# ip address 10.0.0.254 255.0.0.0
Router2(config-if)# peer default ip address 10.0.0.1          \\设置分配给对端的 ip 地址
Router2(config-if)# exit
Router2(config)# ip route 210.43.32.0 255.255.255.0 10.0.0.1  \\静态路由
Router2(config-router)# username DTE password 0 eric          \\设置认证用户名和口令
Router2(config-router)# exit
Router2(config)# interface multilink 1
Router2(config-if)# PPP authentication PPP chap               \\在 multilink 1 口开启认证
Router2(config-if)# end
Router2# wr
```

8.3　X.25 协议

X.25，即公共分组交换数据网，它是一个以数据通信为目标的公共数据网（Public Data Network，PDN）。在 PDN 内，各节点由交换机组成，交换机间用存储转发的方式交换分组。为了使用户设备经 PDN 的连接标准化，国际电信联盟远程通信标准委员会（ITU-T）制定了 X.25 规程，它定义了用户设备和网络设备之间的接口标准，所以习惯上称 PDN 为 X.25。

8.3.1　X.25 概述

X.25 协议出现在 OSI 模型之前，但是 ITU-T 规范定义了在 DTE 和 DCE 之间的分层的通信与 OSI 模型的前三层相对应，如图 8-3 所示。

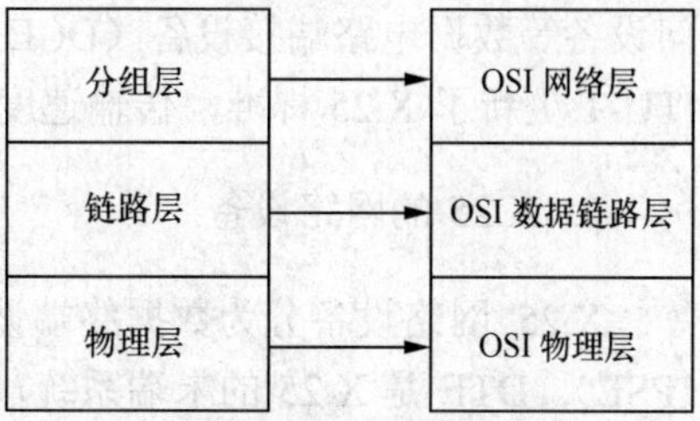

（1）物理层

X.25 的物理层定义了电气和物理端口特性。该层包括三种协议。

① X.21 协议运行于 8 个交换电路上。

② X.21bis 协议定义模拟接口，允许模拟电路访问数字电路交换网络。

图 8-3　X.25 协议层次

③ V.24 协议使得 DTE 能在租用模拟电路上运行以连接到包交换节点或集中器。

（2）链路层

X.25 的链路层负责 DTE 和 DCE 之间的可靠通信传输。该层定义了用于 DTE/DCE 连接的帧格式。

链路层包括四种协议。

① LAPB 源自 HDLC，具有 HDLC 的所有特征，使用较为普遍，能够形成逻辑链路连接。

② 链路访问协议（LAP）是 LAPB 协议的前身，如今几乎不被使用。

③ LAPD 源自 LAPB，用于 ISDN，在 D 信道上完成 DTE 之间，特别是 DTE 和 ISDN 节点之间的数据传输。

④ 逻辑链路控制（LLC）一种 IEEE802 LAN 协议，使得 X.25 数据包能在 LAN 信道上传输。

（3）分组层

X.25 的分组层描述了分组交换网络的数据交换过程。分组层协议（PLP）负责虚电路上 DTE 设备之间的分组交换。PLP 能在 LAN 和正在运行 LAPD 的 ISDN 接口上运行逻辑链路控制（LLC）。PLP 实现五种不同的操作方式：呼叫建立（Call Setup）、数据传送（Data Transfer）、闲置（Idle）、呼叫清除（Call Clearing）和重启（Restarting）。

1. X.25 网络的构成

X.25 分组交换网主要由分组交换机、用户接入设备和传输线路组成。

（1）分组交换机

分组交换机是 X.25 的枢纽，根据它在网络中所处的地位，可分为中转交换机和本地交换机。其主要功能是为网络的基本业务和可选业务提供支持，进行路由选择和流量控制，实现多种协议的互联，完成局部的维护、运行管理、故障报告、诊断、计费及网络统计等。现在的分组交换机大都采用功能分担或模块分担的多处理器模块式结构来构成。具有可靠性高、可扩展性好、服务性好等特点。

（2）用户接入设备

X.25 的用户接入设备主要是用户终端。用户终端分为分组型终端和非分组型终端两种。X.25 根据不同的用户终端来划分用户业务类别，提供不同传输速率的数据通信服务。

（3）传输线路

X.25 的中继传输线路主要有模拟信道和数字信道两种形式。模拟信道利用调制解调器进行信号转换，传输速率为 9.6 kbit/s，48 kbit/s 和 64 kbit/s，而 PCM 数字信道的传输速率为 64 kbit/s，128 kbit/s 和 2 Mbit/s。

X.25 协议主要定义了数据是如何从计算机等数据终端设备（DTE）发送到包交换机或访问设备等数据电路端接设备（DCE）的。X.25 最初的传输速度限制在 64 kbit/s 内。1992 年，ITU-T 更新了 X.25 标准，传输速度可高达 2.048 Mbit/s。

2. X.25 的网络设备

X.25 网络设备分为数据终端设备（DTE）、数据电路终端设备（DCE）及分组交换设备（PSE）。DTE 是 X.25 的末端系统，如终端、计算机或网络主机，一般位于用户端，Cisco 路由器就是 DTE 设备。DCE 设备是专用通信设备，如调制解调器和分组交换机。PSE 是公共网络的主干交换机。

3. X.25 的虚电路

DTE 之间端对端的通信通过虚电路建立，虚电路可分为 PVC（Permanent Virtual Circuit，永久虚电路）和 SVC（交换虚电路，Switching Virtual Circuit），交换虚电路将建立基于呼叫的虚电路，然后在数据传输会话结束时拆除。永久虚电路在两个端点节点之间保持一种固定连接。PVC 通常用于经常有大量数据传输的场合，SVC 通常用于有间断数据传输的场合。

8.3.2　X.25 协议的配置

本节主要讲述 X.25 协议的基本配置。

1. X.25 的配置命令

（1）封装 X.25 协议

Router（config）# encapsulation x25 [dce|dte]

注意：对封装为 DCE 的端口，必须提供同步时钟和设置带宽，设置同步时钟的命令为
"clockrate {速率}"，同步时钟速率单位为 bps；设置带宽的命令为 "bandwidth {带宽}"，带宽单位为
kbit/s。

图 8-4 所示的是封装 X.25 协议的一个实例。

（2）设置 X.121 地址

设置 X.121 地址的配置命令：Router（config）# x25 address {*x.121-address*}。

图 8-4　设置 X.25 封装

注意：x.121-address 是路由器端口的 X.121 地址，最大值可达 14 位十进制数。

（3）设置对端路由器的映射地址

设置对端路由器的映射地址的配置命令：Router（config）# x25 map {ip-address} {x1.121-address} [broadcast]。

注意：ip-address 为对端路由器的 IP 地址，x.121-address 为对端路由器的 X.121 地址，可选项 broadcast 表示在 X.25 虚电路中可以传送广播信息。

（4）设置最大的双向虚电路数

设置最大的双向虚电路数的配置命令：Router（config）# x25 htc {circuit-number}。

注意：circuit-number 是最大的虚电路号，其范围为 1～4 096。因为许多 X.25 交换机是从高到低建立虚电路的，因此虚电路号不能超过申请到的最大值。

图 8-5 所示的是 X.121 地址、对端路由器的映射地址和最大的双向虚电路数的设置过程。

（5）设置一次连接可同时建立的虚电路数

设置一次连接可同时建立的虚电路数的配置命令：Router(config)# x25 nvc {count}。

注意：count 最小为 1，最大为 8，且应为 2 的倍数。

图 8-6 所示的是设置可同时建立的虚电路数的过程。

（6）X.25 在清除空闲虚电路前等待的时间

X.25 在清除空闲虚电路前等待的时间的配置命令：Router(config)# x25 idle minutes。

注意：如果申请的虚电路为 SVC，该命令用于设置当虚电路上没有数据传输超过指定的

时间后，路由器清除该虚电路连接，这对按连接时间计费的虚电路，可节省费用。

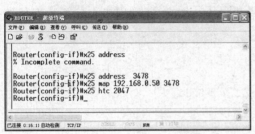

```
Router(config-if)#x25 address
% Incomplete command.

Router(config-if)#x25 address  3478
Router(config-if)#x25 map 192.168.0.50 3478
Router(config-if)#x25 htc 2047
Router(config-if)#_
```

图 8-5　设置 X.25 地址等项目

```
Router>en
Router#conf t
Enter configuration commands, one per line.  End with CNTL/
Router(config)#inte s2/2
Router(config-if)#x25 nvc ?
  <1-8>  SVCs

Router(config-if)#x25 nvc 4
Router(config-if)#_
```

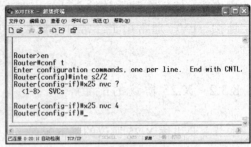

图 8-6　设置虚电路数

（7）显示接口及 X.25 相关信息

Router# show interfaces serial

Router# show x25 interface serial

Router# show x25 map

Router# show x25 vc

图 8-7 是使用“show interfaces serial2/2”命令查看 X.25 相关设置的过程。

```
Router>en
Router#show inte s2/2

Serial2/2 is administratively down, line protocol is down
  Hardware is M4T
  MTU 1500 bytes, BW 10000 Kbit, DLY 20000 usec,
     reliability 255/255, txload 1/255, rxload 1/255
  Encapsulation X25, crc 16, loopback not set
  Restart-Delay is 0 secs
  X.25 DCE, address 3478, state R/Inactive, modulo 8, timer 0
      Defaults: idle VC timeout 5
        cisco encapsulation, nvc 4
        input/output window sizes 2/2, packet sizes 128/128
      Timers: T10 60, T11 180, T12 60, T13 60
      Channels: Incoming-only none, Two-way 1-2047, Outgoing-or
      RESTARTs 0/0 CALLs 0+0/0+0/0+0 DIAGs 0/0
  LAPB DCE, state DISCONNECT, modulo 8, k 7, N1 12056, N2 20
      T1 3000, T2 0, interface outage (partial T3) 0, T4 0
      VS 0, VR 0, tx NR 0, Remote VR 0, Retransmissions 0
      Queues: U/S frames 0, I frames 0, unack. 0, reTx 0
```

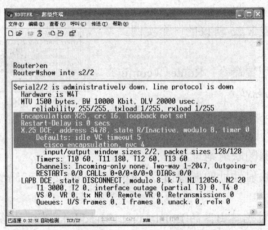

图 8-7　show interfaces 命令

（8）清除 X.25 SVC 虚电路

清除 X.25 SVC 虚电路的配置命令：Router(Config)# clear x25 {端口}

2. X.25 的点对点配置

设置如图 8-8 所示的 X.25 点对点连接，两台路由器通过 DTE/DCE 线缆直接相连，路由器 A 作为 DTE 设备，路由器 B 作为 DCE 设备，配置路由器 A 和 B，使二者通过 X.25 通信。

图 8-8　X.25 点对点连接

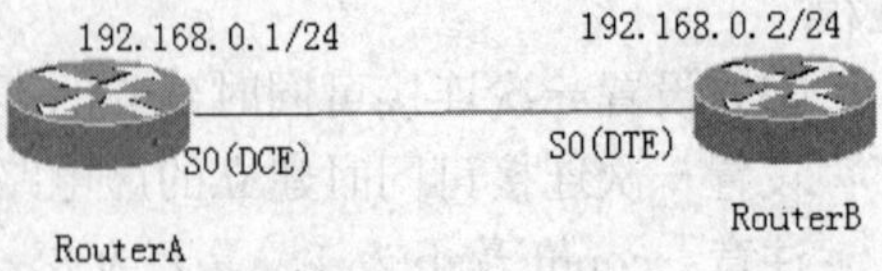

（1）RouterA 的配置

RouterA# configure terminal

RouterA(config)# interface serial0

RouterA (config-if)# ip address 192.168.0.1 255.255.255.0

RouterA (config-if)# encapsulation x25 dte

RouterA (config-if)# x25 address 100

RouterA (config-if)# x25 htc 16

RouterA (config-if)# x25 nvc 2
RouterA (config-if)# x25 map ip 192.168.0.2 101
RouterA (config-if)# no shutdown

（2）RouterB 的配置

RouterB# configure terminal
RouterB(config)# interface serial0
RouterB(config-if)# ip address 192.168.0.2 255.255.255.0
RouterB(config-if)# encapsulation x25 dce
RouterB(config-if)# x25 address 101
RouterB(config-if)# x25 htc 16
RouterB(config-if)# x25 nvc 2
RouterB(config-if)# x25 map ip 192.168.0.1 100
RouterB(config-if)# no shutdown

3．X.25 的多点连接配置

设置如图 8-9 所示的 X.25 多点连接，三个路由器通过 X.25 网络实现两两连接，其 IP 地址和 X.121 地址已在图 8-9 中标出。

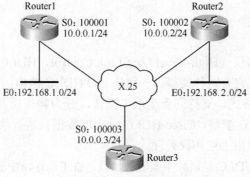

图 8-9　X.25 多点连接

（1）Router1 的配置

Router1(config)# interface Serial0
Router1(config-if)# encapsulation x25
Router1(config-if)# ip address 10.0.0.1 255.255.255.0
Router1(config-if)# x25 address 100001
Router1(config-if)# x25 htc 16
Router1(config-if)# x25 nvc 2
Router1(config-if)# x25 map ip 10.0.0.2 100002 broadcast
Router1(config-if)# x25 map ip 10.0.0.3 100003 broadcast
Router1(config-if)# no shutdown

（2）Router2 的配置

Router2(config)# interface Serial0
Router2(config-if)# encapsulation x25
Router2(config-if)# ip address 10.0.0.2 255.255.255.0
Router2(config-if)# x25 address 100002
Router2(config-if)# x25 htc 16
Router2(config-if)# x25 nvc 2
Router2(config-if)# x25 map ip 10.0.0.1 100001 broadcast
Router2(config-if)# x25 map ip 10.0.0.3 100003 broadcast
Router2(config-if)# no shutdown

（3）Router3 的配置

Router3(config)# interface Serial0
Router3(config-if)# encapsulation x25
Router3(config-if)# ip address 10.0.0.3 255.255.255.0
Router3(config-if)# x25 address 100003
Router3(config-if)# x25 htc 16
Router3(config-if)# x25 nvc 2
Router3(config-if)# x25 map ip 10.0.0.1 100001 broadcast
Router3(config-if)# x25 map ip 10.0.0.2 100002 broadcast
Router3(config-if)# no shutdown

8.4　HDLC

HDLC 是 Cisco 路由器使用的缺省协议，一台新路由器在未指定封装协议时默认使用 HDLC 封装。

8.4.1　HDLC 概述

高层数据链路控制协议（High-Level Data Link Control，HDLC）是一个工作在链路层的点对点的数据传输协议，它有两种类型，一种是 ISO HDLC 结构，它由 IBM SDLC 协议演化过来，采用 SDLC 的帧格式，支持同步全双工操作，分为物理层及 LLC 两个子层；一种是 Cisco HDLC 结构，无 LLC 子层，Cisco HDLC 对上层数据只进行物理帧封装，没有应答、重传机制，所有的纠错处理由上层协议处理。

ISO HDLC 与 Cisco HDLC 是两种不兼容的协议。在 Cisco 路由器之间用同步专线连接时，采用 Cisco HDLC 比采用 PPP 协议效率高得多，但是，如果将 Cisco 路由器与非 Cisco 路由器进行同步专线连接时，不能用 Cisco HDLC，因为它们不支持 Cisco HDLC，可以采用 PPP 协议。

8.4.2　HDLC 的基本配置

本节主要讲述 HDLC 的基本配置。

1．HDLC 的基本配置命令

HDLC 的相关配置命令如下。
（1）封装 HDLC
封装 HDLC 协议的配置命令：Router(config)# encapsulation hdlc。
（2）设置 DCE 端线路速度
设置 DCE 端线路速度的配置命令：Router(config)# clockrate {speed}。
注意：如果两台路由器直接通过 DTE/DCE 线缆连接，一台路由器作为 DTE，另一台路由器作为 DCE，就必须由作为 DCE 的路由器提供时钟，并使用此命令设置时钟频率。
（3）设置压缩算法
设置压缩算法的配置命令：Router(config)# compress stac。

2．HDLC 的基本配置

设置如图 8-10 所示的网络连接方式，实现 HDLC 的路由协议配置。

HDLC 基本配置如下。

（1）Router1 的配置

Router1 的配置命令如下：

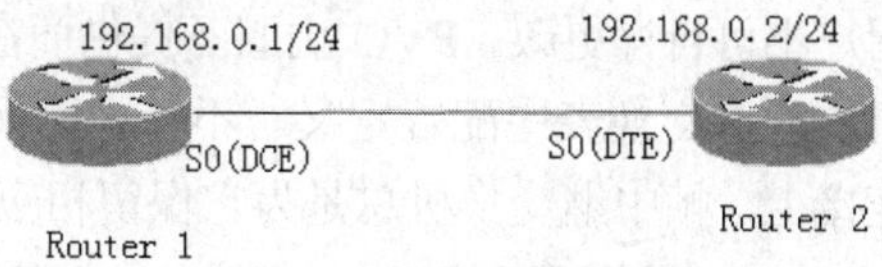

图 8-10　HDLC 的连接配置

```
Router1# configure terminal
Router1(config)# interface Serial0
Router1(config-if)# ip address 192.168.0.1 255.255.255.0
Router1(config-if)# encapsulation hdlc
Router1(config-if)# clock rate 1000000
Router1(config-if)# no shutdown
```

（2）Router2 的配置

Router2 的配置命令如下：

```
Router2# configure terminal
Router2(config)# interface Serial0
Router2(config-if)# ip address 192.168.0.2 255.255.255.0
Router2(config-if)# encapsulation hdlc
Router2(config-if)# no shutdown
```

8.5　FR

帧中继（Frame Relay，FR）是从 X.25 分组技术派生出来的分组交换技术，传输速率一般为 64 kbit/s～2 Mbit/s，最高可达 34 Mbit/s。它采用永久虚电路和交换虚电路技术，可实现点对点和点对多点通信。FR 省略了 X.25 的一些功能，如提供窗口技术和数据重发技术，而是依靠高层协议提供纠错功能，这是因为 FR 工作在更好的 WAN 设备上，这些设备较之 X.25 的 WAN 设备具有更可靠的连接服务和更高的可靠性。

8.5.1　FR 的概述

本节讲述 FR 的基本概念。

1．帧中继的协议层次

帧中继只使用两个通信层：物理层和帧模式承载服务链接访问协议（LAPF）。物理层由接口构成，这些接口和 X.25 中使用的接口类似。第二层 LAPF 是为快速通信服务而设计的，它包含一个可选的子层，在需要高可靠性的情形可以使用该子层。这两层分别对应于 OSI 模型中的物理层和数据链路层，如图 8-11 所示。

2．帧中继相关术语

（1）虚电路

虚电路（VC，Virtual Circuit）通过为每一对 DTE 设备分配一个连接标识符，实现多个逻辑数据会话在同一条物理链路上进行多路复用。帧中继网络提供的虚电路包括永久虚电路（PVC）和交换虚电路（SVC）。

PVC 是指在 FR 终端用户之间建立固定的虚电路连接，其端点和业务类别由网络管理定义，用户不可自行更改。PVC 由服务提供商在其帧中继交换机的静态交换表中配置定义。不管电路两端的设备是否连接上，帧中继交换机总是为它保留相应的宽带。

SVC 是指两个 FR 终端用户之间通过虚呼叫建立虚电路连接串传送服务，传送结束后清除连接。

（2）数据链路连接标识符

数据链路连接标识符（Data-Link Connection Identifier，DLCI）是一个在路由器和帧中继交换机之间标识逻辑电路的数值，帧中继交换机通过在一对路由器之间映射 DLCI 来创建和识别在 DTE 和 FR 之间的逻辑虚电路，相当于 MAC 地址。

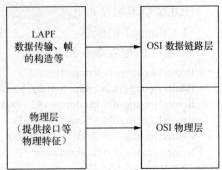

图 8-11　FR 协议层次

帧中继使用 DLCI 来标识网络设置的永久虚电路，两个指定节点之间的所有数据都沿同一路径进行传输，DLCI 的长度为 10bit，其最大值可达 1024bit。帧中继通过为每对数据终端设备分配不同的 DLCI 来实现物理传输介质的复用，从而在同一条物理线路上建立多条永久虚电路。

（3）本地管理接口

本地管理接口 LMI（Local Management Interface）是路由器和帧中继交换机之间的一种信令标准，负责管理设备之间的连接及维护连接状态。LMI 是对基本的帧中继标准的扩展，它提供了许多管理复杂互联网络的特性，其中包括全局寻址、虚电路状态消息和多目发送等功能。

总共有三种类型的本地管理接口：Cisco、ANSI 和 Q933a。在路由器上必须配置正在使用的 LMI 类型。LMI 主要用于确定路由器知道的众多 PVC 的状态，发送维持数据包，以保证 PVC 始终处于激活状态，并通知路由器哪些 PVC 可以使用。

（4）承诺信息速率

承诺信息速率（Committed Information Rate，CIR）也叫保证速率，是 ISP 承诺将要被提供的有保证的速率，一般为一段时间内（承诺速率测量间隔 T）的平均值，其单位 bit/s。

（5）超量突发

在承诺信息速率之外，帧中继交换机试图发送而未被准许的最大额外数据量，单位为 bit。超量突发（Excess Brust，EB）依赖于服务提供商提供的服务状况，但它通受到本地环路端口速率的限制。

（6）前向显式拥塞通知（FECN，Forward Explicit Congestion Notification）

告诉路由器接收的帧在所经通路上发生过拥塞。

（7）后向显式拥塞通知

后向显式拥塞通知（BECN，Before Explicit Congestion Notification）设置在遇到拥塞的帧上，而这些帧将沿着与拥塞帧相反的方向发送。这个信息用于帮助高层协议在提供流控时采取适当的操作。

8.5.2　FR 接入配置

本节讲述 FR 的基本接入配置。

1. 帧中继的配置命令

（1）设定封装帧中继协议

设定封装帧中继协议的配置命令：Router(config-if)# encapsulation frame-relay [cisco|ietf]

注意："[]" 中的内容用于指定帧中继协议的封装格式，Cisco 路由器的默认格式为 cisco，在 Cisco 路由器与其他厂家路由设备相连时，应使用 ietf 格式。

（2）配置 DCE 时钟频率

配置 DCE 时钟频率的配置命令：Router(config-if)# clock rate {频率值}

（3）指定 LMI 类型

指定 LMI 类型的配置命令：Router(config-if)# frame-relay lmi-type{ansi | cisco | q933a}

注意：LMI 定义了帧中继的接口信念标准，用于管理和维护两个通信设备间的运行状态。

（4）配置物理接口类型

配置物理接口类型的配置命令：Router(config-if)# frame-relay intf-type{dce | dte}

（5）设置虚电路的 DLCI 号

设置虚电路的 DLCI 号的配置命令：Router(config-if)# frame-relay interface-dlci {dlci-number} [broadcast]

说明：dlci-number 为 DLCI 号，其取值范围为 16～1007。

（6）配置帧中继映射

配置帧中继映射的配置命令：Router(config-if) # frame-relay route {dlci-id1} interface {Serial-id} {dlci-id2}

（7）映射协议地址与 DLCI 号

映射协议地址与 DLCI 号的配置命令：Router(config-if)# frame-relay map protocol-type protocol-address dlci [broadcast]

注意：protocol-type 指协议地址的类型，包括 IP，IPX 等；protocol-address 代表具体的协议地址；broadcast 选项允许在帧中继网络上传输路由广播信息。

（8）激活接口

激活接口的配置命令：Router(config-if)# no shutdown

（9）帧中继配置的检验命令

帧中继配置的检验命令如下：

Router# show interfaces　　　　　　　//显示有关帧中继网络的端口信息；
Router# show frame-relay route　　　　//查看有关帧中继信息；
Router# show frame-relay lmi　　　　　//查看 LMI 流量的统计信息；
Router# show frame-relay pvc [DLCI 号]　//显示所有或指定的 PVC 的状态；
Router# show frame-relay map　　　　　//显示路由器上配置的所有映射，验证帧中继的连接状况；
Router# debug frame-relay lmi　　　　　//监视路由器与帧中继交换机之间的 LMI 信息交换，以便发现帧中继电路的故障；

2. FR 的基本配置

设置如图 8-12 所示的网络拓扑结构，其中 Router1 作为 FR 帧中继交换机，通过这三个路由器，采用帧中继方式连接 210.43.32.0、10.0.0.0、172.16.0.0 三个网段。

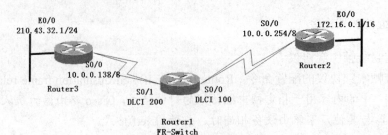

图 8-12　帧中继方式网络拓扑

对应三个路由器的端口 IP 地址的设置如表 8-2 所示。

表 8-2　　　　　　　　　　　　　　路由器及其相关端口设置

路 由 器	端 口	IP 地 址	子 网 掩 码
Router1	S0/0	10.0.0.138	255.0.0.0
	E0/0	210.43.32.1	255.255.255.0
Router2	S0/0	无	无
	S0/1	无	无
Router3	S0/0	10.0.0.254	255.0.0.0
	E0/0	172.16.0.1	255.255.0.0

（1）Router1 的配置过程

Router1>en
Router1# conf t
Router1(config)# hostname FR-Switch
FR-Switch(config)# int s0/0
FR-Switch(config-if)# encap fr
FR-Switch(config-if)# keepalive 25
FR-Switch(config-if)# clock rate 64000
FR-Switch(config-if)# fr lmi-type ansi
FR-Switch(config-if)# fr intf-type dce
FR-Switch(config-if)# fr route 100 interface S0/1 200
FR-Switch(config-if)# no shut
FR-Switch(config-if)# int s0/1
FR-Switch(config-if)# encap fr
FR-Switch(config-if)# keepalive 25
FR-Switch(config-if)# clock rate 64000
FR-Switch(config-if)# fr lmi-type ansi
FR-Switch(config-if)# fr intf-type dce
FR-Switch(config-if)# fr route 200 interface S0/0 100
FR-Switch(config-if)# no shut
FR-Switch(config-if)# router rip
FR-Switch(config-router)# neighbor 210.43.32.1
FR-Switch(config-router)# neighbor 172.16.0.1

（2）Router2 的配置过程

Router2>en
Router2# conf t
Router2(config)# int E0/0
Router2(config-if)# ip address 172.16.0.1 255.255.0.0
Router2(config-if)# no shut

```
Router2(config-if)# int s0/0
Router2(config-if)# ip add 10.0.0.254 255.0.0.0
Router2(config-if)# encap fr
Router2(config-if)# keepalive 25
Router2(config-if)# fr map ip 10.0.0.138 100 broadcast
Router2(config-if)# fr interface-dlci 100
Router2(config-if)# no fr inverse-arp
Router2(config-if)# fr lmi-type ansi
Router2(config-if)# no shut
Router2(config-Router)# Router2 rip
Router2(config-Router)# network 10.0.0.0
Router2(config-Router)# network 172.16.0.0
Router2(config-Router)# end
Router2# wr
```

（3）Router3 的配置过程

```
Router3>en
Router3# conf t
Router3(config)# int f0/0
Router3(config-if)# ip address 210.43.32.1 255.255.255.0
Router3(config-if)# no shut
Router3(config-if)# int s0/0
Router3(config-if)# ip add 10.0.0.138 255.0.0.0
Router3(config-if)# encap fr
Router3(config-if)# keepalive 25
Router3(config-if)# fr intf-type dte
Router3(config-if)# fr map ip 10.0.0.254 200 br
Router3(config-if)# fr interface-dlci 200
Router3(config-if)# no fr inverse-arp
Router3(config-if)# fr lmi-type ansi
Router3(config-if)# no shut
Router3(config-if)# Router3 rip
Router3(config-Router)# network 210.43.32.0
Router3(config-Router)# network 10.0.0.0
Router3(config-Router)# end
Router3# wr
```

8.6　ISDN 及其配置

综合业务数字网（Integrated Services Digital Network，ISDN）是基于公共电话网的数字化网络，它利用普通的电话线实现双向高速数字信号的传输，可在其上开展语音、数据、视频、图像等各项通信业务，因而被形象地称作"一线通"。

8.6.1　ISDN 概述

综合数字业务网由数字电话和数据传输服务两部分组成，ISDN 的基本速率接口（Basic Rate Interface，BRI）服务提供 2 个 B 信道和 1 个 D 信道（2B+D）。BRI 的 B 信道速率为 64 kbit/s，用于传输用户数据，D 信道的速率为 16 kbit/s，主要传输控制信号。在北美和日本，ISDN 的主速率接口（PRI, Primary Rate Interface）提供 23 个 B 信道和 1 个 D 信道, 总速率可达 1.544 Mbit/s, 其中 D 信道速率为 64 kbit/s。而在欧洲、澳大利亚等国家, ISDN 的 PRI 提供 30 个 B 信道和 1 个 64 kbit/s D 信道, 总速率可达 2.048 Mbit/s。我国电话局所提供的 ISDN PRI 为 30B+D。

1. N-ISDN

窄带综合业务数字网（N-ISDN）, 是以数字电话网为基础发展而成的通信网, 它能够提供端到端的数字连接, 用来承载包括话音、图像、数据在内的多种业务。N-ISDN 业务的主要特征是在一条 N-ISDN 业务可以在各用户终端之间实现以 64 kbit/s 速率为基础的端到端的透明传输, 这是 ISDN 的基本特性。

2. B-ISDN

宽带综合业务数字网是在 N-ISDN 的基础上发展起来的数字通信网络, 其核心技术是采用 ATM。B-ISDN 要求采用光缆及宽带电缆, 其传输速率可从 155 Mbit/s 到几 Gbit/s, 能提供各种连接形态, 允许在最高速率之内选择任意速率, 允许以固定速率或可变速率传送。

B-ISDN 可用于音频及数字化视频信号传输, 可提供电视会议服务。各种业务都能以相同的方式在网络中传输。其目标是实现 4 个层次上的综合, 即综合接入、综合交换、综合传输、综合管理。

8.6.2　ISDN 的基本配置

1.　ISDN 的配置命令

（1）设置 ISDN 交换类型

设置 ISDN 交换类型的配置命令：Router(config)# isdn switch-type switch-type1

（2）设置 SPID

设置 SPID 的配置命令：

Router(Config)# isdn spid1 spid-1
Router(Config)# isdn spid2 spid-2

注意：spid-1 和 spid-2 是 ISP 分配的第一个和第二个 B 信道的 spid 号码。

（3）启动多链路 PPP

启动多链路的配置命令：Router(config)# PPP multilink

（4）设置协议地址与电话号码的映射

设置协议地址与电话号码的映射的配置命令：Router(config)# dialer map protocol next-hop address [name hostname] [broadcast] [dial-string]

注意：dial-string 为 ISDN 的号码。

（5）设置 BRI 接口

设置 BRI 接口的配置命令：Router(config)# interface bri 0

（6）设置感兴趣数据包的类型

设置感兴趣数据包的类型的配置命令：Router(config)# dialer-list dialer-group Protocol

[protocol name] [permit|deny|list access-list-number|access-group]

注意：dialer-group 为拨号列表编号，access-list-number 为访问控制列表的编号。

（7）设置拨号的字符串

设置拨号的字符串的配置命令：Router(config)# dialer string {string1}

注意：string1 为向对端拨号的字符串。

（8）启用拨号列表

启用拨号列表的配置命令：Router(config)# dialer-group dialer-group-number

注意：dialer-group-number 为拨号列表编号。

2. ISDN 对点连接配置

设置如图 8-13 所示的 ISDN 对点连接方式，配置 ISDN 对点连接。

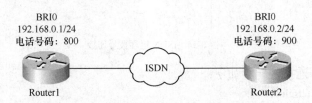

图 8-13　ISDN 对点连接

ISDN 对点连接配置如下。

（1）Router1 的配置

Router# configure terminal
Router(config)# hostname Router1
Router1(config)# username Router2 password cisco
Router1(config)# dialer-list 1 protocol ip permit
Router1(config)# isdn switch-type basic-net3
Router1(config)# interface bri 0
Router1(config-if)# ip address 192.168.0.1 255.255.255.0
Router1(config-if)# encapsulation PPP
Router1(config-if)# dialer map ip 192.168.0.2 name Router2 900
Router1(config-if)# PPP multilink
Router1(config-if)# dialer-group 1
Router1(config-if)# PPP authentication chap
Router1(config-if)# dialer idle-timeout 120
Router1(config-if)# no shutdown

（2）Router2 的配置

Router# configure terminal
Router(config)# hostname Router2
Router2(config)# username Router1 password cisco
Router2(config)# dialer-list 1 protocol ip permit
Router2(config)# isdn switch-type basic-net3
Router2(config)# interface bri 0
Router2(config-if)# ip address 192.168.0.2 255.255.255.0
Router2(config-if)# encapsulation PPP
Router2(config-if)# dialer map ip 192.168.0.1 name Router2 800
Router2 (config-if)# PPP multilink
Router2(config-if)# dialer-group 1

```
Router2(config-if)# PPP authentication chap
Router2(config-if)# dialer idle-timeout 120
Router2(config-if)# no shutdown
```

3. ISND 远程拨号连接

设置如图 8-14 所示的 ISDN 远程拨号连接方式，配置 ISND 远程拨号连接。

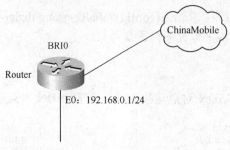

图 8-14　ISDN 远程拨号连接

ISND 远程拨号连接的配置如下：

```
Router# configure terminal
Router(config)# isdn switch-type basic-net3
Router(config)# interface Ethernet 0
Router(config-if)# ip address 192.168.0.1 255.255.255.0
Router(config-if)# ip nat inside
Router(config-if)# no shutdown
Router(config-if)# interface bri 0
Router(config-if)# ip address negotiated
Router(config-if)# ip nat outside
Router(config-if)# encapsulation PPP
Router(config-if)# PPP authentication pap callin
Router(config-if)# PPP multilink
Router(config-if)# dialer-group 1
Router(config-if)# dialer hold-queue 10
Router(config-if)# dialer string chinamobile
Router(config-if)# dialer idle-timeout 120
Router(config-if)# PPP pap sent-username 13900 password 13900
Router(config-if)# no shutdown
Router(config-if)# exit
Router(config)# ip route 0.0.0.0 0.0.0.0 bri 0
Router(config)# dialer-list 1 protocol ip permit
Router(config)# access-list 2 permit any
Router(config)# ip nat inside source list 2 interface bri 0 overload
```

小　结

　　本章讲述了常见的广域网技术及其基本配置，主要的内容包括广域网的基本概念，PPP 的基本概念，PPP 的基本配置，X.25 协议的基本概念，X.25 协议的基本配置，HDLC 协议及其基本配置，FR 技术及其基本配置，ISDN 及其基本配置等。

习　题

1．PPP 在串行链路上通常采用_____作为在点对点的链路上封装数据报的基本方法。

　　A．BSC　　　　　　B．HDLC　　　　　　C．FR　　　　　　　D．X.25

2．下列关于 PPP 验证协议的描述错误的是_____。

　　A．PPP 存在 PAP 和 CHAP 两种认证协议

　　B．PAP 是一种简单的三次握手明文验证协议

　　C．CHAP 为三次握手协议，它只在网络上传送用户名而不传送口令，因此安全性比
　　　　PAP 高

　　D．PAP 协议直接将用户名和口令传递给验证方

3．下列不属于 x.25 协议物理层协议的是_____。

　　A．X.21　　　　　　B．X.21bis　　　　　C．V.24　　　　　　D．LAPB

4．在 X.25 中，设置一次连接可同时建立的虚电路数的配置命令准确的是_____。

　　A．Router(Config)# x25 nvc 6

　　B．Router(Config)# x25 nvc 9

　　C．Router(Config)# x25 nvc 19

　　D．Router(Config)# x25 nvc 0

5．在 X.25 中，用于查看虚电路相关情况的命令为_____。

　　A．Router# show x25 vc

　　B．Router# show x.25 vc

　　C．Router# show interface vc

　　D．Router# show routing vc

6．下列关于 HDLC 的描述不正确的是_____。

　　A．HDLC 是一个工作在链路层的点对点的数据传输协议

　　B．HDLC 有 ISO HDLC 和 Cisco HDLC 两种帧结构

　　C．ISO HDLC 由 IBM SDLC 协议演化过来，分为物理层及 LLC 两个子层

　　D．Cisco HDLC 帧结构，无物理子层，Cisco HDLC 对上层数据只进行 LLC 帧封装，
　　　　没有应答、重传机制

7．帧中继交换机通过_____来创建和识别在 DTE 和 FR 之间的逻辑虚电路。

　　A．DLCI　　　　　　B．LMI　　　　　　C．MAC　　　　　　D．X.121

8．CISCO 的路由器和其他厂商的路由器采用 FR 技术互联时采用的封装标准为_____。

　　A．IETF　　　　　　B．Dot1q　　　　　C．IEEE　　　　　　D．802.11

9．B-ISDN 网络的核心技术是_____。

　　A．ATM　　　　　　B．ISDN　　　　　　C．DDR　　　　　　D．PSTN

10．ISDN 的 2B+D 网络服务速率为_____。

　　A．144 kbit/s　　　B．56 kbit/s　　　　C．128 kbit/s　　　　D．64 kbit/s

第 9 章　Windows Server 2008 网络服务的构建（一）

本章要求：
- 了解网络服务的基本模式；
- 掌握 IIS Web 服务器的基本配置；
- 掌握 IIS FTP 服务器的基本配置；
- 掌握 Serv-U FTP 服务器的基本配置；
- 了解电子邮件的工作过程；
- 掌握 Winmail 电子邮件服务器的基本配置。

9.1　网络服务模式概述

网络服务指的是网络面向用户提供的各种应用。按照服务模式，可以将这些服务分为 P2P 模式和客户机服务器模式。

9.1.1　P2P 网络

P2P（Peer-to-Peer）是一种分布式网络，它打破了传统的 Client/Server（C/S）模式，在网络中的每个节点的地位都是对等的。每个节点既充当服务器，为其他节点提供服务，同时也享用其他节点提供的服务。图 9-1 所示的是一个 P2P 网络的基本拓扑结构。

在 P2P 网络中，资源和服务分散在所有节点上，信息的传输和服务的实现都直接在节点之间进行，无需中间节点和服务器的介入，避免了可能的瓶颈。随着用户的加入，服务的需求增加，系统整体的资源和服务能力同步扩充，始终能较容易地满足用户的需要。P2P 网络通常都是以自组织的方式建立起来的，并允许节点自由地加入和离开。

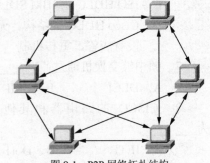

图 9-1　P2P 网络拓扑结构

9.1.2　C/S 网络

C/S（Client/Server）即客户机/服务器网络，它通常可以分为两层结构和三层结构两种。

任何一个 C/S 应用系统都由显示逻辑部分（表示层），事务处理逻辑部分（功能层）和数据处理逻辑部分（数据层）三部分组成。表示层的功能是实现与用户的交互，功能层的作用是进行具体的运算和数据处理，数据层的功能是实现对数据库中的数据进行查询、修改、更新等任务。

1. 两层结构 C/S 模式

两层结构 C/S 模式中，显示逻辑和事务处理逻辑部分均放在客户端，数据处理逻辑和数据库放在服务器端，从而使客户端变得很"胖"，成为胖客户机，相对服务器端的任务较轻，成为瘦服务器。两层 C/S 的结构如图 9-2 所示。

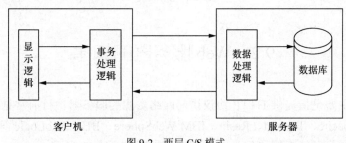

图 9-2　两层 C/S 模式

这种传统的二层体系结构比较适合于小规模的、用户较少、单一数据库且有安全性和快速性保障的局域网环境下运行。

2. 三层结构 C/S 模式

三层 C/S 结构对表示层、功能层和数据层三部分进行了明确分割，并在逻辑上使其独立。显示逻辑放在客户端，事务处理逻辑作为事务处理服务器放在功能层，数据处理逻辑和数据库放在服务器端，由于事务处理逻辑单元在专门的事务处理服务器中实现，所以客户机的任务大大减轻，成为"瘦客户"。三层 C/S 的结构如图 9-3 所示。

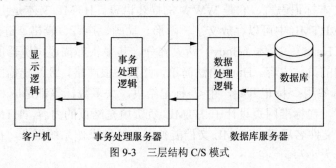

图 9-3　三层结构 C/S 模式

9.1.3　B/S 网络

B/S（Browser/Server）网络是一种以 Web 技术为基础的新型的网络管理信息系统平台模式。B/S 是一种三层体系结构，在这种结构下，表示层、功能层、数据层被分割成三个相对独立的单元，即 Web 浏览器，具有应用程序扩展功能的 Web 服务器和数据库服务器。

三层的 B/S 体系结构是把二层 C/S 结构的事务处理逻辑模块从客户机的任务中分离出

来，由单独组成的一层来负担其任务，这样客户机的压力大大减轻了，把负荷均衡地分配给了 Web 服务器，这种 B/S 三层体系结构如图 9-4 所示。

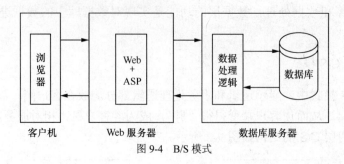

图 9-4 B/S 模式

9.2 Web 服务器的构建

Web 服务器主要是指提供 HTTP 协议访问网络资源的服务器。目前常见的 Web 服务器有 Microsoft IIS，Apache、Tomcat、Resin、IBM WebSphere、BEA WebLogic 等。不同的服务器可以解析的动态网页可能不同，但是它们都支持对静态页面的解析。

9.2.1 Web 服务概述

Web 服务是目前 Internet 上最为流行的技术。它的核心技术包括超文本标记语言 HTML（Hyper Text Markup Language），超文本传输协议 HTTP（Hyper Text Transport Protocol）和统一资源定位符 URL（Uniform Resource Locator）。

1. HTML

HTML 即超文本标记语言，它是 WWW 的描述语言。HTML 文本是由 HTML 标签组成的描述性文本，在 HTML 中可以存放文字、图形、动画、声音、表格、链接等信息。HTML 的结构包括头部（Head）、主体（Body）两大部分，其中头部描述浏览器所需的信息，而主体则包含所要说明的具体内容。Html 语法简单，并且不很严格，凡是出错的项目都转化为文本处理。HTML 标签用<>标记开始，用</>标记结束，大多数标签都是成对出现。HTML 可直接由浏览器执行，在标准网页设计中 HTML 负责填充网页的内容。HTML 文件必须使用 HTML 或 HTM 为文件名后缀。HTML 文档能独立于各种操作系统平台，在浏览器中显示执行结果，它不区分大小写。

2. URL

URL，即统一资源定位符。通常在浏览网络资源的时候，使用 URL，一个 URL 应该包含四个部分的内容，即协议名、主机名（或 IP）、子路径、首页面。它的组织方式是"协议名://主机名（或 IP）/子路径/首页面"。例如河南科技学院网络安全站点的 URL 地址是 http://www.hist.edu.cn/Webinfo/index.asp，它表示的是该站点提供 WWW 服务，该站点的主机名为 www.hist.edu.cn，子路径为 Webinfo，站点的首页为 index.asp 页面。

　　URL 通常可以简写，一般的主机域名命名方式对应的协议默认关系如下：WWW 开头的表示和 HTTP 协议对应，FTP 开头的和 FTP 协议对应，也就是说在调用如上的站点的时候：输入 www.hist.edu.cn/Webinfo/index.asp 即可，系统将自动按照 HTTP 协议方式组织，又如输入如下的主机域名：ftp.Hist.edu.cn，系统自动将按照 FTP 协议解析，其他不规则的一般都按照 HTTP 方式解析，例如，直接使用 IP 地址的方式，这些情况在输入 URL 地址时应该加上协议类型。如访问一个 FTP 站点的输入应该是 ftp://59.69.166.234 格式，而如果直接输入59.69.166.234，系统将完全按照 Web 服务器去解析，即相当于按照 http://59.69.166.234 去解析了，其结果肯定是返回错误。

　　URL 地址中将服务的默认端口号都省略了，如果用户自定义了服务对应的端口号，则必须在主机后面写上服务对应的端口号。默认页面名称的命名如果比较规则，则在 URL 中也可以省略，一般的 Web 服务器把对应的首页默认名称都设置为 Default 或 Index 等，那么在用户输入的时候都不需要输入首页信息，即可自动跳转。当然，属于用户自己搭建的服务器则需要把默认页面在服务器中指定，否则在写 URL 地址时就不能省略该项目。

3. HTTP

　　HTTP，即超文本传输协议，它是用于从 WWW 服务器传输超文本到本地浏览器的传送协议。HTTP 基于请求/响应模式，它是一个浏览器/服务器模型。当浏览器与服务器建立连接后，发送一个请求给服务器，服务器接到请求后，给予相应的响应信息，其格式为一个状态行，包括信息的协议版本号、一个成功或错误的代码，后边是 MIME 信息包括服务器信息、实体信息和可能的其他内容。

　　在 Internet 上，HTTP 通信通常发生在 TCP/IP 连接之上。服务缺省端口是 TCP 的 80号，其他的端口号可以由用户指定使用。基于 HTTP 的浏览器/服务器模式的信息交换过程，它分为 4 个过程：建立连接、发送请求信息、发送响应信息、关闭连接。浏览器作为 HTTP 客户，向服务器发送请求，当浏览器中输入了请求信息，浏览器就向服务器发送 HTTP 请求，此请求被送往由 IP 地址指定的 URL。如果连接过程建立起来，则由驻留程序接收请求，按照客户端的请求信息进行响应，在进行必要的操作后回送所要求的文件，响应结束后连接断开。

9.2.2　Microsoft IIS Web 服务器的基本配置

　　IIS 是 Internet Information Server 的缩写，它是微软公司出品的 Web 服务器，IIS 集成在 Windows 操作系统内，通过添加系统组件的方式来安装。IIS 集成了.NET 框架，使得 IIS 成为了支持 ASP.NET 的高效率开发平台。本节主要讲述 IIS 7.0 Web 服务器的基本配置。

1. IIS 的安装和测试

　　（1）单击"开始"→"管理工具"，单击"服务器管理器"，在"角色摘要"中，单击"添加角色"，如图 9-5 所示。

　　（2）弹出如图 9-6 所示的"选择服务器角色"窗口，在该窗口中选择"Web 服务器（IIS）"选项。

图 9-5 "服务器管理器"窗口 　　　　图 9-6 "选择 IIS 服务器"窗口

（3）单击"下一步"按钮，弹出如图 9-7 所示的"Web 服务器"窗口。

（4）单击"下一步"按钮，在出现的窗口中为该 Web 服务器添加相关的组件，操作如图 9-8 所示。

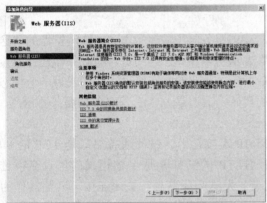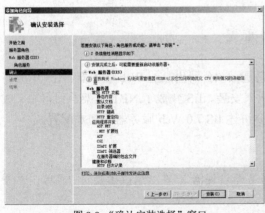

图 9-7 "Web 服务器"窗口 　　　　　　图 9-8 添加 Web 服务器组件

（5）单击"下一步"按钮，弹出如图 9-9 所示的"确认安装选择"窗口。

（6）单击"安装"按钮，开始安装 IIS 服务，显示如图 9-10 所示。

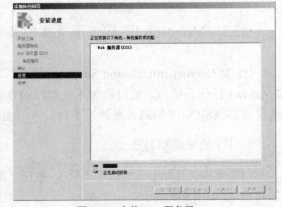

图 9-9 "确认安装选择"窗口 　　　　　　图 9-10 安装 Web 服务器

（7）安装完成后，弹出如图 9-11 所示的"安装结果"窗口，单击"关闭"按钮，完成安装过程。

（8）安装完成后，打开浏览器，在地址栏输入"127.0.0.1"或"localhost"，如果弹出如图 9-12 所示的窗口，则表明服务器的安装正确。

图 9-11　"安装完成"窗口

图 9-12　测试默认页面

2．基本配置

（1）安装好 IIS 后，打开"开始"→"管理工具"→"internet 信息服务（IIS）管理器"，出现如图 9-13 所示的 IIS 主窗口。单击对应的主机名称，在右边区域操作选项中可以选择"重新启动"和"停止"来实现重启服务器和停止服务器。

（2）双击 IIS 区域的 默认文档 图标，弹出默认文档设置窗口，单击右边的"添加"按钮，弹出添加默认文档对话框，输入要设置的默认文档，单击"确定"按钮添加，如图 9-14 所示。

图 9-13　IIS 主窗口

图 9-14　添加默认文档

（3）双击 IIS 区域的 目录浏览 图标，弹出如图 9-15 所示的目录浏览窗口，在右边的操作中选择"启用"，则可以实现站点的目录浏览功能。IIS 中可以设置目录浏览的相关指定信息，如时间，大小，扩展名，日期等。

注意：IIS 中默认的是关闭目录浏览功能，实际上目录浏览可以简单的实现一个自组站点。

（4）双击 IIS 区域的 图标，弹出如图 9-16 所示的日志窗口，在该窗口中可以设置相关的日志格式，目录，编码等。

图 9-15　目录浏览设置

图 9-16　设置日志选项

（5）双击 IIS 区域的 图标，弹出如图 9-17 所示的日志窗口，在该窗口中，在右边的操作区域单击"添加"按钮，可以设置定义相关的错误页信息等。

注意：为了方便系统管理，一般采用 IIS 默认的错误页面。

（6）在 IIS 管理器的网站节点上右键单击，在弹出的菜单中选择"添加网站"命令，操作如图 9-18 所示。

图 9-17　设置错误页

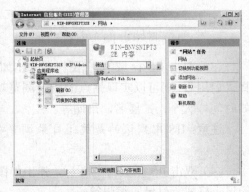

图 9-18　添加网站命令

（7）弹出如图 9-19 所示的"添加网站"窗口，在该窗口中可以设置网站的名称，连接的物理路径，绑定的类型，IP 地址，端口，主机名等，如果想直接启动网站，则选择"立即启动网络"选项。

（8）在新建好的 hist3w 站点上右键单击，在弹出的菜单中选择"管理站点"→"高级设置"菜单项目，如图 9-20 所示。

图 9-19　添加网站

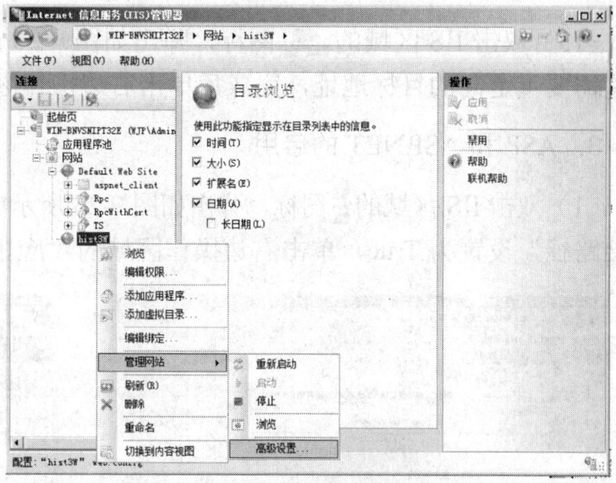

图 9-20　站点高级设置

（9）弹出如图 9-21 所示的窗口，在该窗口中可以重新设置站点的相关属性。

（10）在新建好的 hist3w 站点上右键单击，在弹出的菜单中选择"添加虚拟目录"菜单项目，弹出如图 9-22 所示的窗口，在该窗口下可以实现虚拟目录的添加。IIS 支持为虚拟目录设置别名。

图 9-21　"高级设置"窗口

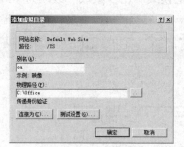

图 9-22　设置虚拟目录

（11）在新建好的 hist3w 站点上右键单击，在弹出的菜单中选择"编辑绑定"菜单项目，弹出如图 9-23 所示的"网站绑定"窗口，在该窗口下显示了当前站点的绑定类型，相关的端口信息等。

（12）单击图 9-23 上的"添加"按钮，弹出如图 9-24 所示的"添加网站绑定"窗口，在该窗口中可以设置要绑定的协议类型，IP 地址和相关的端口。

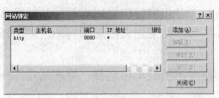

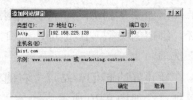

图 9-23 "网站绑定"窗口　　　　　　　　图 9-24 添加网站绑定

（13）双击 IIS 区域的 图标，弹出如图 9-25 所示的 HTTP 重定向窗口，在该窗口中，设置需要重定向的目标地址，完成后单击右边操作区域的"应用"项目。

3. ASP 和 ASP.NET 的启用

（1）双击 IIS 区域的 图标，弹出如图 9-26 所示的 ASP 属性窗口，在"行为"组中将"启用父路径"设置为 True，单击右边操作区域的"应用"，ASP 就可以在 IIS 上运行。

图 9-25 HTTP 重定向窗口　　　　　　　　图 9-26 ASP 设置

（2）从 IIS 7.0 开始，ASP.NET 作为核心组件安装在系统中，如果 ASP.NET 的站点在运行时出现如图 9-27 所示的提示，则需要实现更改配置，则可以正常运行。

（3）打开"Internet 信息服务（IIS）管理器"，展开服务器的"应用程序池"节点，找到配置了 ASP.Net 的站点项目，在其上面双击，弹出"编辑应用程序池"窗口，将该窗口中的"托管管道模式"由"集成"改动为"经典"即可，操作如图 9-28 所示。

图 9-27 错误提示窗口　　　　　　　　图 9-28 改动托管管道模式

4. 安装 PHP 程序及设置

安装好 IIS 后，就可以发布相应的网站，但是这时还无法浏览 PHP 语言建立的页面，需要先安装 PHP 并设置必须的参数。

（1）下载 PHP 主程序，将其解压缩到本地磁盘 C 盘根目录。将 PHP 文件夹中的 php.ini-dist 复制到 C:\WINDOWS 目录下并改名为 php.ini，复制 php5ts.dll 和 libMySQL.dll 两个文件到 C:\WINDOWS\system32 中。为了让 PHP 支持 MYSQL 和 GD 库需要编辑 php.ini 文件，用记事本打开该文件，查找"extension_dir"，然后把 extension_dir = "./"修改为 extension_dir = "C:\php\ext"；把";extension=php_mysql.dll"前的分号去掉，改成 extension=php_mysql.dll。把";extension=php_gd2.dll"前的分号去掉，修改为 extension=php_gd2.dll。

（2）双击 IIS 区域的 图标，弹出如图 9-29 所示的 ISAPI 和 CGI 限制窗口，在右边的操作区域单击"添加"，在弹出的"添加 ISAPI 和 CGI 限制"窗口中设置 PHP 路径，填写描述信息，并启用"允许执行扩展路径"。

（3）双击 IIS 区域的 图标，弹出处理程序映射窗口。在右边操作栏里单击"添加脚本映射"，在弹出"添加脚本映射"窗口中输入请求路径、可执行文件和名称，操作如图 9-30 所示。

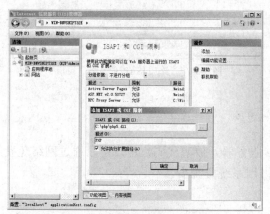

图 9-29　ISAPI 和 CGI 限制窗口

图 9-30　处理程序映射窗口

（4）单击"确定"按钮，出现如图 9-31 所示的提示窗口，单击"是"按钮，将完成映射的添加过程。

（5）双击 IIS 区域的 图标，弹出 MIME 类型窗口，在窗口右边的操作区域单击"添加"，在弹出的"添加 MIME 类型"窗口中输入文件扩展名".php"，在 MIME 类型中填上"text/HTML"，操作如图 9-32 所示。

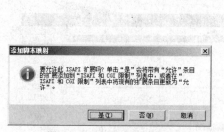

图 9-31　添加脚本映射提示

图 9-32　MIME 类型窗口

（6）返回默认网站属性窗口的"主页"，单击"默认文档"，将"index.php"添加到默认文档列表中，如图 9-33 所示。

（7）如果 PHP 无法正常显示，双击 IIS 区域的 MIME 类型图标，弹出 ISAPI 筛选器窗口，在右边的操作区域单击"添加"，弹出"添加 ISAPI 筛选器"窗口，添加一个名为 PHP 的筛选器，可执行文件选择 c:\php\php5.dll 即可，操作如图 9-34 所示。

图 9-33　添加默认文档

图 9-34　"添加 ISAPI 筛选器"窗口

9.2.3　Apache 服务器的安装与配置

Apache 是广泛使用的 Web 服务器。Apache 服务器开放源代码，用户可以通过网络免费获取，Apache 服务器运行速度快，性能稳定，占用系统资源少。

1．Apache 服务器的安装

（1）双击 Apache 的安装文件，出现 Apache 服务器的安装画面。按"next"按钮，安装开始，安装过程中要求输入用户的网络域名、服务器域名和网站管理员的 E-mail，并设置为供所有用户使用选项，操作如图 9-35 所示。

（2）继续按"next"按钮，选择服务器的安装路径，系统开始进行文件复制，复制完成后，出现完成安装窗口，按"finish"按钮，完成 Apache 服务器的安装过程。

（3）完成服务器的安装后，则会在本机的系统图标显示区中显示 Apache 服务器的图标。双击该图表出现如图 9-36 所示的窗口，说明 Apache 服务器已经正常安装并且已经启动。在浏览器中输入 http://127.0.0.1，出现如图 9-37 所示的测试页窗口，说明 Apache 运行成功。

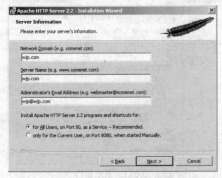

图 9-35　Apache 安装设置

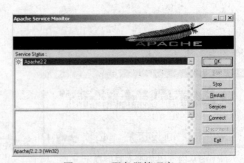

图 9-36　服务器管理窗口

（4）找到 Apache 文件的安装目录，出现如图 9-38 所示的窗口，所有的配置文件存放在 Conf 文件夹下，系统的启动文件存放在 Bin 目录下，Error 目录存放的是系统自定义的错误类型，Htdocs 存放的是 Web 站点资料。用户配置服务器后的所有 Web 资源一般都放置在该目录下。

图 9-37　服务测试页

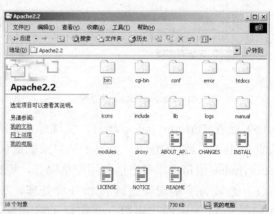

图 9-38　Apache 文件目录

2．Apache 的基本配置

Apache 的配置文件是"httpd.conf"，它存放在 Apache 安装目录的 conf 子目录下。用记事本将该文件打开修改就实现了配置过程。文件在配置时已经给出配置说明，甚至举例供用户参考，它们都是以#开头。如果配置出错，复制 conf 目录的 Default 子目录下的 httpd.conf 文件到 conf 目录下，替换原来的 httpd.conf 文件。Apache 服务器需要各种设置，以定义自己使用各种参数以提供 Web 服务。

（1）ServerAdmin 项目用于配置 WWW 服务器管理员的 E-mail 地址，这将在 HTTP 服务出现错误的条件下返回给浏览器。习惯上使用服务器上的 Webmaster 作为 WWW 服务器的管理员，通过邮件服务器的别名机制，将发送到 Webmaster 的电子邮件发送给真正的 Web 管理员。图 9-39 所示是 ServerAdmin 的配置过程。

（2）Apache 服务器可以和其他 Web 服务器绑定实现快速 Web 服务过程，为了防止冲突，通常修改 Apache 服务器的默认端口。找到 Listen 语句，修改如图 9-40 所示的部分即可。

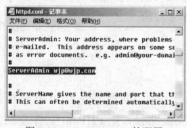

图 9-39　ServerAdmin 的配置

图 9-40　服务器端口设置

（3）DocumentRoot 语句指定网站资源的本地路径。默认的目录存放在 Htdocs 目录下，可以把要放置的站点资源复制到该目录下。为了方便起见，用户可以直接指定资源目录。图 9-41 所示是 DocumentRoot 的设置过程。

（4）在进行上面设置后，必须修改 Directory 项目，实现对实际目录的设置。该设置完成后，服务器才允许对目录进行访问。注意修改的 Directory 项目原来对应的应该是 Htdocs 子目录，操作如图 9-42 所示。

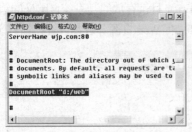
图 9-41　DocumentRoot 的设置

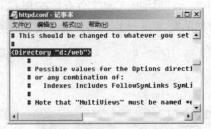
图 9-42　directory 的设置

（5）配置 DirectoryIndex 项目，实现对系统默认页面的配置过程。一般默认页的主文件名设置为 Index 或 Default，如果子站目录的默认页各不相同，则必须把各个默认页都写入 DirectoryIndex 语句中，每个语句用空格隔开，操作如图 9-43 所示。

（6）通常为了实现快速连接和分块处理，要设置虚拟目录。在 httpd.conf 文件末尾添加如图 9-44 所示的代码段，就实现了将 d:/ghost 作为 test 虚拟目录的过程。这样通过 http://127.0.0.1/test/ 就可以查看 d:/ghost 目录下的内容。

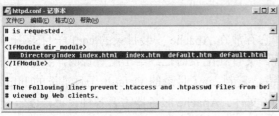
图 9-43　DirectoryIndex 的设置

图 9-44　虚拟目录设置

（7）为了进行安全访问和提高服务器的效率，通常要设置 IP 地址访问范围。找到配置文件的站点主目录 Directory 区域。找到系统默认的 Allow From All 语句，修改该语句，设置不允许访问主机的 IP 范围。要允许站点访问用 Allow 语句；要拒绝站点访问用 Deny 语句；如果要禁止所有 IP 访问，通常使用 Deny From All；如果要拒绝某几个网段的站点访问通常设置为 Deny From 网络地址/掩码位数；如果只允许部分网络访问则使用 allow from 网络地址/掩码位数。图 9-45 是 IP 地址访问范围的设置过程。

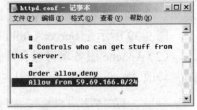
图 9-45　IP 范围的设置

3．安装与配置 PHP

（1）和 IIS 一样，Apache 不支持 PHP，要运行 PHP，则需要安装 PHP 解析器，安装过程基本和 IIS 方式相同。安装完成后找到解析器的安装路径，把 PHP.ini 文件复制到操作系统的根目录下，把 php5ts.dll 文件复制到操作系统根目录的 system32 子目录下。

（2）打开 Apache 的配置文件 httpd.conf，在 #Loadmodule ssl_module modules/mod_ssl.so 下加入 Loadmodule PHP5_module c:/PHP/PHP5Apache2_2.dll 语句，操作如图 9-46 所示。

（3）在 "Add Type application/x-gzIP .gz .tgz" 下加入 AddType -application/x-httpd-PHP .PHP 语句，操作如图 9-47 所示。

（4）保存配置文件，重新启动 Apache 服务器，找到一个 PHP 文件，进行测试。

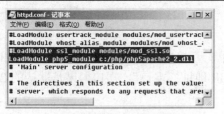

图 9-46　添加 PHP 解析模块

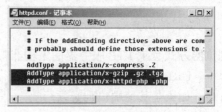

图 9-47　添加 PHP 解析类型

4. 安装与配置 CGI

（1）双击 Perl 安装程序，选择安装目录，安装过程非常简单。完成安装后，打开 httpd.conf 文件，找到 scriptalias /CGI-bin/ "c:/Apache/CGI-bin/"语句，将"c:/Apache/CGI-bin/"改为 Perl 安装程序对应的 CGI-bin 目录，操作如图 9-48 所示。

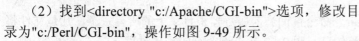

（2）找到<directory "c:/Apache/CGI-bin">选项，修改目录为"c:/Perl/CGI-bin"，操作如图 9-49 所示。

图 9-48　更改 Perl 目录

（3）找到"AddHandler CGI-script .CGI"语句。删除前面的#，在后面加上".pl"，实现对 CGI 解析文件类型的添加，操作如图 9-50 所示。

（4）保存配置文件，重新启动 Apache 服务器，找到一个 CGI 文件，进行测试。

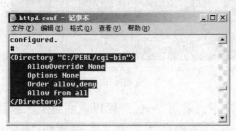

图 9-49　Perl 的 Directory 设置

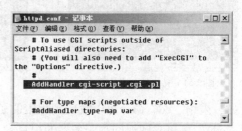

图 9-50　添加 CGI 解析类型

9.3　FTP 服务器的构建

FTP 服务器能提供基本的文件资源共享服务。借助于 FTP 服务器，用户可以使用 FTP 命令、浏览器或相关客户端软件下载对应共享的网络资源。目前常见的 FTP 服务器软件包括 Pureftpd、Proftpd、WU-ftpd、Serv-U 等。

9.3.1　FTP 服务的使用

FTP（File Transfer Protocol）即文件传输协议，它用来传输两台计算机之间的文件数据。FTP 针对文件传输进行了优化，在文件传输的过程中不进行复杂的转换，传输速度较快。

FTP 是基于 TCP 的协议，它使用两个并行的 TCP 连接来传送信息，一个是控制连接，一个是数据连接。控制连接用于在客户机和服务器之间发送控制信息，通常控制连接发起在 21 号端口，例如用户请求登录等。当服务器认证成功后，使用 20 号端口进行数据连接，数据连接用于真正的文件发送和数据传输。

1. 浏览器使用方式

浏览器方式登录 FTP 服务器的过程非常简单，直接在浏览器中输入 FTP 服务器的 URL 地址即可。URL 的格式为"FTP：//主机域名或 IP 地址：端口"，端口如果是默认的 21 号则可以省略，如果是其他端口则必须写上。

2. 命令使用方式

（1）采用"ftp"和"open"命令连接到 FTP 服务器，输入正确的用户名和密码，注意 FTP 服务器为了增加安全保护，在用户输入密码的时候，不显示任何字符。如果服务器接收匿名用户，则选择输入的匿名用户名为"anonymous"，密码选项为空。注意：默认的 FTP 服务端为 21 号可以省略，但是其他指定的端口必须填写，直接在写出 IP 或域名后，输入一个空格，然后输入端口号。不能在端口号前面加"："，这一点和浏览器的使用方式不同。图 9-51 是登录 FTP 服务器的过程。

（2）登录到服务器后采用"dir"命令查询当前服务器根目录下的所有资源，凡是文件将都出现详细的文件大小、文件名等信息。图 9-52 是查询命令的操作过程。

图 9-51　登录 FTP 服务器　　　　　　　　　　图 9-52　查询操作

（3）采用"cd"命令可以跳转到相应的子目录下，采用"cd .."可以返回到上一级目录，采用"cd \"可以立即返回到服务器的根目录下。要注意的是".."和"/"都要和"cd"命令间隔一个空格，否则命令就会出现错误。

（4）采用"get"命令下载一个文件，要把文件存放在系统上已经建立的目录下，如果该目录不存在就会出错，另外服务器上的文件必须在当前目录下，并且要指定扩展文件名，否则也会出错。如果用户只指定要下载的文件，而并不指定文件要存放的地址和下载后的保存文件名，系统将默认下载服务器上的文件到本机的 C 盘根目录下，文件名与服务器上的名称相同。和它相同的命令是"recv"，语法格式相同，操作如图 9-53 所示。

（5）上传命令使用"put"，可以把本地的一个文件放置到 FTP 服务器上去。和它相同的命令是"send"，语法格式相同。上传操作必须是经过服务器的许可才能进行，操作如图 9-54 所示。

图 9-53　文件下载　　　　　　　　　　　图 9-54　上传操作

（6）使用"del"命令可以把服务器上的一个文件删除，要注意的是要执行该操作必须是系统已经设置了删除权限，否则无法执行。

（7）服务器的断开采用"close"、"quit"、或者"bye"命令，这几个命令没有参数。

（8）其他 FTP 命令和相关的作用如下所示。

① help：FTP 的帮助命令和它相同的还有？命令。

② mdelete：删除远程主机文件。

③ mdir：与 dir 类似，但可指定多个远程文件。

④ mget：传输多个远程文件。

⑤ mkdir：在远程主机中建一目录。

⑥ mls：可指定多个文件名。

⑦ mput：将多个文件传输至远程主机。

⑧ open：建立指定 FTP 服务器连接，可指定连接端口。

⑨ prompt：设置多个文件传输时的交互提示。

⑩ put：将本地文件 local-file 传送至远程主机。

⑪ pwd：显示远程主机的当前工作目录。

⑫ quit：同 bye，退出 FTP 会话。

⑬ quote：将参数逐字发至远程 FTP 服务器。

⑭ recv：同 get。

⑮ rename：更改远程主机文件名。

⑯ rmdir：删除远程主机目录。

⑰ send：同 put。

⑱ status：显示当前 FTP 状态。

⑲ trace：设置包跟踪。

⑳ type：设置文件传输类型为 type-name，缺省为 ascii。

㉑ user：向远程主机表明自己的身份。

㉒ verbose：同命令行的-v 参数，即设置详尽报告方式，FTP 服务器的所有响应都将显示给用户，缺省为 on。

3．客户端软件使用方式

浏览器方式使用 FTP 虽然直观，但是运行速度较慢，占用系统资源高，系统响应速度慢，所以不受用户欢迎。命令方式使用 FTP 直观性差，但是它的速度较快，它是深刻理解 FTP 服务过程，掌握 FTP 服务器操作方式的重要手段。这种方式需要用户记忆大量的 FTP 命令，所以难度较高。

FTP 客户端软件是结合这两者优点的产物，它既有较高的效率又存在有好的可视化界面，所以采用 FTP 客户端软件是登录 FTP 站点的最好选择。目前常用的 FTP 客户端软件有 CuteFTP 和 Flashfxp 等，通常用户采用它们作为个人网页的上传工具。

（1）安装 Flashfxp，安装过程非常简单，直接按照软件的提示，按"下一步"按钮操作，直到完成即可。

（2）打开 Flashfxp 的"会话"菜单，选择"快速连接"选项，出现如图 9-55 所示的窗口，填写相关登录信息。

（3）按"连接"按钮，软件就开始连接服务器，连接成功后出现如图 9-56 所示的窗口，左面的部分是本机资源，右边的部分为 FTP 服务器上的资源。选择服务器上的资源，单击鼠标右键选择传输，或者直接用左键选中，拖动到左边的窗口就实现了下载过程。相反的过程就是上传。

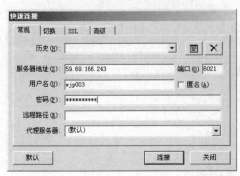

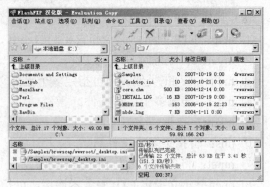

图 9-55　登录信息　　　　　　　　　　　图 9-56　Flashtxp 登录后主界面

9.3.2　Microsoft IIS 之 FTP 服务器的基本配置

本节讲述 IIS FTP 服务器的安装和基本配置过程。

1．安装 FTP

（1）FTP 服务器是 IIS 的一个角色服务，在安装好 IIS 后，打开服务管理器，展开"Web 服务器（IIS）"节点，如图 9-57 所示。

（2）在"角色服务"区域右边单击"添加角色服务"，弹出如图 9-58 所示的"选择角色服务"窗口，选择"FTP 发布服务"选项。

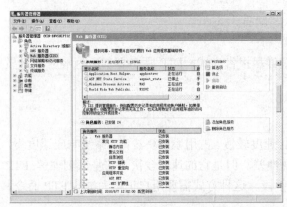

图 9-57　服务管理窗口　　　　　　　　　　图 9-58　选择"FTP 发布服务"选项

（3）单击"下一步"按钮，弹出"确认安装选择"窗口，该窗口列出了所选择的所有组件项目，如图 9-59 所示。

（4）单击"安装"按钮，组件开始进行安装，如图 9-60 所示。

（5）完成安装后，出现如图 9-61 所示的"安装结果"窗口，单击"完成"按钮，完成安装过程。

（6）在 IIS 7.0 中虽然内置了 FTP 服务器的安装组件，但是 FTP 服务器的管理仍然使用了 IIS 6.0 的组件，在 IIS 7.0 中安装好 FTP 服务器组件后，在管理工具中多出一个"Internet 信息服务（IIS）6.0 管理器"选项，所有的 FTP 服务器配置和管理都在该窗口下，图 9-62 所示是"Internet 信息服务（IIS）6.0 管理器"的主窗口。

图 9-59　"确认安装选择"窗口

图 9-60　安装组件

图 9-61　"完成安装"窗口

图 9-62　"Internet 信息服务（IIS）6.0 管理器"主窗口

2．IIS 的 FTP 服务器的基本配置

（1）打开"Internet 信息服务（IIS）6.0 管理器"主窗口，找到默认的 FTP 站点选项，右键单击"属性"，出现如图 9-63 所示窗体。在该窗体中设置站点的描述信息、端口号、IP 地址超时时间、连接用户数量等。

（2）选择图 9-63 所示窗体的"当前会话"按钮实现查看当前有多少用户正在连接服务器。单击该按钮后出现如图 9-64 所示窗体。选择一个用户单击"断开"按钮就可以实现断开该用户的连接过程。单击"全部断开"按钮可以把当前所有连接用户都断开。

图 9-63　FTP 站点属性设置

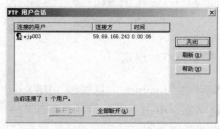

图 9-64　FTP 用户会话

（3）FTP 服务器可以同时提供 3 种服务方式，即只使用匿名方式、带匿名的认证方式和无匿名的认证方式。切换到 FTP 站点属性的"安全账户"选项卡，如果选择了允许匿名方式就是包含匿名用户的认证方式，如果选择只允许匿名就是只匿名方式，如果该两者都不选择就是认证方式。认证方式的用户必须在操作系统里注册，安全账户的设置操作如图 9-65 所示。

（4）切换到 FTP 默认站点属性的"消息"选项卡中，设置标题信息，欢迎信息，退出提示信息和最大连接数限制。该项目在采用命令方式连接 FTP 服务器的时候，出现标题信息，如果用户认证成功，出现欢迎信息，退出时出现退出提示信息，设置方式如图 9-66 所示。

图 9-65　安全账户选项

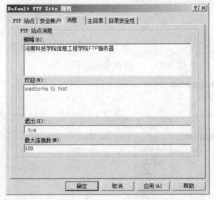

图 9-66　消息的设置

（5）选择 FTP 站点的"主目录"选项卡，设置主目录资源路径，如果只允许用户访问资源，选择读取选项；如果允许用户对服务器的资源实现在线修改，删除，上传等操作，选择写入选项。目录列表样式提供给使用命令用户查询站点资源时使用，可以在 Unix 或 MS-DOS 方式中选择，操作如图 9-67 所示。

（6）目录安全性的设置和 IIS 中的设置基本相同，如果允许所有用户访问，选择授权访问；如果要进行 IP 地址限制，选择拒绝访问，设置只允许访问的 IP 段，操作如图 9-68 所示。

图 9-67　主目录设置

图 9-68　目录安全性设置

3．FTP 站点的创建

（1）启动"Internet 信息服务（IIS）6.0 管理器"主窗口，在 IIS 控制树中选中安装 IIS 的计算机名字，单击"操作"→"新建"→"|FTP 站点"命令出现"FTP 站点创建向导"对话框，操作如图 9-69 所示。

（2）单击"下一步"按钮，在"FTP 站点说明"页的"描述"文本输入框中输入 FTP 站点的名称描述，操作如图 9-70 所示。

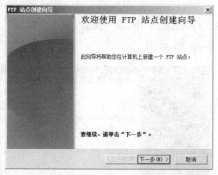

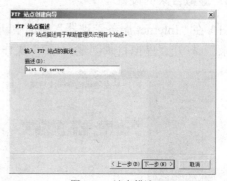

图 9-69　创建 FTP 向导

图 9-70　站点描述

（3）单击"下一步"按钮，在"IP 地址和端口设置"页中，设置 IP 地址和端口，操作如图 9-71 所示。

（4）单击"下一步"按钮，出现如图 9-72 所示的 FTP 用户隔离窗口，设置对应的隔离方式。

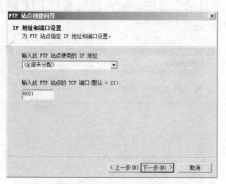

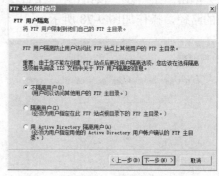

图 9-71　设置 IP 和端口

图 9-72　设置隔离

（5）单击"下一步"按钮，在"FTP 站点主目录"窗口的"路径"文本输入框中输入 FTP 站点的主目录，操作如图 9-73 所示。

（6）单击"下一步"按钮，在"FTP 站点访问权限"窗口选择 FTP 站点的访问权限，如果只允许文件下载则选择"读取"，如果允许文件上传则选择"写入"，操作如图 9-74 所示。

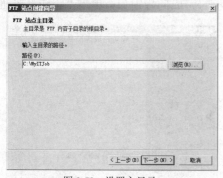

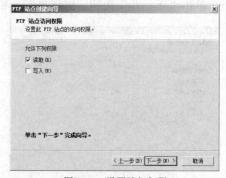

图 9-73　设置主目录

图 9-74　设置访问权限

（7）单击"下一步"按钮，出现如图 9-75 所示的窗口，单击"完成"按钮，完成 FTP

站点创建向导。

4. 虚拟目录的设置

（1）在"Internet 服务管理器"中选中新建的 FTP 站点。单击"操作"→"新建"→"虚拟目录"，打开"虚拟目录创建向导"，操作如图 9-76 所示。

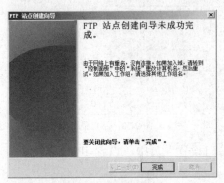

图 9-75　完成 FTP 向导　　　　　　　　　　图 9-76　设置虚拟目录

（2）单击"下一步"按钮，在"虚拟目录别名"页中输入别名，显示如图 9-77 所示。

（3）单击"下一步"按钮，在"FTP 站点内容目录"页中，输入要发布到 FTP 站点的内容所在的路径，操作如图 9-78 所示。

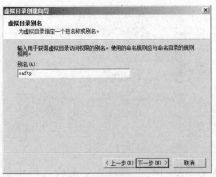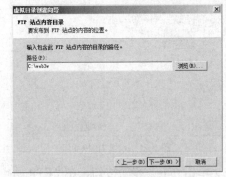

图 9-77　设置别名　　　　　　　　　　　　图 9-78　设置路径

（4）单击"下一步"按钮，在"访问权限"页中，选中访问权限中的读取和写入复选框，允许用户读写该目录，操作如图 9-79 所示。

（5）单击"下一步"按钮，出现如图 9-80 所示的完成向导窗口，单击"完成"按钮即可。

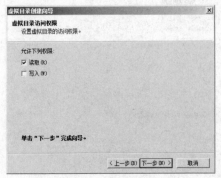

图 9-79　设置权限　　　　　　　　　　　　图 9-80　完成窗口

9.3.3　Serv-U FTP 服务器基本配置

Serv-U 是一款功能强大的 FTP 服务器，也是目前市场上使用最为广泛的 FTP 服务器。本节讲述 Serv-U 服务器的基本配置。

1. Serv-U 的安装

双击 Serv-U FTP 服务器的安装程序，出现安装向导界面。单击"next"按钮向下进行，安装过程中不需要配置任何信息。安装完成后，运行汉化程序对服务器进行汉化处理。汉化程序必须要安装到和 FTP 服务器相同的安装目录。

2. Serv-U 的系统系统

（1）在 Serv-U FTP 安装汉化成功后，从"开始"菜单的"所有程序"选项中选择 Serv-U 目录，打开 Serv-U Administrator 程序，出现如图 9-81 所示的窗体。

（2）选择"设置"→"常规"选项，设置最大的上传速度，下载速度，访问的用户数量，对匿名用户的处理等。设置完成后按"应用"按钮确认，操作如图 9-82 所示。

图 9-81　Serv-U FTP 主窗口

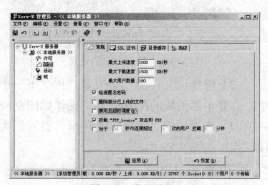

图 9-82　常规设置

（3）选择"SSL 证书"选项卡，设置基本的 SSL 证书信息。设置完成后按"应用"按钮确认，操作如图 9-83 所示。

（4）选择"目录缓存"选项卡，设置启用缓存选项，设置超时时间和列表项目，并启用自动刷新。设置完成后按"应用"按钮确认，操作如图 9-84 所示。

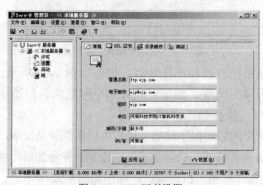

图 9-83　SSL 证书设置

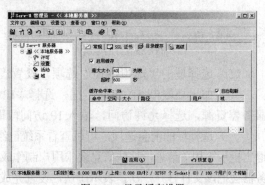

图 9-84　目录缓存设置

（5）选择"高级"选项卡，设置服务器的安全参数，是否允许文件上传操作，设置文件下载权限，配置发送数据和接收数据的最大缓冲数目等。设置完成后按"应用"按钮确认，操作如图 9-85 所示。

3. Serv-U 域的配置

（1）选择"域"选项，在右边出现的空白窗口中，单击鼠标右键，再出现的菜单中选择新建域，出现域配置向导窗口，输入域服务器的 IP 地址，操作如图 9-86 所示。

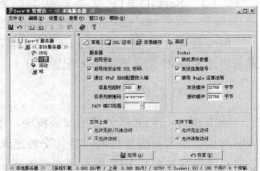

（2）输入完成后按"下一步"按钮，出现域的描述窗口，设置一个描述名称。按"下一步"按钮，出现端口号的配置窗口，FTP 服务默认的

图 9-85　高级属性设置

为 21 号端口，用户可以更改为任何其他端口。要注意的问题是，配置的端口必须要未被使用，否则就可能引起冲突，操作如图 9-87 所示。

图 9-86　域 IP 地址的设置

图 9-87　域端口号的设置

（3）选择域文件的存储位置，按"下一步"按钮完成域的配置过程。系统返回到主窗口中，并显示当前域的配置信息，操作如图 9-88 所示。

（4）选择域的"常规"选项卡，设置最大用户数量，最小密码长度和密码到期日期等选项，操作如图 9-89 所示。

图 9-88　设置好的域属性

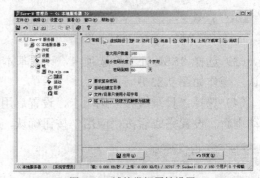

图 9-89　域的常规属性设置

（5）选择域的"虚拟路径"选项，设置虚拟路径映射和连接映射，操作如图 9-90 所示。

（6）如果要限制 IP 访问范围，选择"IP 访问"选项。如果只允许某个网段的客户访问服务器资源，选择允许访问，输入 IP 访问段即可，操作如图 9-91 所示。

（7）选择域的消息选项，可以查看系统已经定义的错误提示信息。用户可以添加登录提示，退出提示等相关信息，这些信息要求用户制作成 txt 文件格式，选择浏览方式添加。在添加后，服务器会把该文件打开一次，表示确认，设置完成后按"应用"按钮确认，操作如图 9-92 所示。

（8）选择域的"记录"选项卡，设置日志文件的存储位置，设置不记录的 IP 地址范围等，操作如图 9-93 所示。

图 9-90　虚拟路径设置

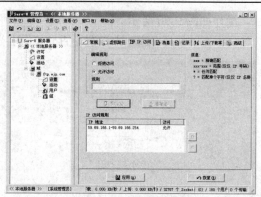

图 9-91　IP 访问范围设置

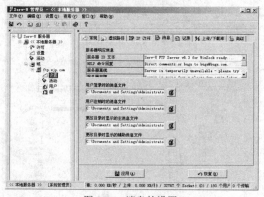

图 9-92　消息的设置

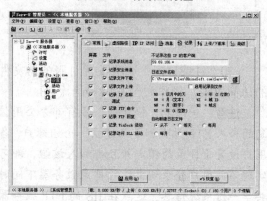

图 9-93　记录的设置

4．用户和组的设置

Serv-U FTP 提供组和用户两种方式来连接到 FTP 服务器，组方式一般提供给所有用户使用，使用匿名方式，所有用户访问相同的站点信息。Serv-U FTP 服务器的优点是不同的用户可以设置不同的目录，这点和 IIS 中 FTP 服务器的方式截然不同。

（1）选择"用户"选项，在右边的空白区域单击鼠标右键，在出现的菜单中选择"新建用户"，输入用户名；单击"下一步"按钮，设置用户访问密码。注意该密码在设置的时候是明文显示。

（2）单击"下一步"按钮，选择该用户到绑定到的文件目录，操作如图 9-94 所示。

（3）单击"下一步"按钮，设置该用户锁定目录，操作如图 9-95 所示。

图 9-94　用户主目录的设置

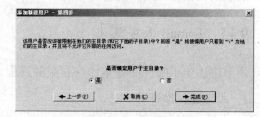

图 9-95　用户主目录锁定设置

（4）添加组的过程和添加用户的过程相似，只要输入组名即可。组建立好后，出现账号、目录访问和禁止 IP 访问 3 个选项，按照提示设置目录访问权限。设置禁止 IP 访问和前面的方法相同，组账号是公用信息所以不设置任何密码。

（5）选择"账号"选项，可以修改账户名信息，选择加入一个组，并设置管理权限等项目，操作如图 9-96 所示。

（6）在"常规"选项中设置是否允许匿名登录，欢迎消息等选项，详细操作如图 9-97 所示。

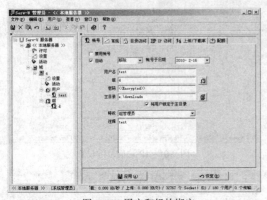
图 9-96　用户和组的绑定

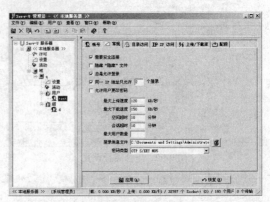
图 9-97　用户常规设置

（7）"目录访问"选项设置对服务器文件的访问权限，操作如图 9-98 所示。

注意：一般地，构建一个带有部分公用信息的个人 FTP 站点都是只建立一个组账户，各用户设置子目录的锁定并且都加入该组，即可实现不同用户登录到自己的目录服务器下同时共享一份系统信息。这点在 IIS 的 FTP 服务器下是不可能实现的。Serv-U FTP 服务器同时支持多个域的建立过程，不同的域必须选择不同的服务端口，否则会引起冲突。

图 9-98　操作权限设置

9.4　E-mail 服务器的构建

E-mail，即电子邮件，它是因特网上使用广泛的一种服务。它依靠网络通信实现信息的传输服务。电子邮件附带的信息资源类型丰富，收费低廉，方式简单灵活，具有较强的移动性，所以很受企业和用户的青睐。

9.4.1　E-mail 服务概述

本节讲述电子邮件的基本协议和服务过程。

1．电子邮件地址

使用电子邮件系统的用户首先要有一个电子邮件信箱，该信箱在因特网上有唯一的地址，以便识别。电子邮件的地址由字符串组成，该字符串被"@"字符分成两部分，前一部分为用户标识，后一部分为用户信箱所在的计算机的域名，电子邮件地址的一般格式为：〈用户标识〉@〈主机域名〉。例如，xunji2002@163.com 表示用户 xunji2002 在域名为 163.com 的电子邮件服务器上注册的地址。

2．电子邮件系统的构成

一个完整的电子邮件系统来说，它一般包括以下 3 个部分。

（1）邮件用户代理程序

邮件用户代理程序（Mailer User Agent，MUA）指的是邮件的客户端软件，它的主要功能就是帮助用户发送和接收电子邮件。例如 Outlook、Outlook Express、Thunderbird、Foxmail、Eudora 都属于 MUA。此类软件都是基于 C/S 的网络服务模式。

随着 Web 技术的发展目前流行起来一种基于网页访问的电子邮件使用方式，即 Webmail，在这种方式中，浏览器就成为了 MUA，这种方式采用了 B/S 网络服务模式。

（2）邮件传送代理程序（也就是邮件服务器）

邮件传送代理程序（Mail Transfer Agent，MTA）指的是邮件的服务器软件，它用来监控及传送电子邮件。常见的 MTA 软件包括 Winmail、Exchange server、Imail Server 等。

（3）电子邮件协议

电子邮件协议是用来规范 MUA 和 MTA 实现通信的一组规则。常见的电子邮件协议包括如下几种。

① SMTP

简单邮件传输协议（Simple Mail Transfer Protocol，SMTP），目标是向用户提供高效、可靠的邮件传输。SMTP 的一个重要特点是它能够在传送中接力传送邮件，即邮件可以通过不同网络上的主机接力式传送。它工作在两种情况下：一是电子邮件从客户端传输到服务器；二是从某一个服务器传输到另一个服务器。SMTP 是请求/响应协议，它监听 25 号端口，用于接收用户的邮件请求，并与远端邮件服务器建立 SMTP 连接。

② POP3

POP 的全称是 Post Office Protocol，即邮局协议，用于接收电子邮件，它使用 TCP 的 110 端口。现在常用的是第 3 版，所以简称为 POP3。

POP3 采用 Client/Server 工作模式，当客户端需要服务时，客户端的软件（Outlook 或 Foxmail）将与 POP3 服务器建立 TCP 连接，此后要经过 POP3 协议的 3 种工作状态，首先是认证过程，确认客户端提供的用户名和密码，在认证通过后便转入处理状态；在此状态下用户可收取自己的邮件或删除邮件，在完成响应的操作后客户端便发出退出命令；此后便进入更新状态，将做删除标记的邮件从服务器端删除。至此，整个接收过程完成。

③ IMAP4

IMAP 是 Internet Message Access Protocol 的缩写，顾名思义，主要提供的是通过 Internet 获取信息的一种协议。IMAP 像 POP 一样提供了方便的邮件下载服务，让用户能进行离线阅读。但 IMAP 能完成的却远远不只这些，IMAP 提供的摘要浏览功能，可以让你在阅读完所有的邮件到达时间、主题、发件人、大小等信息后才作出是否下载的决定。

IMAP 本身是一种用于邮箱访问的协议，使用 IMAP 可以在 Client 端管理 Server 上的邮箱。它与 POP3 不同，邮件是保留在服务器上而不是下载到本地，在这一点上 IMAP 是与 Webmail 相似的。但 IMAP 有比 Webmail 更好的地方，即它比 Webmail 更高效和安全，可以离线阅读等。

3．电子邮件的服务过程

电子邮件的工作过程遵循 C/S 模型，下面给出电子邮件的基本工作过程。

（1）发送方创建一个客户进程（用户代理），编辑邮件并使用 25 号熟知端口将编辑好的邮件发送给发送邮件服务器。

（2）发送邮件服务器接收到用户代理的邮件后马上与接收邮件服务器建立连接。

（3）发送邮件服务器将邮件发送给接收邮件服务器。

（4）接收方使用用户代理软件从接收邮件服务器中读取邮件。

9.4.2　Microsoft IIS 之 SMTP 邮件服务器的基本配置

本节主要讲述 IIS 的 SMTP 邮件服务器的安装盒基本配置。

1. SMTP 服务器的安装

（1）打开服务管理器，展开"角色"节点，在窗口右边单击"添加功能"操作，如图 9-99 所示。

（2）出现如图 9-100 所示的"选择功能"窗口，单击"SMTP"服务器选项。

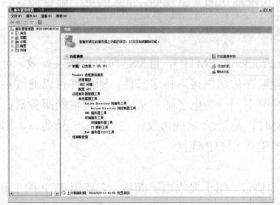

图 9-99　"添加功能"操作　　　　　　　　图 9-100　"选择功能"窗口

（3）单击"下一步"按钮，出现如图 9-101 所示的"确认安装选择"窗口。

（4）单击"安装"按钮，开始进行 SMTP 服务器的安装过程，安装完成后单击图 9-102 上的"关闭"按钮，完成 SMTP 服务器的安装。

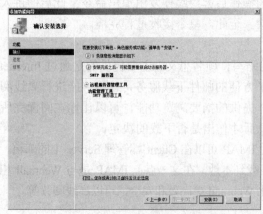
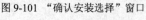
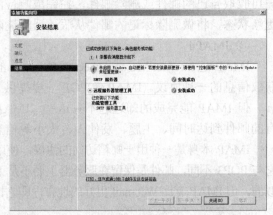

图 9-101　"确认安装选择"窗口　　　　　　图 9-102　安装完成窗口

（5）SMTP 服务内置在 Internet 信息服务（IIS）6.0 管理器中，安装好后打开该管理器

可以看到 SMTP Virtual Server#1 节点，如图
9-103 所示。

2．配置 SMTP 服务

（1）打开"Internet 信息服务（IIS）6.0 管理
器"，右键单击"SMTP Virtual Server#1"，在弹
出的快捷菜单中选择"属性"，打开"SMTP
Virtual Server#1 属性"对话框，如图 9-104 所示。

（2）在"常规"选项卡下，选择本机 IP
地址，设置限制连接数的最大数量和连接超时
时间，设置好显示如图 9-105 所示。

图 9-103　SMTP Virtual Server#1 节点

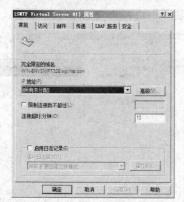

图 9-104　"默认 SMTP 虚拟服务器属性"对话框

图 9-105　"常规"选项卡

（3）单击"访问"选项卡，如图 9-106 所示。

（4）单击"身份验证"按钮，打开"身份验证"对话框，如图 9-107 所示。选择"集成
Windows 身份验证"，单击"确定"按钮。

图 9-106　"访问"选项卡

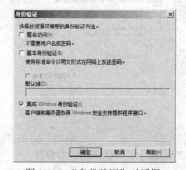

图 9-107　"身份验证"对话框

（5）切换到"邮件"选项卡下，设置相关的邮件传递信息，如图 9-108 所示。

（6）切换到"传递"选项卡下，设置邮件的出站时间和本地的相关延迟通知，过期超时
灯，如图 9-109 所示。

（7）单击图 9-109 上的"高级"按钮，弹出如图 9-110 所示的"高级传递"窗口，设置
"虚拟域"和"完全限定的域名"。到此 SMTP 服务器的设置基本上完成了。

图 9-108　"邮件"选项卡　　　　　　　　　图 9-109　"传递"选项卡

3. Outlook 邮件发信的设置

（1）打开 Outlook 选择"工具"→"电子邮件账户"选项，如图 9-111 所示。

图 9-110　"高级传递"窗口　　　　　　　　图 9-111　Outlook 主窗口

（2）弹出如图 9-112 所示的"电子邮件账户向导"窗口，选择"添加新电子邮件账户"选项。

（3）单击"下一步"按钮，在出现的窗口中选择服务器的类型为"POP3"，如图 9-113 所示。

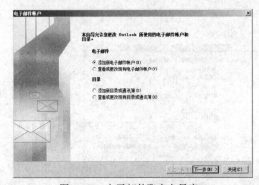

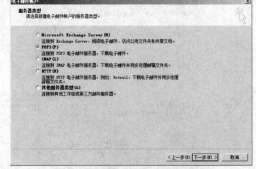

图 9-112　电子邮件账户向导窗口　　　　　图 9-113　选择服务器类型窗口

（4）单击"下一步"按钮，弹出"电子邮件账户设置"窗口，在该窗口中可以设置一个电子邮件地址、登录信息和服务器信息，如图 9-114 所示。

注意：用户信息和电子邮件地址可以随便设置，如果仅仅是为了实现邮件的发送而不考虑是否接收电子邮件，登录信息的用户名和密码是指 POP3 接收邮件的用户名和密码，如果没有也可以随便设置，因为在本处仅设置了 SMTP 服务器，而没有设置 POP3 服务器，服务器信息中的接收地址也可以随便填写，但是发送邮件服务器地址必须填写配置好的 SMTP 服务器的地址。

（5）单击"下一步"按钮，出现如图 9-115 所示的窗口，单击"完成"按钮，完成发送邮件客户端的设置。

图 9-114　"电子邮件账户设置"窗口

图 9-115　完成窗口

9.4.3　Winmail 邮件服务器的安装与配置

目前市场上出现了非常多的电子邮件服务器软件。不管哪种邮件服务器软件都必须提供基本的邮件协议支持，都应该提供通过客户端软件访问和通过浏览器访问两种方式，性能良好的邮件服务器还应该具备病毒和垃圾邮件检测等功能。Winmail 是一款性能良好的电子邮件服务器，它安装方式简单，运行界面良好，使用方便。

1. Winmail 的安装和启动

（1）双击 Winmail 安装文件，出现安装向导文件，选择简体中文安装方式，按"下一步"按钮向下进行。安装过程中要求用户配置管理员密码和系统邮箱密码，操作如图 9-116 所示。

（2）继续单击"下一步"按钮，系统开始文件复制，直到完成。

（3）服务器安装后，会在系统托盘上看到 Winmail server 的图标。双击该图标，出现登录管理端程序，要求用户输入登录的管理员密码，管理员的默认用户名为 admin，操作如图 9-117 所示。

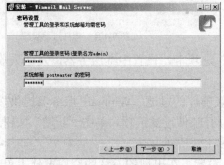

图 9-116　管理员密码设置

图 9-117　连接服务器

（4）输入正确的密码后，出现管理工具窗口，如图 9-118 所示。

2. Winmail 的系统设置

（1）登录成功后，单击"系统设置"→"系统服务"，查看系统的 SMTP、POP3 等服务是否正常运行。绿色的图标表示服务成功运行。红色的图标表示服务停止。如果出现启动不成功，一般情况都是端口被占用，关闭占用程序或者更换端口就可以重新启动服务。系统服务中列出了所有服务的运行状态，绑定地址以及端口。超级管理员可以选择某个服务进行设置或启停，操作如图 9-119 所示。

图 9-118　管理工具窗口　　　　　　　　图 9-119　查看系统服务

（2）单击"系统设置"→"SMTP 设置"→"基本参数"选项卡，对基本的 SMTP 发信选项进行设置，操作如图 9-120 所示。

（3）选择"SMTP 设置"→"SMTP 过滤"选项卡，设置邮件的发送过滤，操作如图 9-121 所示。

图 9-120　SMTP 设置　　　　　　　　　图 9-121　邮件过滤设置

（4）选择"SMTP 设置"→"外发递送"选项卡，设置中继服务器，发送失败的递送规则等，操作如图 9-122 所示。

（5）单击"邮件过滤"选项，设置对垃圾邮件的过滤。Winmail 服务器提供按发信人，收信人，邮件内容等项目来设置过滤规则，打开邮件过滤选项，单击"新增"按钮进行设置，设置完成后按"确定"按钮返回，操作如图 9-123 所示。

（6）选择"邮件网关"→"POP3 下载"设置，在出现的右边的空白窗体上单击"新增"按钮，出现如图 9-124 所示窗体，进行设置，完成后单击"确定"按钮返回。

（7）选择"系统参数"→"基本参数"选项，进行如图 9-125 所示的设置，注意如果服务器存储空间比较大，最好给每个目录选择一个盘符。

（8）选择"系统设置"→"邮件模板"选项，对基本的提示邮件模板进行设置，如祝贺信，警告信等，操作如图 9-126 所示。

（9）选择"系统设置"→"Webmail"选项，设置允许通过 Web 方式来实现邮件服务和邮件服务器的管理。目前使用 Web 方式登录邮件服务器进行邮件服务和管理非常流行，这种方式叫 Webmail，设置过程如图 9-127 所示。

图 9-122　邮件外发递送设置

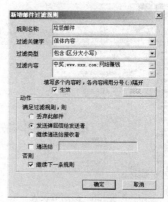

图 9-123　邮件过滤规则设置

图 9-124　POP 账号设置

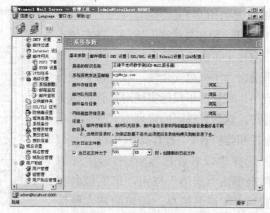

图 9-125　系统基本参数设置

图 9-126　邮件模板设置

图 9-127　Webmail 设置

3. Winmail 的高级设置

（1）展开"防病毒设置"选项，设置防病毒引擎。选择"启用扫描病毒邮件"选项，设置杀毒软件产品。要注意的是该服务器支持很多杀毒软件引擎，但是该类杀毒软件的版本都比较老，所以选择 user define1。找到操作系统上目前安装的最新杀毒软件，设置杀毒目录。

电子邮件是网络病毒的主要传播途径，所以设置该项目非常关键，操作如图 9-128 所示。

（2）打开"系统备份"→"邮件备份"选项卡，选择"启用邮件实时备份"选项，选择把邮件备份到磁盘或邮箱。一般备份到本地磁盘比较可靠，并且在速度上也较快，操作如图 9-129 所示。

图 9-128　防病毒设置　　　　　　　　　图 9-129　邮件备份设置

（3）打开"系统备份"→"数据备份"选项，设置备份类型，备份目录，实施数据备份等，详细设置如图 9-130 所示。

（4）打开"管理员管理"选项，在右边出现的空白窗体上单击"新增"按钮，添加一个新的管理员，为了提高安全性，设置该管理员为域管理员，域管理员只能实现对其管理域下用户的管理，这种分权限的管理方式提高了系统的安全性和维护效率，操作如图 9-131 所示。

（5）选择"域名管理"，在右边出现的空白窗体上单击"新增"按钮，出现域名窗体，设置基本的域名信息，邮箱的基本属性等，操作如图 9-132 所示。

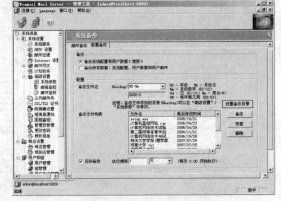

图 9-130　数据备份设置

图 9-131　管理员设置

图 9-132　域名基本设置

（6）选择"域名属性"→"邮箱默认容量"选项卡，设置邮箱的默认容量文件数量，警告容量等，操作如图 9-133 所示。

（7）选择"域名属性"→"高级属性"选项卡，设置该域下允许 Webmail 注册，操作如图 9-134 所示。

（8）选择"域名属性"→"邮箱默认权限"选项卡，设置基本的服务，配置和网络助理等，例如开通目前网上比较流行的网络记事本等，操作如图 9-135 所示。

（9）单击"用户管理"选项，在右边出现的空白窗口中按"新增"按钮，添加新用户，组的设置相同。目前的邮件服务都是用户自动注册，很少直接由管理员参与用户注册。

图 9-133　邮箱容量设置

图 9-134　Webmail 注册设置

4. Winmail 的测试

（1）基于 Web 测试

Winmail 电子邮件服务器的 Webmail 启动占用 6080 端口，只要在浏览器中输入安装该服务器的主机的 IP 地址和对应的端口号即可出现如图 9-136 所示窗体。选择该 Web 页面上的对应超连接就可以实现通过 Web 进行邮件的发送和接收，邮件服务器的管理等过程。

图 9-135　邮箱权限设置

图 9-136　Webmail 界面

注意：如果安装该服务器的计算机没有连入 Internet，测试只能在局域网内部进行。如果该机器已经连入 Internet，则可以给 Internet 上的任何人发送电子邮件，如果该机器存在一个经过认证的域名，则可以使用其接收任何从 Internet 中发送来的电子邮件。

（2）基于 Outlook Express 客户端软件的测试

① 在"开始"菜单的"运行"栏输入"msimn"，调出 Outlook Express。选择"工具"→"账户"子菜单，在出现如图 9-137 所示的窗口中，单击"添加"按钮，选择"邮件"选项。

② 在出现的新窗口中输入要显示的发件人姓名，单击"下一步"按钮，在出现的新窗口中设置发件人电子邮件地址。单击"下一步"按钮设置 POP 和 SMTP 服务器的地址，操作如图 9-138 所示。

③ 单击"下一步"按钮，输入邮件账户名和密码，如图 9-139 所示。

④ 单击"下一步"按钮，完成账户向导。双击已经建立的电子邮件账户，在出现的电子邮件账户属性窗体中选择"服务器"选项卡，选择"我的服务要求身份验证"选项，操作如图 9-140 所示。

图 9-137 邮件账户的设置

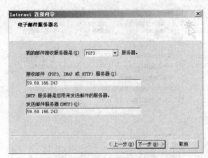

图 9-138 服务器的设置

图 9-139 用户账户设置

图 9-140 身份验证设置

⑤ 完成操作后，返回到主窗口，进行邮件的发送和接收服务测试。

小　　结

本章主要讲述了 Windows Server 2008 Web 服务器、FTP 服务器和电子邮件服务器的基本配置，主要的内容包括网络服务的基本模式，IIS Web 服务器的基本配置，Apache 服务器的基本配置，IIS FTP 服务器的基本配置，Serv-U FTP 服务器的基本配置，电子邮件服务的基本概念，基于 IIS 构建 SMTP 电子邮件服务器，Winmail 电子邮件服务器的安装与基本配置等。

习　　题

1. 下列关于 P2P 网络的描述错误的是_____。

　　A. P2P 是一种分布式网络

　　B. 在 P2P 网络中的每个节点的地位都是对等的

　　C. 在 P2P 网络中，只有一个节点充当服务器，其他节点都作为客户机

　　D. 在 P2P 网络中，资源和服务分散在所有节点上，信息的传输和服务的实现都直接在节点之间进行，无需中间环节和服务器的介入

2．下列网络模式中，属于"胖客户"的是_____。

　　A．P2P 网络　　　　　　　　　　B．二层 C/S 网络

　　C．三层 C/S 网络　　　　　　　　D．B/S 网络

3．B/S 是一种三层体系结构，在这种结构下，功能层由_____来实现。

　　A．Web 浏览器　　　　　　　　　B．Web 服务器

　　C．数据库服务器　　　　　　　　D．代理服务器

4．用户在浏览器中输入了 ftp:\\www.hist.edu.cn，则表示_____。

　　A．用户将访问一个域名为 www.hist.edu.cn 的 Web 站点

　　B．用户将访问一个域名为 www.hist.edu.cn 的 FTP 站点

　　C．用户输入的 URL 可以简化为 www.hist.edu.cn

　　D．用户将采用 FTP 协议来访问 Web 服务器

5．下列关于 HTML 的描述准确的是_____。

　　A．HTML 不区分大小写，具备跨平台特征

　　B．所有的 HTML 标记都是成对出现的，用<>表示开，用</>表示关

　　C．HTML 的容错性很强，比如定义了一个无法识别的<student></student>标签，它
　　　　将直接显示该标签为文本

　　D．HTML 只能在客户端运行，不能在服务器端运行

6．下列关于 Web 服务器的描述错误的是_____。

　　A．IIS 服务器能用来解析 ASP 和 ASP.net

　　B．Apache 服务器只能解析静态 HTML，要实现解析 PHP 和 CGI 则需要安装和配置
　　　　相应的解析器

　　C．Resin，Tomcat 服务器可以用来解析 JSP

　　D．所有的 Web 服务器都是通用的，解析的动态文件类型也相同

7．用于关闭当前用户连接，但并不退出 FTP 环境的命令为_____。

　　A．QUIT　　　　B．EXIT　　　　C．CLOSE　　　　D．BYE

8．采用命令方式登录到 IP 地址为 210.43.32.8，端口为 6021 的 FTP 服务器的操作命令
分别为_____。

　　A．ftp 210.43.32.8，open 6021

　　B．open 210.43.32.8，ftp 6021

　　C．ftp，open 210.43.32.8 :6021

　　D．ftp，open 210.43.32.8 :6021

9．下列电子邮件地址的描述准确的是_____。

　　A．WJP@WJP.COM　　　　　　　B．WJP@WJP

　　C．WJP@.COM　　　　　　　　　D．WJP.COM@WJP

10．SMTP 的作用是_____。

　　A．实现电子邮件的发送服务

　　B．实现电子邮件的接收服务

　　C．实现电子邮件的动态检查

　　D．实现电子邮件的下载服务

第 10 章　Windows Server 2008 网络服务的构建（二）

本章要求：

- 理解 DNS 服务器的工作原理；
- 掌握 DNS 服务器正向查找区域的基本设置；
- 掌握 DNS 记录的创建方法；
- 掌握委派的基本设置方法；
- 了解反向查找区域的基本设置；
- 理解 DHCP 服务器的基本作用；
- 掌握 DHCP 服务器的基本配置；
- 了解流媒体的基本概念和相关协议；
- 掌握 Windows Media Services 流媒体服务器的安装和基本配置。

10.1　DNS 服务器的构建

域名以一组英文简写来代替枯燥的 IP 地址，大大简化了网络主机的管理。为了便于网络地址的分层管理和分配，互联网采用了域名管理系统 DNS。

10.1.1　DNS 服务器的工作原理

域名系统（Domain Name Systems，DNS）是一种 TCP/IP 标准服务，是一种组织成域层次结构的计算机和网络服务的命名系统，主要负责 IP 地址与域名之间的转换。

1. 域名

Internet 中的域名是采用层次结构来定义。例如：hist.edu.cn 的域名是从 ".edu.cn" 分配下来的，而 ".edu.cn" 又是由 ".cn" 分配的，".cn" 是从 "根域"（Root Domain）分配来的。"根域" 是域名系统的最上层，由 Inter NIC（Internet Network Information Center）所管理。

Internet 域名空间的根域由 Internet 名字注册授权机构管理，共有 3 种类型的顶级域。

（1）组织域。采用 3 个字符的代号，表示 DNS 域中所包含组织的主要功能或活动。组织域一般只用于美国境内的组织。

（2）地理域。采用 2 个字符的国家/地区代号，由 ISO 3166 确定。

（3）反向域。反向域是一个特殊域，名字为 in-addr.arpa，用于将 IP 地址映射到名字（称为反向查找）。

2. 域名解析方式

当 DNS 客户机需要访问 Internet 上的主机时，首先向本地 DNS 服务器查询对方对 IP 地址，这称为"查询"。DNS 客户机能进行 3 种类型的查询，即递归查询、迭代查询和反向查询。

递归查询（Recursive Query）指的是客户机发出查询请求后，要求 DNS 服务器必须用所请求的资源记录应答，或者用错误消息应答通知资源记录不存在。

迭代查询（Iterative Query）指的是客户机允许 DNS 服务器根据自己的高速缓存或区域数据以最佳结果作答。如果查询所请求的 DNS 服务器没有资源的准确匹配，它所能返回的最佳信息是另外一台 DNS 服务器的 IP 地址，客户机将自动查询所指向的 DNS 服务器。

反向查询（Reverse Query）指的是客户机利用 IP 地址查询其主机完整域名（FQDN）的过程，反向查询用于确定网络主机的真实身份，目前主要用于实现电子邮件的身份确认。

10.1.2　DNS 服务器的安装

本节讲述 Windows Server 2008 DNS 服务器的安装过程。

（1）在"服务器管理器"→"角色"中，单击"添加角色"命令，弹出"添加角色向导"窗口，选择"DNS 服务器"选项，如图 10-1 所示。

（2）单击"下一步"按钮，弹出如图 10-2 所示的"DNS 服务器简介"窗口。

（3）单击"下一步"按钮，弹出如图 10-3 所示的"确认安装选择"窗口。

（4）单击"安装"按钮，系统开始进行 DNS 服务器的安装，安装完成后，弹出如图 10-4 所示的"安装结果"窗口，单击"完成"按钮即可。

（5）完成 DNS 服务器的安装后，打开"管理工具"→"DNS"，即可打开 DNS 管理器，如图 10-5 所示。

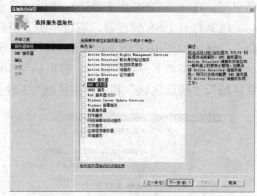

图 10-1　"添加角色向导"窗口

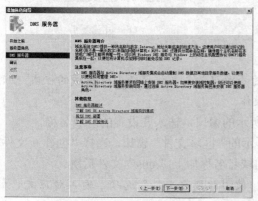

图 10-2　"DNS 服务器简介"窗口

图 10-3　"确认安装选择"窗口

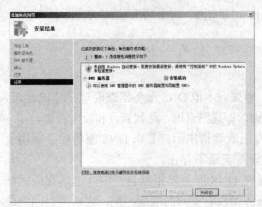

图 10-4 "安装结果"窗口

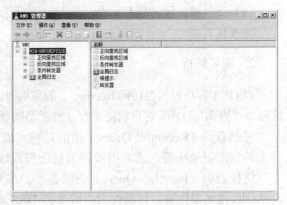

图 10-5 DNS 管理器

10.1.3 创建正向查找区域

"正向查找区域"用来处理正向解析，即实现域名向 IP 地址的解析。

1. 新建区域

在正向查找区域的创建中，首先需要创建区域，区域是 DNS 服务器具有管理权限的命名空间。在一个 DNS 服务器里，可以创建多个区域。

（1）打开 DNS 管理器，右键单击"正向查找区域"，在弹出的菜单中选择"新建区域"命令，弹出如图 10-6 所示的"新建区域向导"窗口。

（2）单击"下一步"按钮，弹出如图 10-7 所示的区域类型窗口，在该窗口中提供了"主要区域"、"辅助区域"和"存根区域"3 种类型，选择"主要区域"选项。

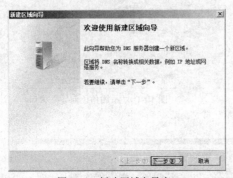

图 10-6 新建区域向导窗口

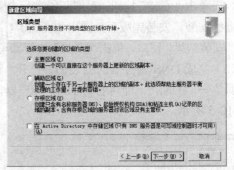

图 10-7 区域类型窗口

注意：主要区域包含了该命名空间内所有的资源记录，是该区域内所有域的权威 DNS 服务器。可以对此区域内的记录进行增删改等操作。

（3）单击"下一步"按钮，弹出如图 10-8 所示的窗口，输入要设置的区域名称。

（4）单击"下一步"按钮，弹出如图 10-9 所示的"区域文件"窗口，选择"创建新文件，文件名为"选项，可以看到该文件是上面创建的域名名称加上".dns"文件后缀。

注意：如果已经存在区域文件，可以选择"使用此现存文件"选项，输入对应文件的地址。

（5）单击"下一步"按钮，弹出如图 10-10 所示的"动态更新"窗口，设置 DNS 的动态更新选项。一般情况下，当区域并非 AD 集成区域时，默认选择"不允许动态更新"选项。

（6）单击"下一步"按钮，弹出如图 10-11 所示的"正在完成新建区域向导"窗口，单击"完成"按钮即可完成区域的创建。

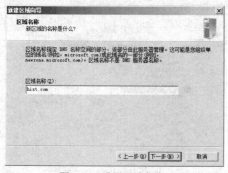

图 10-8　设置区域名称

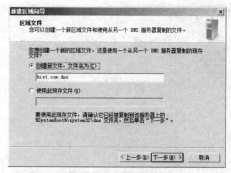

图 10-9　"区域文件"窗口

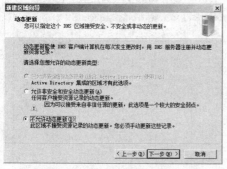

图 10-10　"动态更新"窗口

图 10-11　"正在完成新建区域向导"窗口

（7）完成区域创建后，可以看到在 DNS 管理器的正向查找区域出现了创建好的 hist.com 区域，打开该区域，可以看到出现了 SOA 和 NS 两条默认的记录，如图 10-12 所示。

如果区域创建后不需要再分层次进行管理，则可以直接在创建好的区域中创建主机，例如在 hist.com 区域中创建的一个 www 主机的完整 DNS 域名应该是 www.hist.com。

2. 新建域

如果区域创建完成，为了实现在其下出现多级管理，可以再创建域。域是在区域中再可以创建的子域。

例如，创建的一个 hist.com 区域表示 hist 大学，在其下可以再为信息工程学院和外语学院分别创建 xgxy 和 eng 两个域，这样各个学院就可以方便的在其对应的域下创建所需要的主机，这样方便了 DNS 的层次管理。

（1）右键单击 hist.com 区域，在弹出的菜单中选择"新建域"命令，如图 10-13 所示。

（2）弹出如图 10-14 所示的"新建 DNS 域"窗口，输入要创建的域名，单击"确定"按钮即可完成创建。图 10-14 描述的是在 hist.com 区域中创建了 xgxy 域的操作。

完成了该域的创建，则可以在该域下创建主机，例如，创建的一个 www 主机的完整 DNS 域名应该是 www.xgxy.hist.com。

（3）有时候可能出现更复杂的情况，例如，上面的 xgxy 表示信息工程学院的域，可能在这个域下涉及计算机系（用 jsj 表示）和信息管理系（用 info 表示）两个子域。

按照上面的操作建立好 xgxy 域后，在该域上右键单击，在弹出的菜单中选择"新建域"命令，在弹出的窗口中分别输入 jsj 和 info 即可实现在 xgxy 域下创建两个子域的过程。如图 10-15 所示是创建好的显示。

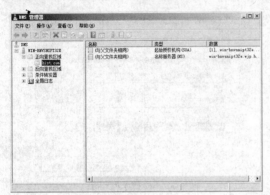

图 10-12　创建好的区域　　　　　　　　　　图 10-13　新建域操作

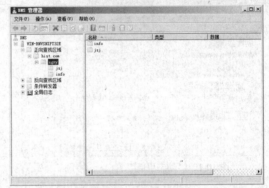

图 10-14　"新建 DNS 域"窗口　　　　　　　图 10-15　创建好的子域

3．一次性创建域和子域

区域和域都支持同时创建子域的操作，例如，在 hist.com 区域下，可以一次就创建好 sci（sci 表示理学院）和 maths（maths 表示数学系）子域，由于 sci 是 maths 的上层域，所以在 hist.com 区域上右键单击，在弹出的菜单中选择 "新建域"命令，在弹出的新建 DNS 域窗口中输入 "maths.sci"即可，如图 10-16 所示。

图 10-16　"新建 DNS 域"窗口

单击"确定"按钮，在如图 10-17 所示的 DNS 管理器窗口中可以看到，实现了快速的建立 sci 域及其 maths 子域的过程。

4．区域的属性设置

创建好区域后，如果需要修改相关参数，可以通过设置区域属性来实现。

（1）在创建好的 hist.com 区域上右键单击，在弹出的菜单中选择"属性"命令，弹出如图 10-18 所示的 hist.com 属性窗口。

在该窗口下可以实现如下设置。

如果要停止当前区域的运行，则单击图 10-18 上的"暂停"按钮即可。

如果要更改区域的类型，单击"更改"按钮，在弹出的如图 10-19 所示的"更改区域类型"窗口中重新选择区域类型即可。

如果要设置动态更新，则可以在动态更新区选择"非安全"选项，如图 10-20 所示。

如果要设置"区域老化/清理属性"，单击"老化"按钮，在弹出的如图 10-21 所示窗口中设置相关的参数。

图 10-17　创建好的域和子域

图 10-18　域属性窗口

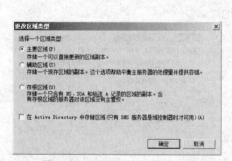

图 10-19　"更改区域类型"窗口

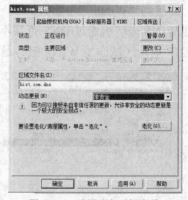

图 10-20　设置动态更新选项

（2）切换到"起始授权机构 SOA"选项卡下，设置序列号、主服务器、负责人等相关参数，如图 10-22 所示。

图 10-21　"区域老化/清理属性"窗口

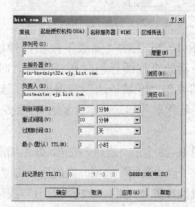

图 10-22　"起始授权机构 SOA"选项卡

（3）切换到"名称服务器"选项卡下可以查看到当前服务器完全合格的域名，如图 10-23 所示。

单击图 10-23 上的"添加"按钮，弹出如图 10-24 所示的窗口，输入新建的名称服务器记录，单击"解析"按钮，实现解析，完成后单击"确定"按钮，完成添加。

图 10-23　"名称服务器"选项卡

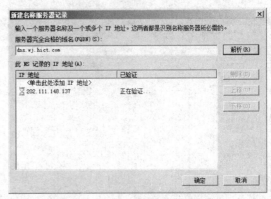

图 10-24　"新建名称服务器记录"窗口

完成添加后，可以看到在名称服务器选项卡下增加了一条新记录，如图 10-25 所示。

（4）切换到"WINS"选项卡下，可以设置采用 WINS 实现解析，启用该选项后，用于实现通过 WINS 来解析通过 DNS 查找不到的名称。选择图 10-26 中的"使用 WINS 正向查找"选项，在 IP 地址区域添加 WINS 服务器的 IP 地址。

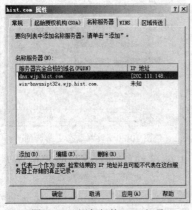

图 10-25　添加好的 DNS 记录

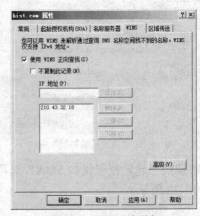

图 10-26　WINS 选项卡

单击图 10-26 上的"高级"按钮，弹出如图 10-27 所示的窗口，在该窗口中可以设置 WINS 服务器的查找缓存超时和查找超时时间。

（5）切换到"区域传送"选项卡下，选择"允许区域传送"和"只有在名称服务器选项卡中列出的服务器"选项，如图 10-28 所示。

单击图 10-28 上的"通知"按钮，弹出如图 10-29 所示的"通知"窗口，选择"自动通知"选项。完成后单击"确定"按钮返回。

区域属性设置完成后，单击"应用"按钮，使设置生效，然后单击"确定"按钮，关闭区域属性窗口，到此区域属性设置完成。

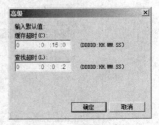

图 10-27　"高级"窗口

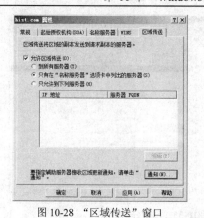
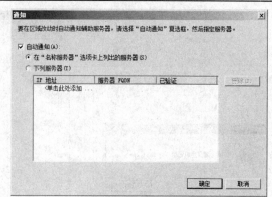

图 10-28　"区域传送"窗口　　　　　　图 10-29　"通知"窗口

10.1.4　创建记录

根据实际情况创建好区域或者域后，就可以在其下面创建所需要的主机记录。DNS 服务器下可以创建的记录类型包括 A 记录，邮件交换器记录，别名记录等。

1．创建 Web、FTP 等标准 A 记录

A 记录是用来指定主机名（或域名）对应的 IP 地址记录。用户可以将该域名下的网站服务器指向到自己的 web server 上。A 记录的创建步骤如下。

（1）打开"DNS 服务器"管理器，右键单击"hist.com"区域，从弹出的快捷菜单中选择"新建主机"选项，如图 10-30 所示。

（2）弹出"新建主机"对话框，在"名称（如果为空则使用其父域名称）"文本框中键入需要设置的主机名称，在"IP 地址（P）"文本框中键入对应的 IP 地址，如图 10-31 所示。

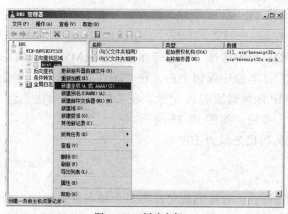
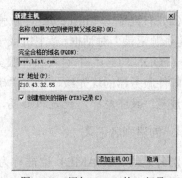

图 10-30　新建主机　　　　　　　　图 10-31　添加 WWW 的 A 记录

（3）单击"添加主机"按钮，弹出如图 10-32 所示的"DNS"对话框，单击"确定"按钮，完成创建。

（4）添加完成后，DNS 服务器的显示如图 10-33 所示。

注意：创建的 A 记录名称常见的可能包括 WWW，FTP，SMTP，POP，MAIL 等。

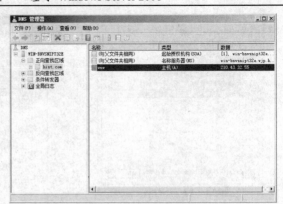

图 10-32　添加主机记录完成　　　　　图 10-33　创建好的 DNS 记录

2. 创建"泛域名解析"记录

"泛域名解析"记录实际上是将所有 DNS 中未明确列出的 A 记录都指向一个默认的 IP 地址，并且用星号（*）来表示。这样，凡是在 DNS 服务器中未明确列出的名称，都会解析到对应的一个 IP。"泛域名解析"记录实际上也是 A 记录的一种类型。

打开"DNS 服务器"管理器，右键单击"hist.com"区域，从弹出的快捷菜单中选择"新建主机"选项，弹出"新建主机"对话框，在"名称（如果为空则使用其父域名称）"文本框中键入*，在"IP 地址（P）"文本框中键入对应的 IP 地址，如图 10-34 所示，所有没有明确在 DNS 服务器中指定的域名都将按照 IP 地址为 210.43.32.80 的主机进行解析。

3. 创建邮件交换器记录

邮件交换器（MX）记录用来表示所属邮件服务器的 IP 地址。通常情况下，MX 记录指向一个 A 记录，而这个 A 记录将"指向"邮件服务器的 IP 地址。例如可以设置邮件服务器的 DNS 名称为 mail.hist.com。这样创建一个 MX 记录指向对应的主机即可。

创建邮件交换器（MX）记录的步骤如下。

（1）首先根据实际需要为邮件服务器创建一条 A 记录，操作过程和上面的相同，在此不再阐述。

（2）右键单击"hist.com"，从弹出的菜单中选择"新建邮件交换器（MX）"选项，弹出"新建资源记录"对话框，"主机或子域"文本框中保留空白，在"邮件服务器的完全合格的域名（FQDN）（F）"中键入邮件服务器 IP 地址对应的 A 记录，在"邮件服务器优先级"中，设置邮件服务器的优先级，单击"确定"按钮，如图 10-35 所示。

注意：数字越小，优先级越高，默认的优先级为 10。

4. 创建别名记录

别名记录（CNAME）也被称为规范名字。这种记录允许将多个域名映射到同一台计算机。例如创建的一个电子邮件服务器域名为 mail.hist.com，可以同时创建它的两个别名记录分别为 pop.hist.com 和 smtp.hist.com。

注意：在创建别名记录前，首先要创建好要设置别名的 A 记录。

（1）打开"DNS 服务器"管理器，右键单击"hist.com"区域，从弹出的快捷菜单中选择"新建别名"选项，弹出"新建别名"对话框，在"别名（如果为空则使用其父域名称）"

文本框中键入 POP，在"目标主机的完全合格的域名"文本框中键入对应的创建好的 DNS 记录，如图 10-36 所示。

（2）创建好该别名记录后，重复上面的步骤，再创建一条别名记录，即 smtp.hist.com，完成后可以看到在 DNS 服务器主窗口中已经添加完成的别名记录，如图 10-37 所示。

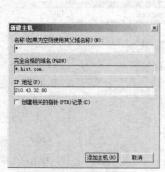

图 10-34　添加泛域名解析记录

图 10-35　邮件交换器（MX）设置

图 10-36　别名设置

图 10-37　创建好的别名记录

10.1.5　创建反向查找区域

反向查找区域即 IP 反向解析，它的作用就是通过查询 IP 地址的 PTR 记录来得到该 IP 地址指向的域名。这种方式目前主要用于实现电子邮件的验证。

（1）在 DNS 管理器的"反向查找区域"上右键单击，在弹出的菜单上选择"新建区域"，弹出"新建区域向导"窗口。和创建正向区域类似，直接单击"下一步"按钮，在弹出的菜单中选择"主要区域"选项，单击"下一步"按钮，在弹出的窗口中选择"IPV4 反向查找区域"选项，如图 10-38 所示。

（2）单击"下一步"按钮，弹出如图 10-39 所示的窗口，输入网络 ID，将自动产生反向查找区域名称。

注意：网络 ID 指的是 IP 地址的网络部分。

（3）单击"下一步"按钮，在弹出的窗口中选择"创建新文件，文件名为"选项，如图 10-40 所示。

（4）单击"下一步"继续，弹出"动态更新"窗口，选择"不允许动态更新"选项，如

图 10-41 所示。

（5）单击"下一步"按钮，出现如图 10-42 所示的窗口，单击"完成"按钮，完成反向查找区域的创建。

（6）完成创建后，可以看到在 DNS 管理器窗口已经创建好了一个反向 DNS 区域，如图 10-43 所示。

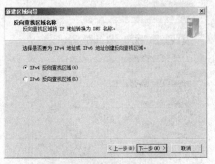
图 10-38　反向查找区域向导

图 10-39　设置网络 ID

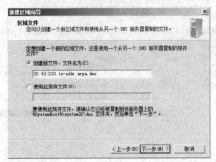
图 10-40　创建区域文件

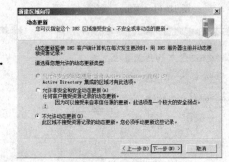
图 10-41　"动态更新"窗口

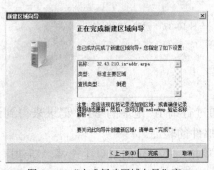
图 10-42　"完成新建区域向导"窗口

图 10-43　创建好的反向查找区域

10.1.6　新建委派

DNS 的委派指的是将解析某个域的权利转交给另外一台 DNS 服务器的过程，创建委派可以减轻当前 DNS 服务器的压力。

（1）在创建好的 hist.com 区域上右键单击，在弹出的菜单中选择"新建委派"命令，弹出如图 10-44 所示的"新建委派向导"窗口。

（2）单击"下一步"按钮，弹出如图 10-45 所示的窗口，输入受委派的域。

注意：该域不能是在当前 DNS 服务器下已经创建的域。

（3）单击"下一步"按钮，弹出"名称服务器"窗口，单击窗口上的"添加"按钮，弹出如图 10-46 所示的窗口，在该窗口中设置要委派的 DNS 服务器的域名，单击"解析"按钮。

（4）完成解析后，单击"确定"按钮，系统返回到"名称服务器"窗口下，可以看到对应的委派目标服务器已经添加成功，如图 10-47 所示。

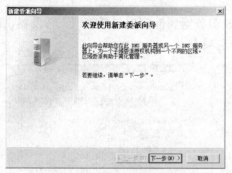

图 10-44　"新建委派向导"窗口

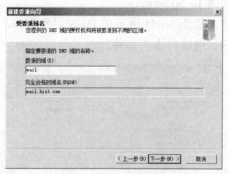

图 10-45　设置委派域

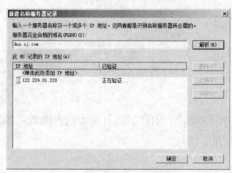

图 10-46　设置委派域的 DNS

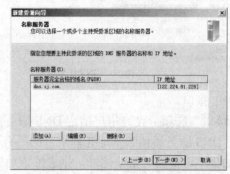

图 10-47　添加完成的委派服务器

（5）单击"下一步"按钮，弹出如图 10-48 所示的窗口，单击"完成"按钮，完成委派的创建。

（6）完成委派的创建后，可以看到在 hist.com 区域下出现了一个设置好的委派域，该域下有一条名称服务器记录。这表明委派创建完成，如图 10-49 所示。

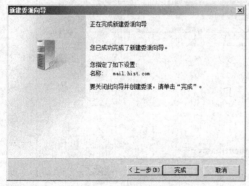

图 10-48　委派完成窗口

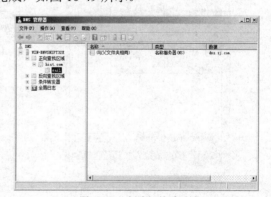

图 10-49　创建好的委派域

完成上面的操作后，需要在委派的目标服务器上建立 mail 域和 hist.com 区域，以实现解析，所有的主机项目都将在委派目标服务器的 mail 域下创建。这样凡是以本地 DNS 服务器要求实现解析的 mail 域下的所有名称都将委派给目标 DNS 服务器来实现解析。

10.1.7　DNS 服务器的属性设置

打开"DNS 管理器"窗口，右键单击 DNS 服务器名，在弹出的菜单中选择"属性"命令，如图 10-50 所示。

弹出如图 10-51 所示的 DNS 属性窗口，DNS 服务器属性窗口包括接口、转发器、高级、根提示、调试日志、事件日志、监视，安全八个选项卡。

图 10-50　DNS 主窗口

图 10-51　"DNS 属性"窗口

（1）接口

"接口"选项卡允许用户指定 DNS 服务器侦听 DNS 请求的本地计算机 IP 地址，默认情况下，DNS 服务器侦听本地计算机上的所有 IP 地址。

如果不希望侦听某个地址，则去掉该地址前面的勾即可。

（2）转发器

当本地 DNS 服务器无法对 DNS 客户端的解析请求进行本地解析时，配置"转发器"选项卡可以实现转发 DNS 客户发送的解析请求到上游 DNS 服务器，如图 10-52 所示。

单击图 10-52 上的"编辑"按钮，弹出"编辑转发器"窗口，在该窗口中可以添加新的转发服务器的 IP 地址，并设置转发超时之前的秒数，如图 10-53 所示。

图 10-52　"转发器"选项卡

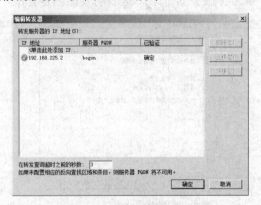
图 10-53　"编辑转发器"窗口

（3）高级

单击"高级"选项卡，可以配置 DNS 服务器的高级属性。如图 10-54 所示，用户可以在

"服务器选项"列表框中选择对应的选项来启用相关的功能。而在"名称检查"下拉列表框中用户可以选择名称检查的方式。如果希望指定启动时加载的区域数据，可通过"启动时加载的区域数据"下拉列表框进行选择。

（4）根提示

"根提示"选项卡下列出的名称服务器用于解决在本地 DNS 服务器不存在区域的查询。切换到"根提示"选项卡下，设置相关的名称服务器，如果要添加新的服务器，则单击图 10-55 上的"添加"按钮，如果要删除一个名称服务器，则将其选中，单击"删除"按钮即可。

（5）调试日志

"调试日志"选项卡允许记录 DNS 服务器收发的数据包，用于调试分析。启用调试日志时，必须指定记录数据包的日志文件名和最大文件长度，选中"为调试记录数据包"复选框，再选定某个调试日志记录选项，以此来启用该选项功能，如图 10-56 所示。

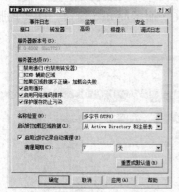  

图 10-54　"高级"选项卡　　图 10-55　"根提示"选项卡　　图 10-56　"调试日志"选项卡

（6）事件日志

"事件日志"选项卡用于选择 DNS 服务器事件日志的记录方式，默认情况下是记录所有事件，可以根据实际需要进行选择，如图 10-57 所示。

（7）监视

"监视"选项卡可以帮助用户监视 DNS 服务器运行状况。"监视"选项卡允许用户通过简单查询和递归查询两种方法来测试 DNS 服务器的基本功能。选中对应的测试类型，单击"立即测试"按钮，测试结果将显示在测试结果列表框中，如图 10-58 所示。

图 10-57　"事件日志"选项卡　　图 10-58　"监视"选项卡

10.2　DHCP 服务器的构建

DHCP（Dynamic Host Configuration Protocol），即动态主机配置协议，该协议可以自动为局域网中的每一台计算机自动配置 TCP/IP，包括 IP 地址、子网掩码、网关，以及 DNS 服务器等。DHCP 不仅能够解决 IP 地址冲突的问题，而且能及时回收 IP 地址以提高 IP 地址的利用率。

10.2.1　DHCP 服务器的安装

本节讲述 Windows Server 2008 DHCP 服务器的安装过程。

（1）打开"服务器管理器"窗口，单击"角色"选项，在右边的窗口上单击"添加角色"操作，弹出如图 10-59 所示的"添加角色向导"窗口，在该窗口中选择"DHCP 服务器"选项。

（2）单击"下一步"按钮，弹出如图 10-60 所示的"DHCP 服务简介"窗口，DHCP 服务器的作用在该窗口上有详细的介绍。

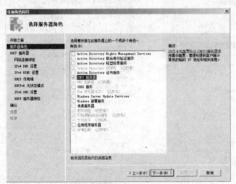
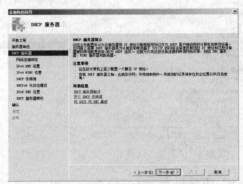

图 10-59　"DHCP 服务器选项"窗口　　　　图 10-60　"DHCP 服务简介"窗口

（3）单击"下一步"按钮，弹出"选择网络连接绑定"窗口，选择要绑定的本地连接地址，如图 10-61 所示。

（4）单击"下一步"按钮，弹出"指定 IPV4 DNS 服务器设置"窗口，在该窗口中输入父域和首选 DNS 服务器的 IPV4 地址，如图 10-62 所示。

图 10-61　"选择网络连接绑定"窗口　　　　图 10-62　"指定 IPV4 DNS 服务器设置"窗口

（5）单击"下一步"按钮，弹出"指定 IPV4 DNS 服务器设置"窗口，根据实际情况选择是否设置 WINS 服务，如图 10-63 所示。

（6）单击"下一步"按钮，弹出"添加或编辑 DHCP 作用域"窗口，如果在安装的过程要设置作用域，单击图 10-64 上的"添加"按钮，实现添加即可。如果想在安装 DHCP 服务器后在设置作用域，可以直接单击"下一步"按钮向下进行即可。

图 10-63　"指定 IPv4 DNS 服务器设置"窗口　　　　图 10-64　"添加或编辑 DHCP 作用域"窗口

（7）直接单击"下一步"按钮，弹出"配置 DHCP IPv6 无状态模式"窗口，选择是否启用 IPv6 无状态模式，如图 10-65 所示。

（8）单击"下一步"按钮，弹出"授权 DHCP 服务器"窗口，选择 DHCP 服务器的凭据，如图 10-66 所示。

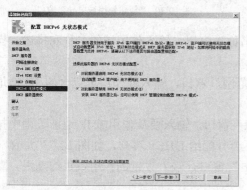

图 10-65　"配置 DHCP IPv6 无状态模式"窗口　　　　图 10-66　"授权 DHCP 服务器"窗口

（9）单击"下一步"按钮，弹出如图 10-67 所示的"确认安装选择"窗口。

（10）单击"安装"按钮，开始进行 DHCP 服务器的安装，安装完成后，出现如图 10-68 所示的"安装结果"窗口，单击"关闭"按钮，完成 DHCP 服务器的安装。

图 10-67　"确认安装选择"窗口　　　　图 10-68　"安装结果"窗口

10.2.2 新建作用域

作用域是一个合法的 IP 地址范围，用于将 IP 地址租用给客户机。作用域的创建步骤如下。

（1）单击"管理工具"→"DHCP"，弹出 DHCP 管理控制台，右键单击 DHCP 服务器名下的 IPv4 选项，在弹出的菜单中选择"新建作用域"命令，操作如图 10-69 所示。

（2）弹出"欢迎使用新建作用域向导"窗口，如图 10-70 所示。

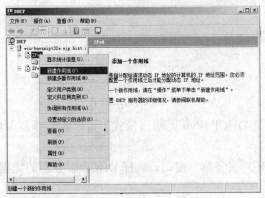

图 10-69　DHCP 管理控制台

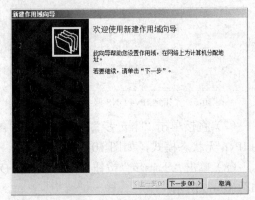

图 10-70　"新建作用域向导"窗口

（3）单击"下一步"按钮，弹出"作用域名称"窗口，输入作用域的名称和描述，操作如图 10-71 所示。

（4）单击"下一步"按钮，弹出"IP 地址范围"窗口，输入此作用域包含的 IP 地址范围和子网掩码，如图 10-72 所示。

（5）单击"下一步"按钮，弹出"添加排除"窗口，输入要从作用域 IP 地址范围中排除的 IP 地址范围，这些被排除的 IP 地址范围将不会分配给 DHCP 客户，如图 10-73 所示。

（6）单击"下一步"按钮，弹出"租用期限"窗口，输入设定的作用域租约期限，默认的作用域租约期限为 8 天，如图 10-74 所示。

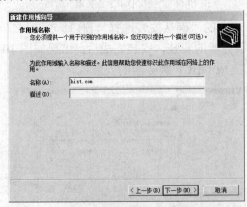

图 10-71　作用域名称窗口

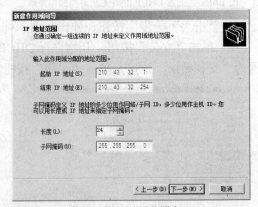

图 10-72　IP 地址范围窗口

注意： 更短的租约期限有利于 IP 地址租约的回收，以便为其他客户服务，但是会导致网络中产生更多的 DHCP 流量。如果网络客户流动性较小，可以设置相对较长的租约期限；如果网络客户流动性较强，则可以设置较短的租约期限。

（7）单击"下一步"按钮，弹出"配置 DHCP 选项"窗口，选择"是，我想现在配置这些选项"。如果选择"否，我想稍后配置这些选项"，则向导不会自动激活此 DHCP 作用域，必须在创建作用域后手动配置作用域并激活，如图 10-75 所示。

（8）单击"下一步"按钮，弹出"路由器（默认网关）"窗口，输入网关地址后，单击"添加"按钮，如图 10-76 所示。

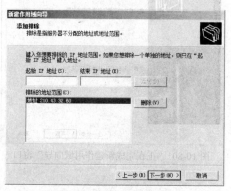

图 10-73　添加排除窗口

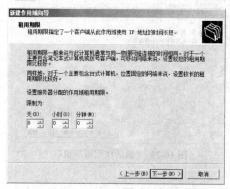

图 10-74　设置租用期限窗口

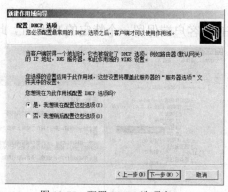

图 10-75　配置 DHCP 选项窗口

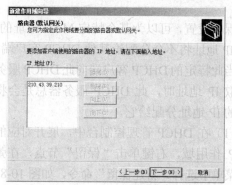

图 10-76　添加路由器 IP 地址

（9）单击"下一步"按钮，弹出"域名称和 DNS 服务器"窗口，输入父域名称和 DNS 服务器的 IP 地址，操作如图 10-77 所示。

（10）单击"下一步"按钮，弹出"Wins 服务器"窗口，输入 Wins 服务器名称，单击"解析"按钮，解析该名称，或者在 IP 地址栏输入 Wins 服务器地址，单击"添加"按钮，如图 10-78 所示。

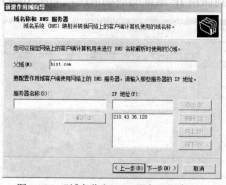

图 10-77　"域名称和 DNS 服务器"窗口

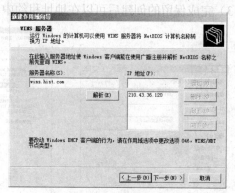

图 10-78　添加 Wins 服务器窗口

（11）单击"下一步"按钮，在弹出的"激活作用域"窗口，选择"是，我想现在激活此作用域"选项，操作如图 10-79 所示。

（12）单击"下一步"按钮，弹出如图 10-80 所示的"正在完成新建作用域向导"窗口，单击"完成"按钮，完成新建作用域的创建。

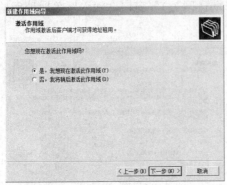
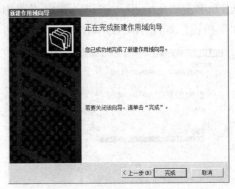

图 10-79 "激活作用域"窗口 　　　　　　　图 10-80 "正在完成新建作用域向导"窗口

10.2.3 保留设置

保留设置，可以为某个特定 MAC 地址的 DHCP 客户端保留一个特定的 IP 地址，此时保留的 IP 地址将不会分配给其他 DHCP 客户端。每次当此特定的 DHCP 客户端向此 DHCP 服务器获取 IP 地址时，此 DHCP 服务器总是会将保留的 IP 地址分配给它。

（1）在 DHCP 管理控制台中，展开对应的 DHCP 作用域，右键单击"保留"节点，在弹出的菜单中选择"新建保留"命令，如图 10-81 所示。

（2）弹出"新建保留"对话框，在该窗口中输入保留的名称、要进行保留的 IP 地址

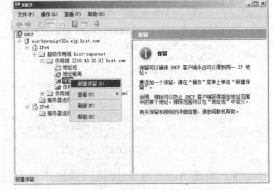

图 10-81 "新建保留"命令

和特定 DHCP 客户端的 MAC 地址，支持的类型，完成后单击"添加"按钮即可，如图 10-82 所示。

（3）完成保留的创建后可以在地址租约中看到保留 IP 地址的活动情况，如图 10-83 所示。

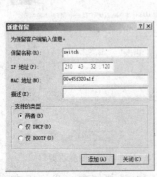

图 10-82 "新建保留"对话框 　　　　　　　图 10-83 查看保留情况

10.2.4　创建超级作用域

超级作用域是由多个 DHCP 作用域组成的作用域，单个 DHCP 作用域只能包含一个固定的子网，而超级作用域可以包含多个 DHCP 作用域，从而包含多个子网。通过这种方式，DHCP 服务器可为单个物理网络上的客户端激活并提供来自多个作用域的租约。使用超级作用域，可以将多个作用域组合为单个管理实体。由于超级作用域可以包含其他分离的作用的 IP 地址，所以当管理员需要使用另外一个 IP 网络地址范围以外扩展同一个物理网段的地址空间时，就可以通过创建超级作用域来解决问题。

（1）在 DHCP 服务器中创建一个或多个 DHCP 作用域，右键单击 DHCP 服务器的 IPv4 选项，在弹出的菜单中选择"新建超级作用域"命令，如图 10-84 所示。

（2）弹出"欢迎使用新建超级作用域向导"窗口，如图 10-85 所示。

图 10-84　"新建超级作用域"命令

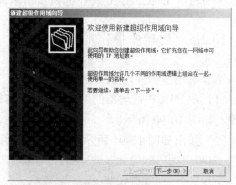

图 10-85　"新建超级作用域向导"窗口

（3）单击"下一步"按钮，弹出"超级作用域名"窗口，输入超级作用域的名称，如图 10-86 所示。

（4）单击"下一步"按钮，弹出"选择作用域"窗口，选择添加到超级作用域的作用域，如图 10-87 所示。

注意：可以按 Ctrl 键进行多选。

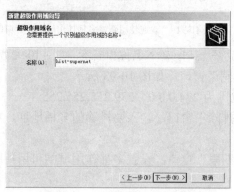

图 10-86　"超级作用域名"窗口

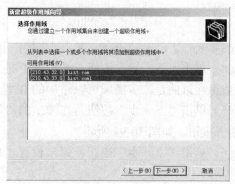

图 10-87　选择作用域

（5）单击"下一步"按钮，弹出"正在完成新建超级作用域向导"窗口，单击"完成"按钮，完成超级作用域的创建，如图 10-88 所示。

（6）创建好超级作用域后，显示如图 10-89 所示。

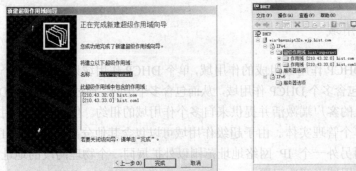

图 10-88 "完成新建超级作用域向导"窗口　　图 10-89　创建好的超级作用域

注意：创建好超级作用域后，可以将其他不属于超级作用域的 DHCP 作用域添加到超级作用域中。或者将作用域从超级作用域中删除。删除超级作用域是将此超级作用域删除，它所包含的所有 DHCP 作用域都将独立出来。

10.2.5　创建多播作用域

本节讲述多播作用域的创建。

（1）在 DHCP 管理器的 IPv4 节点上右键单击，在弹出的菜单中选择"新建多播作用域"选项，如图 10-90 所示。

（2）弹出如图 10-91 所示的"欢迎使用新建多播作用域向导"窗口。

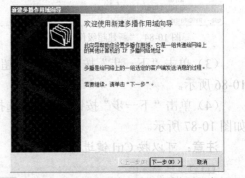

图 10-90　"新建多播作用域"选项　　图 10-91　"欢迎使用新建多播作用域向导"窗口

（3）单击"下一步"按钮，弹出"多播作用域名称"窗口，输入名称和描述，如图 10-92 所示。

（4）单击"下一步"按钮，弹出"IP 地址范围"窗口，如图 10-93 所示。

值得注意的是，多播域可以添加的 IP 地址范围为 224.0.0.0～239.255.255.255。

（5）单击"下一步"按钮，在弹出的"添加排除"窗口，输入要排除的多播地址，单击"添加"按钮，如图 10-94 所示。

（6）单击"下一步"按钮，弹出设置"租用期限"窗口，设置多播作用域的租用期限，如图 10-95 所示。

（7）单击"下一步"按钮，在弹出的如图 10-96 所示的窗口中选中"是"选项，实现多播作用域的激活。

（8）单击"下一步"按钮，弹出如图 10-97 所示的窗口，单击"完成"按钮，完成多播作用域的创建。

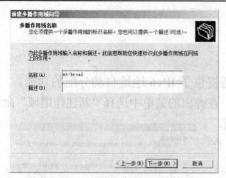

图 10-92　"多播作用域名称"窗口　　　　　　　　图 10-93　"IP 地址范围"窗口

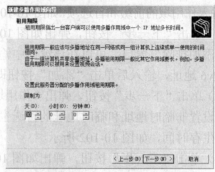

图 10-94　"添加排除"窗口　　　　　　　　　　图 10-95　"租用期限"窗口

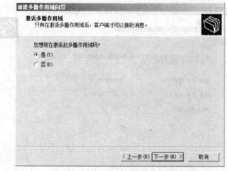

图 10-96　激活多播作用域　　　　　　　　　　图 10-97　完成创建窗口

（9）完成创建后，在 DHCP 管理器窗口可以看到已经创建好的多播作用域节点，如图 10-98 所示。

图 10-98　创建好的多播作用域

10.2.6 IPv6 作用域的创建

从 Windows Server 2008 开始，DHCP 服务器提供了 IPv6 地址自动分配的功能。

（1）打开 DHCP 管理器，右键单击 IPv6 节点，在弹出的菜单中选择"新建作用域"命令，弹出"新建作用域向导"窗口，单击"下一步"按钮，弹出 IPv6"作用域名称"窗口，输入要设置的 IPv6 作用域的名称和描述信息，如图 10-99 所示。

（2）单击"下一步"按钮，弹出"作用域前缀"窗口，输入作用域的前缀和首选项，如图 10-100 所示。

（3）单击"下一步"按钮，弹出如图 10-101 所示的"添加排除"窗口，可以在该窗口中输入要排除的 IPv6 地址，输入后单击"添加"按钮即可。

（4）单击"下一步"按钮，弹出"作用域租用"窗口，设置非临时地址和临时地址的首选生存时间和有效生存时间，如图 10-102 所示。

图 10-99 作用域名称

（5）单击"下一步"按钮，弹出如图 10-103 所示的"正在完成新建作用域向导"窗口，选中窗口上的"是"选项，单击"完成"按钮，完成 IPv6 作用域的创建。

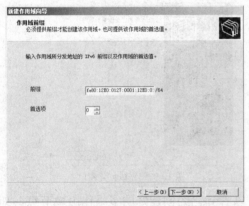

图 10-100 作用域前缀窗口

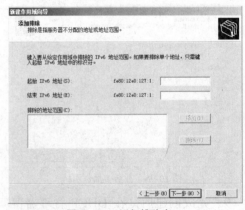

图 10-101 添加排除窗口

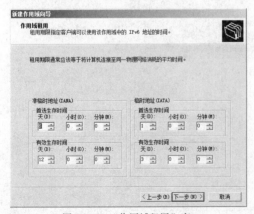

图 10-102 "作用域租用"窗口

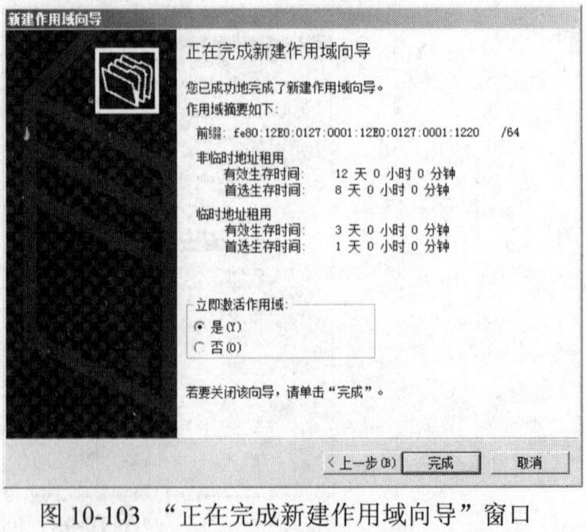

图 10-103 "正在完成新建作用域向导"窗口

10.3　Windows Media Services 流媒体服务器的构建

本节主要讲述 Windows Media Service 流媒体服务器的构建过程。

10.3.1　流媒体概述

流媒体指采用流式方式传输的多媒体文件。流式传输指将整个音频和视频及三维媒体等多媒体文件经过特定的压缩方式解析成压缩包，由视频服务器向用户计算机顺序传送。流媒体在播放前并不下载整个文件，只将开始部分存入内存，在计算机中对数据包进行缓存并使媒体数据正确地输出。流媒体边下载边播放的特征大大缩短了启动延时，降低了对系统缓存容量的需求，极大地减少了服务等待时间。

1．流媒体播放方式

流媒体有组播和单播两种播放方式。

（1）单播

客户端与服务器之间需要建立一个单独的数据通道，从一台服务器送出的每个数据包只能传送给一个客户机，这种传送方式称为单播（Unicast）。每个用户必须分别对媒体服务器发送单独的查询，服务器必须向每个用户发送所申请的数据包拷贝。单播的最大缺陷是随着用户数量的增加，网络服务的效率大大降低。所以单播采用强大的硬件和带宽支持来保证网络服务质量。

（2）组播

组播（Multicast）指的是采用 IP 组播技术构建流媒体服务的方式。它使用具有组播能力的路由器构建组播组。采用组播方式，可以轻松实现一个服务器对应多个客户机的网络流媒体服务。媒体服务器只需要发送一个信息包，所有发出请求的客户端共享同一信息包。信息可以发送到任意地址的客户机，这种方式的优点是网络服务占用带宽较小，响应速度快。

2．流媒体传输协议

常见的流媒体传输协议包括 RTP、MMS、RSTP、RSVP 等。

（1）RTP

RTP（Real Time Transport Protocol），即实时传输协议，它是为支持实时多媒体通信而设计的协议，用于 Internet 多媒体数据流的传输，可以满足实时播放的要求。RTP 被定义为在一对一，或一对多的传输情况下工作，其目的是提供时间信息和实现流同步。RTP 通常使用 UDP 来传送数据。当应用程序开始一个 RTP 会话时，会使用到两个端口，一个给 RTP，一个给 RTCP。

RTCP（Real-Time Transport Control Protocol）与 RTP 共同提供流量控制和拥塞控制服务。在 RTP 会话期间，参与者周期性地传送 RTCP 包，这些包中含有已发送数据包的数量、丢失数据包的数量等统计数据，服务器可根据这些信息动态地改变传输速率，甚至改变有效载荷类型。RTP 与 RTCP 的配合使用可有效地进行反馈，从而减小开销，提高传输效率。

（2）MMS 协议

MMS（Microsoft Media Server），即 Microsoft 多媒体服务协议。它是微软定义的流媒体传输协议，MMS 主要用于访问 Microsoft Media 发布点上的单播内容，是连接 Microsoft

Media 单播服务的默认方法。

（3）RTSP

RTSP（Real Time Streaming Protocol），即 Real 串流通信协议。它是应用级协议，由 Real Networks 和 Netscape 公司共同提出。该协议提供了应用程序通过 IP 网络传送多媒体数据服务，保持用户计算机与传输流媒体服务器之间的固定连接。RTSP 位于 RTP 和 RTCP 之上，使用 TCP 或 RTP 完成数据传输。RTSP 允许双向通信，在使用 RTSP 时，客户机和服务器均可发出请求，用户可以执行前进、后退等多种控制操作。

（4）RSVP

RSVP（Resource Reservation Protocol），即 Internet 资源预订协议，它通过采取预留一部分网络资源（带宽）的措施，在一定程度上为流媒体传输提供服务质量（QoS）。某些试验性系统，如网络视频会议工具 VIC 就集成了 RSVP。

10.3.2　安装 Windows Media Services 流媒体服务器

Windows Media Services（WMS）是微软用于发布数字媒体内容的平台，通过 WMS，用户可以便捷的构架媒体服务器，实现流媒体的播放功能。在 Windows Server 2008 中，WMS 不再作为一个系统组件而存在，而是作为一个免费系统插件，需要用户下载后进行安装。

在 Windows Server 2008 中安装 WMS，构建一台流媒体服务器可以分为两个阶段：准备阶段以及架设阶段。准备阶段进行的是 WMS 2008 插件的安装、准备流媒体文件；架设阶段进行的是添加流媒体服务器角色，提供流媒体服务。

1．下载并安装 Windows Media Services 流媒体服务器插件

WMS 2008 并不集成于 Windows Server 2008 系统中，而是单独作为插件，可以通过微软官方网站免费下载。

注意：微软下载页面提供了 32 位和 64 位系统的插件包，用户需要根据操作系统情况正确下载。如果用户是全新安装的 Windows Server 2008，需要下载 "server.msu"，如果用户安装的是 server core 模式的 Windows Server 2008，则需要下载的是 "core.msu"，而 "Admin.msu" 是 WMS 2008 的管理工具，用户可酌情下载。图 10-104 是提供 WMS 2008 插件下载的网页位置。

（1）下载后该插件后，双击该插件文件，弹出如图 10-105 所示的安装提示窗口。

图 10-104　WMS 2008 插件下载的网页位置　　　图 10-105　安装提示窗口

（2）单击"确定"按钮，出现如图 10-106 所示的协议窗口，单击"我接受"按钮，接受更新协议。

（3）弹出如图 10-107 所示的安装更新窗口。

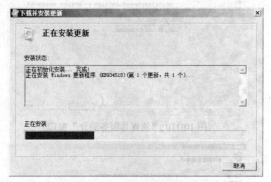

图 10-106　接受更新协议　　　　　　　　图 10-107　安装更新过程

（4）安装完成后，在弹出的如图 10-108 所示的窗口中单击"关闭"按钮，完成插件的安装。

2．添加流媒体服务器角色

（1）打开服务器管理器窗口，展开角色节点，在窗口右边单击"添加角色"操作，弹出如图 10-109 所示的"选择服务器角色"窗口，选中"流媒体服务"选项。

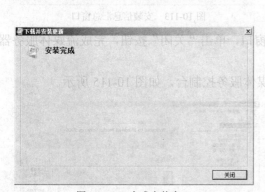

图 10-108　完成安装窗口　　　　　　　　图 10-109　添加流媒体服务器角色

（2）单击"下一步"按钮，弹出如图 10-110 所示的"流媒体服务简介"窗口，在该窗口中详细介绍了流媒体服务器的相关信息。

（3）单击"下一步"按钮，弹出如图 10-111 所示的"选择角色服务"窗口，除了 Windows Media Server 必须安装之外，可以选择安装基于 Web 方式的管理工具和日志代理功能。如果选择安装 Web 方式管理工具，需要安装 IIS 组件。

（4）单击"下一步"按钮，进入"选择数据传输协议"页面，如图 10-112 所示。可以选择 RTSP 或者 HTTP 协议，由于没有配置 IIS 端口，在这里 HTTP 协议不能启用。HTTP 与 RTSP 相比，HTTP 传送 HTML，而 RTP 传送的是多媒体数据，可以双向进行传输，可扩展易解析，使用网页安全机制，适合专业应用。

（5）单击"下一步"按钮，弹出如图 10-113 所示的安装信息汇总窗口，单击图上的"安装"按钮，系统开进行流媒体服务器的安装。

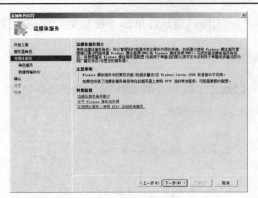

图 10-110　"流媒体服务简介"窗口

图 10-111　选择角色服务

图 10-112　"选择数据传输协议"页面

图 10-113　安装信息汇总窗口

（6）安装完成后，弹出如图 10-114 所示的窗口，单击"关闭"按钮，完成流媒体服务器的安装。

（7）安装完成后，可以在管理工具中打开媒体服务控制台，如图 10-115 所示。

图 10-114　完成安装窗口

图 10-115　Windows Media 服务器主窗口

10.3.3　Windows Media Services 的基本配置

本节讲述 Windows Server 2008 流媒体服务器的基本配置步骤。

（1）添加好流媒体服务器角色之后，打开媒体服务控制台，右键单击发布点，在弹出的菜单中选择"添加发布点（向导）"选项，如图 10-116 所示。

（2）弹出如图 10-117 所示的"添加发布点向导"窗口。

图 10-116　添加发布点

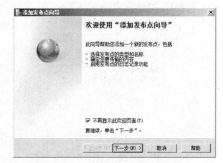

图 10-117　"添加发布点向导"窗口

（3）单击"下一步"按钮，弹出如图 10-118 所示的设置"发布点名称"窗口。

（4）单击"下一步"按钮，进入选择"内容类型"窗口，系统提供四种类型可以选择，选择"播放列表"选项，如图 10-119 所示。

（5）单击"下一步"按钮，进入选择"发布点类型"窗口，有广播发布点和点播发布点两个选项，根据实际情况选择，如图 10-120 所示。

注意：广播发布点方案中，用户具有相同的体验，节目顺序播放。点播发布点方案中，每个用户可控播放过程，可以暂停、快进或者切换等。

（6）单击"下一步"按钮，在弹出的如图 10-121 所示的窗口中选择采用单播还是多播传输模式。

注意：单播模式表示用户独享媒体流，多播模式表示多个用户共享同一个媒体流，需要多播路由器的支持。

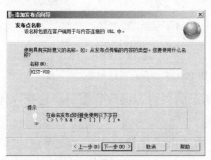

图 10-118　"发布点名称"窗口

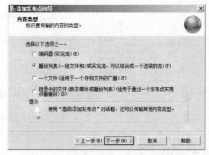

图 10-119　选择"内容类型"

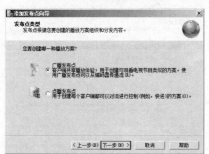

图 10-120　发布类型选择

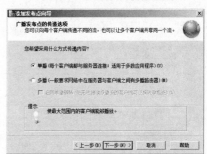

图 10-121　选择媒体流传播模式

（7）单击"下一步"按钮，弹出如图 10-122 所示的"文件位置"窗口，在该窗口中可以传输现有播放列表，也可以创建新的播放列表。本例中选择"新建播放列表"选项。

（8）单击"下一步"按钮，弹出如图 10-123 所示的"新建播放列表"窗口。

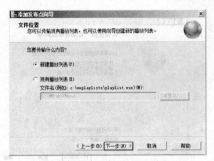

<table>
<tr><td>图 10-122 "文件位置"窗口</td><td>图 10-123 "新建播放列表"窗口</td></tr>
</table>

（9）单击图 10-123 上的"添加媒体"按钮，弹出如图 10-124 所示的"添加媒体元素"窗口，在该窗口中选择媒体文件的位置。

（10）单击图 10-124 上的"确定"按钮，选择好的媒体文件将添加在新建播放列表窗口中，重复上面的操作可以添加多个媒体文件，完成后，单击"下一步"按钮，弹出如图 10-125 所示的"保存播放列表文件"窗口。系统给出了默认的播放文件存储位置，如果要更改可以单击图上的"浏览"按钮，更改存储位置。

<table>
<tr><td>图 10-124 "添加媒体元素"窗口</td><td>图 10-125 "保存播放列表文件"窗口</td></tr>
</table>

（11）单击"下一步"按钮弹出如图 10-126 所示的"内容播放"窗口，选择媒体是否循环播放。

（12）单击"下一步"按钮，弹出如图 10-127 所示的"单播日志记录"窗口，选择"是，启用该发布点的日志记录"选项。

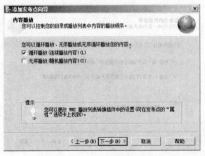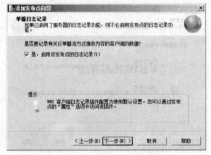

<table>
<tr><td>图 10-126 选择播放模式</td><td>图 10-127 启用日志记录窗口</td></tr>
</table>

（13）单击"下一步"按钮，弹出如图 10-128 所示的"发布点摘要"窗口，选择"向导结束时启动发布点"选项。

（14）单击"下一步"按钮，弹出如图 10-129 所示的"正在完成添加发布向导"窗口，在该窗口中选中"完成向导后"和"创建公告文件或网页选项"。

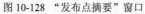

图 10-128　"发布点摘要"窗口

图 10-129　"正在完成添加发布向导"窗口

（15）单击"完成"按钮，弹出"单播公告向导"窗口，如图 10-130 所示。

（16）单击"下一步"按钮，在弹出的窗口中显示用户访问的 URL 地址，如果要修改该地址，可以单击"修改"按钮，一般采用默认的地址，如图 10-131 所示。

图 10-130　"单播公告向导"窗口

图 10-131　用户的访问 URL 窗口

（17）单击"下一步"按钮，弹出如图 10-132 所示的"保存公告选项"窗口，在该窗口中设置保存公告选项地址。

（18）单击"下一步"按钮，进入编辑公告元数据窗口，可以在这里编辑视频播放时显示的信息，包括名称、作者、版权信息等，如图 10-133 所示。

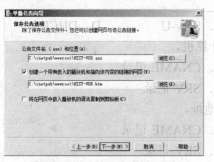

图 10-132　"保存公告选项"窗口

图 10-133　编辑视频显示信息

（19）单击"下一步"按钮，弹出"正在完成单播公告向导"窗口，在该窗口上选择"完成此向导后测试文件"选项，如图 10-134 所示。

（20）单击"完成"按钮，完成了单播公告的发布，弹出如图 10-135 所示的测试单播公告窗口，分别单击窗口上的"测试"按钮，可以实现测试公告和测试带有嵌入的播放机的网页选项。

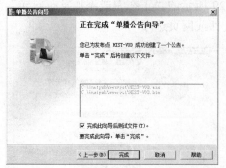

图 10-134 "正在完成单播公告向导"窗口

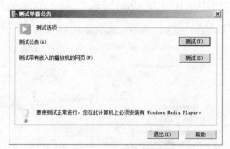

图 10-135 测试单播公告窗口

小 结

本章主要讲述了 Windows Server 2008 DNS 服务器、DHCP 服务器、流媒体服务器的构建过程。主要的知识点包括 DNS 服务器的工作原理，DNS 服务器的安装，正向查找区域的设置，记录的创建，反向查找区域的设置，委派和 DNS 服务器的属性设置；DHCP 服务器的安装，作用域的设置，超级作用域和多播作用域的设置；流媒体的基本概念，Windows Server 2008 流媒体服务器的安装和基本配置等。

习 题

1．下列用于实现 IP 地址向域名解析的查询方式是_____。
  A．递归查询　　　　　　　　　　　　B．迭代查询
  C．反向查询　　　　　　　　　　　　D．ARP 查询
2．下列用于实现域名解析服务的服务器是_____。
  A．DNS　　　　　B．IIS　　　　　C．Serv-U　　　　　D．DHCP
3．_____允许将多个域名映射到同一台计算机。
  A．A 记录　　　　　　　　　　　　　B．CNAME 记录
  C．MX 记录　　　　　　　　　　　　D．SRV 记录
4．_____用来表示所属邮件服务器的 IP 地址。
  A．A 记录　　　　　　　　　　　　　B．CNAME 记录
  C．MX 记录　　　　　　　　　　　　D．SRV 记录
5．下列关于 DHCP 服务器的描述错误的是_____。
  A．DHCP 可以自动为局域网中的每一台计算机自动分配 IP 地址
  B．DHCP 能够完成每台计算机 IP 地址和子网掩码的配置，但不包括网关和 DNS
    服务器地址的配置
  C．DHCP 服务器能够能够解决 IP 地址冲突的问题
  D．DHCP 服务器能够及时回收 IP 地址以提高 IP 地址的利用率

6．下列关于超级作用域的描述错误的是_____。

　　A．超级作用域可以包含多个 DHCP 作用域

　　B．超级作用域包含多个子网

　　C．使用超级作用域，可以将多个作用域组合为单个管理实体

　　D．超级作用域通常用于实现多播服务

7．DHCP 服务器可以分配的多播地址范围是_____。

　　A．224.0.0.0～239.255.255.255　　　　　B．224.0.0.0～239.0.0.255

　　C．224.0.0.0～255.255.255.255　　　　　D．224.0.0.0～255.255.255.0

8．下列用于实现 IP 地址自动分配的服务器是_____。

　　A．DNS　　　　　B．IIS　　　　　C．Serv-U　　　　　D．DHCP

9．下列用于和 RTP 共同提供流量控制和拥塞控制服务的协议是_____。

　　A．TCP/IP　　　　　B．RTCP　　　　　C．RIP　　　　　D．MMS

10．下列关于单播和组播的描述错误的是_____。

　　A．单播（Unicast）客户端与服务器之间需要建立一个单独的数据通道，从一台服务器送出的每个数据包只能传送给一个客户机

　　B．单播的最大缺陷是随着用户数量的增加，网络服务的效率大大降低。所以单播采用强大的硬件和带宽支持来保证网络服务质量

　　C．组播指的是采用 IP 组播技术构建流媒体服务的方式。媒体服务器只需要发送一个信息包，所有发出请求的客户端共享同一信息包

　　D．组播信息可以发送到任意地址的客户机，这种方式的缺点是是网络服务占用带宽较大，响应速度慢

第 11 章　Windows Server 2008 网络服务的构建（三）

本章要求：

- 理解活动目录的基本概念；
- 掌握活动目录的安装方法；
- 掌握域的基本配置；
- 掌握站点的管理方式；
- 了解终端服务的基本作用；
- 掌握终端服务器的安装和基本配置；
- 掌握远程桌面的配置和使用；
- 了解打印服务的基本概念；
- 掌握网络打印机的基本设置；
- 掌握打印服务器的属性设置。

11.1　Windows Server 2008 的活动目录服务

活动目录（Active Directory，AD）是存储网络上对象的相关信息并使该信息可供用户和网络管理员使用的目录服务。活动目录包括目录和与目录相关的服务两个方面。目录是存储各种对象的一个物理上的容器。而目录服务是使目录中所有信息和资源发挥作用的服务。

11.1.1　活动目录的基本概念

活动目录是一个分布式的目录服务，信息可以分散在多台不同的计算机上，保证用户能够快速访问，因为多台机器上有相同的信息，所以在信息容器方面具有很强的控制能力，正因如此，不管用户从何处访问或信息处在何处，都对用户提供统一的视图。

Windows Server 2008 的活动目录是一个全面的目录服务管理方案，它以轻目录访问协议（LDAP）作为基础，支持 X.500 中定义的目录体系结构，并具有可复制、可分区及分布式的特点。它采用 Internet 的标准协议，集成了 Windows 服务器的关键服务，如域名服务（DNS）、消息队列服务（MSMQ）及事务服务（MTS）等。在应用方面，活动目录集成了关键应用，如电子邮件、网络管理及 ERP 等。

1. 域

域（Domain）是对网络中计算机和用户的一种逻辑分组。域是 Windows Server 2008 目录服务的基本管理单位，Windows Server 2008 把一个域作为一个完整的目录，在 Windows Server 2008 网络中，一个域能够轻松管理数据万个对象。

一个域可以分布在多个物理位置上，同时一个物理位置又可以划分不同网段为不同的域，在独立的计算机上，域即指计算机本身。在 Windows Server 2008 之间可以建立如下信任关系。

（1）单向信任关系

单向信任关系是单独的委托关系，所有单向信任关系都是不传递的。默认情况下，所有不传递信任关系都是单向的。

（2）双向信任关系

双向信任关系也是一对单独的委托关系，即域 A 信任域 B，而域 B 也信任域 A，所有传递信任关系都是双向的。为使不传递信任关系成为双向，必须在域间创建两个单向信任关系。

（3）传递信任关系

传递信任关系不受关系中两个域的约束，而是经父域向上传递给域目录树中的下一个域。传递信任关系是双向的，关系中的两个域相互信任。默认情况下，域目录树或林中的所有信任关系都是传递的。

（4）不传递信任关系

不传递信任关系受关系中两个域的约束，并且不经父域向上传递给目录树中的下一个域。默认情况下，不传递信任关系是单向的。

2. 域树

域树由多个域组成，这些域共享同一个表结构和配置，形成一个连续的名字空间。树中的域通过双向信任关系连接起来。域树中的第一个域称作根域。相同域树中的其他域为子域。相同域树中直接在另一个域上一层的域称为父域。具有公用根域的所有域构成连续名称空间。这意味着单个域目录中的所有域共享一个等级命名结构。

例如，在 wjp.com 这个 Windows Server 2008 域名下再建一个域，并把它添加到现存目录中，这个新的域就是现存父域的子域（child domain）如 hist.wjp.com 或 snnu.wjp.com，并且每个子域和父域之间都建立了双向可传递的信任关系，如图 11-1 所示。

3. 域林

域林是指一个或多个没有形成连续名字空间的域树。域林中的所有域树共享同一个表结构、配置和全局目录。域林中的所有域树通过 Kerberos 信任关系建立起来。

域林包括多个域树。其中的域树

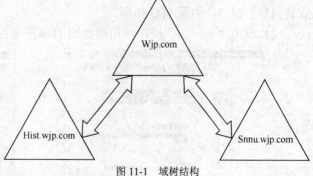

图 11-1　域树结构

不形成邻接的名称空间。而且域林也有根域。域林的根域是域林中创建的第一个域。域林中所有域树的根域与域林的根域建立可传递的信任关系。如图 11-2 所示是由 wjp.com 域树和 zj.com 域树组成的域林。

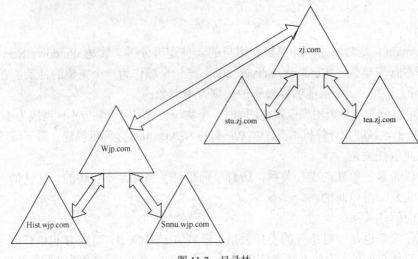

图 11-2　目录林

4. 域控制器

域控制器（Domain Controller，DC）是指安装了活动目录服务的服务器，主要是利用此来进行网络的安全核查以及资源共享。域控制器可以保存目录数据并管理用户域的交互关系，包括用户登录过程、身份验证和目录搜索等。一个域可以有多个域控制器。为了获得高可用性和容错能力，规模较小的域可以只需要两个域控制器，一个实际使用，另一个用于容错性检查；规模较大的域可以使用多个域控制器。

Windows Server 2008 的网络环境中，各域必须至少有一台域控制器，存储此域中的 Active Directory 信息，并提供域相关服务，如登录验证、名称解析等。

11.1.2　活动目录的安装

安装活动目录必须有管理员权限，否则将无法安装。而且在安装时必须将活动目录装到 NTFS 分区上。

（1）单击"开始"→"运行"，输入"dcpromo"命令，然后单击"确定"或直接按回车键，系统将自动进行域服务二进制文件的安装，安装完成后弹出"活动目录（Active Directory）安装向导"窗口，如图 11-3 所示。

（2）单击"下一步"按钮，出现如图 11-4 所示的"操作系统兼容性"窗口。

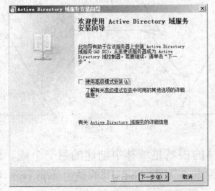

图 11-3　"活动目录安装向导"窗口

图 11-4　"操作系统兼容性"窗口

（3）单击"下一步"按钮，将出现安装向导创建一个新域的对话框，选择"在新林中新建域"选项，如图 11-5 所示。

（4）单击"下一步"按钮，出现如图 11-6 所示的提示窗口，该提示窗口要求为 Administrator 账户设置一个强壮的密码，并且采用"Net"命令为 Administrator 用户获取该密码。

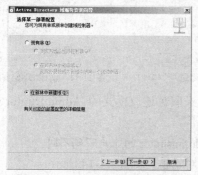

图 11-5　创建目录树或子域对话框

图 11-6　提示窗口

单击"确定"按钮，系统返回到图 11-6 所示的窗口，按"ctrl+alt+delete"组合键，系统返回到登录窗口，为 Administrator 用户设置一个强壮的密码，一个强壮的密码应该包括数字、字母大小写和标点符号，例如，"530HIst003！"就是一个强壮的密码。完成后登录系统，在"运行栏"输入 CMD 命令，打开"命令提示符"窗口，输入"net"命令，为安装的域获取该密码，操作如图 11-7 所示。

（5）完成上面操作后，单击图 11-5 上的"下一步"按钮，出现如图 11-8 所示的"命名林根域"窗口，输入要设置的域名，本例中设置的域名为"wjp.hist.com"。

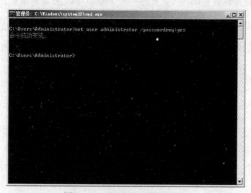

图 11-7　为域设置密码获取

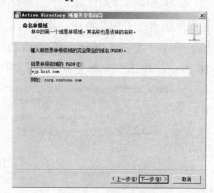

图 11-8　设置新域名

（6）单击"下一步"按钮，出现如图 11-9 所示的"设置林功能级别"窗口，根据实际情况选择林功能的级别，本例中选择的级别为"Windows Server 2008"。

（7）单击"下一步"按钮，出现如图 11-10 所示的"其他域控制器选项"窗口，选择"DNS 服务器"选项。

（8）单击"下一步"按钮，出现如图 11-11 所示的"创建 DNS 委派"窗口，选择"否，不创建 DNS 委派"选项。

（9）单击"下一步"按钮，将出现安装向导指定数据库、日志文件和 SYSVOL 的位置对话框，根据实际情况分别指定数据库、日志文件和 SYSVOL 的保存位置，如图 11-12 所示。

注意：一般使用系统默认的存储位置即可。

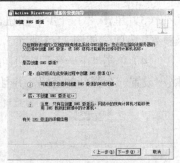

图 11-9　设置林功能级别　　　图 11-10　"其他域控制器选项"窗口　　　图 11-11　创建 DNS 委派窗口

（10）单击"下一步"按钮，将出现设置"目录服务还原模式的 Administrator 密码"窗口，如图 11-13 所示。

注意：该目录一般要求设置强密码，并且和 Administrator 的账户密码不同。

（11）单击"下一步"按钮，将出现"摘要"对话框，如图 11-14 所示。

图 11-12　指定数据库和日志文件位置　　图 11-13　设置恢复密码　　　图 11-14　摘要对话框

（12）单击"下一步"按钮，将开始安装和配置活动目录，完成后出现如图 11-15 的窗口。

（13）单击"完成"按钮，完成活动目录的安装过程。出现重新启动计算机的提示，如图 11-16 所示。单击"立即重新启动"按钮，重新启动计算机，活动目录安装成功。

图 11-15　完成向导窗口　　　　　　　图 11-16　重启窗口

11.1.3　域的基本配置

域的基本配置选项包括设置域控制器的属性和创建域信任关系。

1. 设置域控制器的属性

（1）打开"控制面板"→"管理工具"→"Active Directory 用户和计算机"窗口，在控制台窗口上目录树中展开对应的域节点，单击 Domain Controllers，在右边窗口内显示出域控制器的主机，如图 11-17 所示。

（2）右键单击主机名，在出现的菜单中单击"属性"命令，打开该控制器的属性对话框，在"常规"选项卡下可以看到这台主机的计算机名，DNS 名称，DC 类型等，如图 11-18 所示。

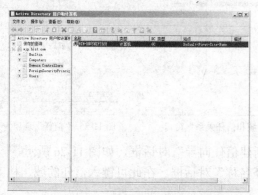

图 11-17　选择域控制器主机

图 11-18　设置域控制器主机属性

（3）切换到"操作系统"选项卡，可显示出操作系统的名称和版本，如图 11-19 所示。

（4）要为域控制器添加隶属对象，打开"隶属于"选项卡，如图 11-20 所示。

单击"添加"按钮打开"选择组"对话框，可以为域控制器选择一个要添加的组。

（5）切换到"委派"选项卡下，设置相关的信任方式，如图 11-21 所示。

图 11-19　操作系统选项卡

图 11-20　隶属关系选项卡

图 11-21　设置委派方式

（6）要更改域控制器的管理者，可打开"管理者"选项卡，如图 11-22 所示。

单击"更改"按钮打开"选择用户或联系人"对话框，选择新的管理者；

单击"属性"按钮可以查看管理者的属性设置；

单击"清除"按钮删除指定的管理者。

（7）切换到"拨入"选项卡，可以设置相关的网络访问权限、回拨选项等信息，如图 11-23 所示。

（8）域控制器属性设置完成后，单击"确定"按钮保存设置。

2．创建域信任关系

（1）打开"控制面板"→"管理工具"→"Active Directory 域和信任关系"窗口，操作如图 11-24 所示。

图 11-22　管理者选项卡

（2）右键单击图 11-24 上的"wjp.hist.com"域节点，在弹出的快捷菜单中选择"属性"命令，打开"wjp.hist.com"域的属性窗口，切换到"信任"选项卡，如图 11-25 所示。

图 11-23 设置拨入属性

图 11-24 "AD 域和信任关系"窗口

图 11-25 "信任"选项卡

（3）单击"新建信任"按钮，出现"新建信任向导"对话框，如图 11-26 所示。

（4）单击"下一步"按钮，出现"信任名称"对话框。在此可键入信任的域、林或邻域的名称，如图 11-27 所示。

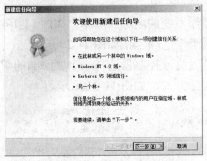
图 11-26 新建信任向导

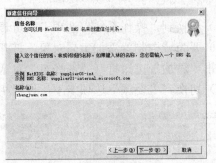
图 11-27 设置信任名称

（5）单击"下一步"按钮，出现"信任类型"对话框，在此可选择信任类型，有"领域信任"和"与一个 Windows 域建立信任"两种选择，可根据实际情况选择，如图 11-28 所示。

（6）单击"下一步"按钮，出现"信任的传递性"对话框。在此有"不可传递"和"可传递"两种选择，可根据实际情况选择，如图 11-29 所示。

图 11-28 设置信任类型

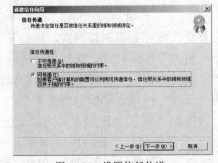
图 11-29 设置信任传递

（7）单击"下一步"按钮，出现"信任方向"选择对话框。有"双向"、"单向：内传"和"单向：外传"3 种选择，可根据实际情况选择，如图 11-30 所示。

（8）单击"下一步"按钮，出现"信任密码"对话框。域控制器采用此密码来确认信任关系，需要两方的密码一致，如图 11-31 所示。

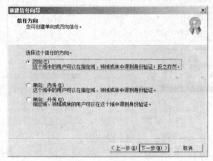

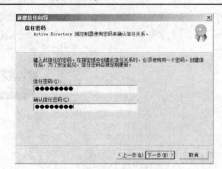

图 11-30　设置信任方向　　　　　　　　图 11-31　设置信任密码

注意： 密码要必须强壮，否则，系统自动返回要求用户重新设置信任密码，系统建议用户设置的密码是字母的大小写，符号和数字的组合。

（9）单击"下一步"按钮，显示"选择信任完毕"窗口。此窗口会显示用户所选择的所有选项，如图11-32 所示。

（10）单击"下一步"按钮，信任关系创建完成，如图 11-33 所示。

（11）单击"完成"按钮，返回到"wjp.hist.com"域的属性窗口，在"受此域信任的域"和"信任此域的域"列表框中，出现了新添加的信任域，如图 11-34 所示。

图 11-32　选择信任完毕窗口

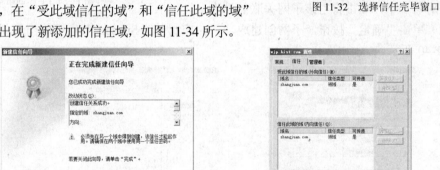

图 11-33　完成新建信任向导　　　　　　图 11-34　查看新添加的信任域

11.1.4　站点管理

1．创建站点

（1）双击打开"控制面板"→"管理工具"→"Active Directory 站点和服务"窗口，如图 11-35 所示。

（2）右键单击"Sites"节点，在出现的菜单中选择"新站点"命令，弹出"新建对象""→站点"窗口，在"名称"栏中输入新站点的名称，单击设置链接名，如图 11-36 所示。

注意： 第一个站点设置的是默认的 IP 站点链接。

（3）单击"确定"按钮，出现如图 11-37 所示的对话框，该窗口显示新站点已建立，提示用户还需要做哪些配置。

图 11-35 "AD 站点和服务"窗口 图 11-36 设置站点链接对象 图 11-37 确认窗口

（4）单击"确定"按钮，将会在"Active Directory 站点和服务"控制台中出现以"hist"命名的新站点，如图 11-38 所示。

2. 创建子网

（1）打开"Active Directory 站点和服务"控制台，右键单击"Subnet"节点，在出现的菜单中单击"新建子网"命令，弹出"新建对象"→"子网"对话框，如图 11-39 所示。在"前缀"文本框中键入网络前缀，它描述包括在此子网中的地址范围。在"为此子网选择站点对象"下，单击将与该子网关联的站点。

图 11-38 显示创建站点

（2）单击"确定"按钮，子网创建成功。在控制台的 Subsets 节点下将出现新建的子网，如图 11-40 所示。

图 11-39 设置子网信息 图 11-40 查看设置好的子网

11.2 Windows Server 2008 的终端服务

利用终端服务可以进行远程管理与维护，提高工作效率。

11.2.1 终端服务概述

终端服务（Terminal Services）是一个客户端/服务器应用程序，由一个运行 Windows Server 2008 操作系统的计算机上运行的服务和一个可以在多种客户端硬件设备上运行的客户端程序组成。通过终端服务器，可以提供单一的安装点，让多个用户访问运行这些产品的任何计算机。用户可从远程位置运行程序、保存文件并使用网络资源，仿佛这些资源都安装在他们自己的计算机上一样。

1．Windows Server 2008 终端服务器的基本选项

（1）终端服务远程应用程序（TS RemoteApp）

终端服务 RemoteApp 能够使组织中具有 Remote Desktop Connection 6.0 客户端的计算机从任何地方访问基于 Windows 平台的应用程序。用户使用终端服务的 RemoteApp 程序就好象在访问自己本地上的应用程序，RemoteApp 程序与本地计算机的桌面环境集成在一起，可以对 RemoteApp 进行最大化、最小化、改变窗口大小等类似本地应用程序的操作，如果此应用程序有通知图标，那这个通知图标也会出现在本地计算机的通知区域中。可以在同一个终端服务会话中打开多个 RemoteApp 程序。

（2）终端服务 Web 访问

终端服务 Web 访问（TS Web Access）使用户可以通过 Web 浏览器访问 RemoteApp 程序，这样可以提供更小的管理开销，并且更易部署与访问 RemoteApp 程序。Windows Server 2008 的 TS Web Access 功能必须与 IIS 7 一起安装使用。

（3）终端服务网关

终端服务网关（TS Gateway）允许授权的远程用户从 Internet 连接设备上访问内网的资源（包括终端服务器、运行 RemoteApp 的终端服务器、运行远程桌面的计算机）。TS Gateway 使用基于 HTTPS 上的 RDP 在远程用户与内网的资源之间建立加密、安全的连接。

TS Gateway 的好处在于能够提供在不需要 VPN 等情况下，可以安全的点对点的访问指定的内网的资源，因为它是基于 HTTPS（443 端口），所以即使内网资源在防火墙后面也可以不需要过多的设置进行正常访问。

Ts Gateway 网关能够判断出客户端用户是否满足网络连接条件，并且能够确定用户究竟能够访问哪些终端服务器，从而有效保证了终端访问的安全性。

2．终端服务的组成

（1）终端服务器

安装运行终端服务的 Windows Server 2008 计算机。

（2）客户机

安装有终端服务客户端软件的计算机。终端服务客户端是一个小型终端仿真程序，它只提供到服务器上运行的软件的接口。客户端软件向服务器发送击键及鼠标移动的信息。然后服务器在本地执行所有的数据处理工作，再将显示的结果传回客户端。

（3）远程桌面协议 RDP

RDP（Remote Desktop Protocol）协议是一个基于 ITU（International Telecommunication Union）T.120 标准的通信协议，该协议依赖 TCP/IP 协议的多信道通信协议。RDP 用于负责客户端与服务器之间的通信，传输用于显示在客户端的图形数据，使得客户端的用户看起来好像坐在服务器前亲自操作服务器。

3．终端服务的操作模式

（1）远程管理

网络管理人员可以从任何一台安装有终端服务客户端程序的计算机上管理运行终端服务的 Windows Server 2008 服务器，也可以直接操作系统管理工具来进行各种管理操作。

（2）远程控制

网络管理人员可以在任何一台运行终端服务客户端的计算机上通过映射功能将另一个连接到终端服务器上的客户机与自己连接起来。这样，网络管理人员就可以看到另一个客户机与服务器之间的所有操作画面，并且可以参与操作，控制客户机的各种操作。

11.2.2 安装和配置终端服务器

1. 安装终端服务器

（1）打开"服务器管理器"，进入服务器管理器控制台窗口，如图 11-41 所示，单击"角色"节点，在对应该目标节点选项的右侧列表区域中，找到"角色摘要"处的"添加角色"按钮选项。

（2）弹出如图 11-42 所示的"选择服务器角色"窗口，选择"终端服务"选项。

图 11-41　服务器管理器主窗口　　　　　　图 11-42　"选择服务器角色"出口

（3）单击"下一步"按钮，弹出如图 11-43 所示的"终端服务简介"窗口，在该窗口中可以详细查看安装的相关注意事项。

（4）单击"下一步"按钮，弹出如图 11-44 所示的"选择角色服务"窗口，选择"终端服务"、"TS 网关"和"TS web 访问"3 个选项。

图 11-43　"终端服务简介"窗口　　　　　　图 11-44　"选择角色服务"窗口

（5）单击"下一步"按钮出现如图 11-45 所示的"应用程序兼容性"窗口。

（6）单击"下一步"按钮，出现如图 11-46 所示的身份验证方法窗口，选择"要求使用网络级身份验证"选项。

图 11-45　"应用程序兼容性"窗口　　　　　　图 11-46　身份验证方法窗口

（7）单击"下一步"按钮，出现如图 11-47 所示的授权模式窗口，指定服务器的授权方式，系统提供了"以后配置"、"每设备"和"每用户" 3 种选项，可根据实际情况作出选择。

（8）单击"下一步"按钮，弹出如图 11-48 所示的用户组窗口，添加可以访问终端服务器的用户组。

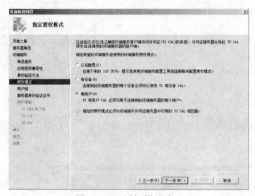

图 11-47　授权模式窗口　　　　　　　　　图 11-48　用户组窗口

（9）单击"下一步"按钮，出现如图 11-49 所示的服务器身份验证证书窗口，系统提供了"为 SSL 加密选择现有证书"、"为 SSL 加密创建自签名证书"和"稍后为 SSL 加密选择证书"三种选择，可根据实际情况选择。

（10）单击"下一步"按钮，弹出如图 11-50 所示的授权策略窗口，系统提供了"现在"和"以后"两种方式，可根据实际情况作出选择。

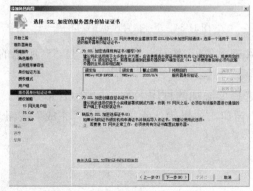

图 11-49　服务器身份验证证书窗口　　　　　图 11-50　授权策略窗口

（11）单击"下一步"按钮，弹出如图 11-51 所示的"确认安装选择"窗口，在该窗口中详细列出了安装的相关信息。

（12）确认无误后，单击图 11-51 上的安装按钮，系统进行终端服务器的安装，安装完成后，弹出如图 11-52 所示的"安装结果"窗口，单击"关闭"按钮，弹出一个对话框，要求系统重新启动。

图 11-51 "确认安装选择"窗口

图 11-52 安装结果窗口

（13）系统重新启动后，继续弹出如图 11-53 所示的"安装结果"窗口，可以看到在该窗口中已经显示安装成功，单击"关闭"按钮即可。

2. 添加 RemoteApp 程序

（1）打开服务器管理器，展开角色中的"终端服务"→"TS RemoteApp 管理器"节点，如图 11-54 所示。

图 11-53 安装成功窗口

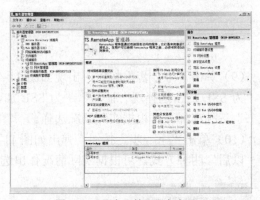
图 11-54 服务器管理器主窗口

（2）在打开窗口的右边单击"添加 RemoteApp 程序"操作，弹出如图 11-55 所示的 RemoteApp 向导窗口。

（3）单击"下一步"按钮，在弹出的窗口中选择要添加的程序名称，如图 11-56 所示。

（4）单击"下一步"按钮，出现"复查设置"窗口，如果确认无误，单击"完成"按钮，完成 RemoteApp 的添加，操作如图 11-57 所示。

3. RemoteApp 部署设置

（1）单击图 11-43 上的"终端服务器设置"操作项目，弹出如图 11-58 所示的 RemoteApp

部署设置窗口，切换到"终端服务器选项卡"下，设置终端服务器的名称，RDP 端口和远程桌面访问的相关选项。

图 11-55　RemoteApp 向导窗口　　　　　图 11-56　添加应用程序窗口

（2）单击图 11-58 上的"TS 网关"选项卡下，设置相关的 TS 网关属性，操作如图 11-59 所示。

图 11-57　完成添加窗口　　　图 11-58　RemoteApp 部署设置窗口　　　图 11-59　TS 网关选项卡

（3）切换到"数字签名"选项卡下，可以看到当前终端服务器没有设置使用数字证书签名，如图 11-60 所示。

（4）选中图 11-60 中的"使用数字证书签名"选项，单击图上的"更改"按钮，弹出如图 11-61 所示的"选择证书"窗口，选择一个证书项目，单击"确定"按钮，关闭该窗口。

（5）此时，已经给终端服务器设置好了"数字签名证书"，在"数字签名"选项卡下可以看到相关的加载信息，如图 11-62 所示。

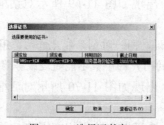
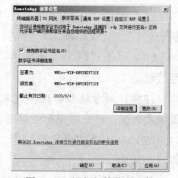

图 11-60　"数字签名"选项卡　　　图 11-61　选择证书窗口　　　图 11-62　添加好的数字证书

（6）切换到"通用 RDP 设置"选项卡下，可以设置终端服务器可以连接的设置和资源类型，如图 11-63 所示。

4. RDP-TCP 属性设置

（1）打开服务器管理器，展开角色中的"终端服务"→"终端服务器配置"节点，在"连接"区域的连接名下右键单击，弹出一个属性菜单，如图 11-64 所示。

图 11-63　"通用 RDP 设置"选项卡　　　　图 11-64　服务器管理器主窗口

（2）单击属性命令，弹出如图 11-65 所示对话框，在"常规"选项卡下，实现对此 RDP 的加密级别的配置。

（3）单击"登录设置"选项卡，出现如图 11-66 所示对话框。在此窗口中设置相关的登录信息。

（4）单击"会话"选项卡，出现如图 11-67 所示对话框。在此可以设置终端服务超时和重新连接设置。

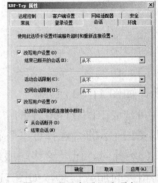

图 11-65　RDP-Tcp 属性窗口　　　图 11-66　"登录设置"选项卡　　　图 11-67　"会话"选项卡

（5）单击"远程控制"选项卡，出现如图 11-68 所示对话框。在此可以设置通过远程控制来远程控制或观察用户会话。

（6）单击"网卡"选项卡，出现如图 11-69 所示对话框，选择需要使用的网卡和相关的连接数。

注意：对于远程管理模式来说，同一时刻只能允许两个用户的并发连接，对于应用程序服务器模式来说，同一时刻所能接受的用户的个数不能超过服务器 License 的限制。

（7）单击"安全"选项卡，出现如图 11-70 所示对话框。在此可以设置用户对于终端服务器的权限。

（8）在图 11-70 的"安全"选择框中选择相应用户，单击"高级"按钮出现"RDP-TCP 的高级安全设置"窗口，如图 11-71 所示。

（9）选择图 11-71 上的一个权限项目，单击"编辑"按钮，出现如图 11-72 所示的窗口，设置这些权限可以更加精确地控制客户端的访问。

图 11-68　"远程控制"选项卡

图 11-69　"网卡"选项卡

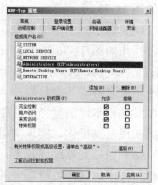

图 11-70　权限设置

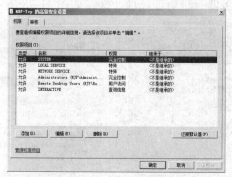

图 11-71　RDP-TCP 的高级安全设置

图 11-72　高级权限

11.2.3　远程终端的连接和使用

1.　基于远程桌面连接器的连接

（1）在安装好远程桌面客户端后，用户启动远程桌面客户端软件，打开的软件主窗口如图 11-73 所示。这是简单模式的远程桌面连接方式，只需要在在对应的计算机栏中输入要连接到的远程终端主机的 IP 地址或者主机名、域名等。

（2）单击图 11-73 上的的"选项"按钮，出现如图 11-74 的窗口。如果要直接设置连接，可以输入对应的访问用户名和密码，当然如果是活动目录访问方式，则必须输入域名。

图 11-73　远程桌面窗口

图 11-74　常规选项卡

（3）切换到"显示"选项卡，设置对应的显示模式。包括远程桌面的大小，颜色等，操作如图 11-75 所示。

（4）切换到"本地资源"选项卡，设置对应的系统资源选项，操作如图 11-76 所示。比如通常用户想直接实现和远程主机的文件交换，最初都是借助于 FTP 等相关服务器资源实现上传或下载服务，其实只要在本地设备区域选中"磁盘驱动器"即可实现将本地磁盘当作网络远程主机磁盘的一部分，就可以直接实现复制操作，实现简单的资源交换过程。

（5）切换到程序选项卡，设置连接到远程桌面的同时启动的相关程序，这样可以极大的方便了用户的操作过程，操作如图 11-77 所示。

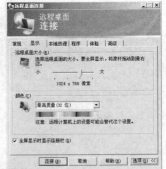

图 11-75 显示选项卡

（6）切换到高级选项，设置相关的服务器身份验证选项，操作如图 11-78 所示。

图 11-76 本地资源设置

图 11-77 设置程序关联项

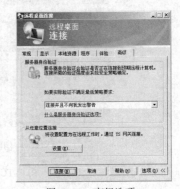

图 11-78 高级选项

（7）单击"连接"按钮，系统连接到远程桌面服务器，出现如图 11-79 所示的认证窗口，在该窗口中列出了所有的用户信息。

单击要登录的用户图标输入要登录的用户名和密码，如图 11-80 所示。

图 11-79 远程桌面认证窗口

图 11-80 登录窗口

（8）单击"确定"按钮，即可登录到远程系统，此时，用户就可以向使用本地资源一样，来实现对远程主机的配置。如图 11-81 所示是一个连接到的远程桌面窗口。

（9）完成配置后，用户可以直接单击图 11-81 上的"关闭"按钮，实现断开连接和远程服务器的连接过程。

2. 管理账号的设置

（1）选择"开始"→"管理工具"→"Internet 信息服务（IIS）管理器"菜单命令，打开"Internet 信息服务（IIS）服务管理器"控制台窗口，展开控制台树，在"网站"选项下展开"默认站点"子项，找到 tsweb 选项，在 tsweb 上右键单击，在出现的菜单中选择"属性"命令，操作如图 11-82 所示。

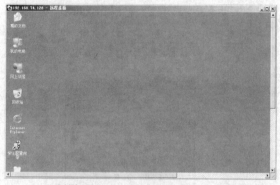

图 11-81　已经登录服务器　　　　　　　图 11-82　IIS 管理器窗口

（2）出现如图 11-83 所示的 tsweb 属性窗口，切换到"目录安全性"选项卡下，在"身份验证和访问控制"选项组下单击"编辑"按钮。

（3）打开如图 11-84 所示的"身份验证方法"对话框。选择用户身份验证方式为"集成 windows 身份验证"，依次单击"确定"按钮，返回即可。

图 11-83　tsweb 属性窗口　　　　　　　图 11-84　设置身份验证方式

3. 通过 Web 的连接

（1）在终端计算机上打开浏览器，输入"http://远程主机 IP/ts"，出现一个认证窗口，在认证窗口中输入要登录的用户名和密码，出现如图 11-85 所示的窗口。

（2）单击"确定"按钮，弹出如图 11-86 所示的 TS WEB 访问窗口，可以看到在该窗口下提供了 RemoteApp 程序、远程桌面、配置 3 个选项。RemoteApp 程序就是在终端服务器中部署的写字板程序。

（3）双击写字板图标，弹出如图 11-87 所示的提示窗口。

（4）单击"连接"按钮，弹出如图 11-88 所示的认证窗口，输入对应的用户名和密码，单击"确定"按钮，就可以实现远程使用写字板程序。

图 11-85　远程桌面 Web 连接界面

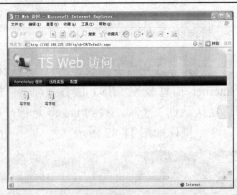

图 11-86　TS-WEB 访问页面

图 11-87　远程应用提示窗口

图 11-88　账户认证窗口

（5）切换到"远程桌面"下，如图 11-89 所示，在该窗口中输入要连接的终端服务器的名称或 IP 地址，单击"选项"按钮，展开"设备和资源"、"其他选项"等项目。

（6）单击"连接"按钮，弹出如图 11-90 所示的提示窗口。

（7）单击"连接"按钮，系统连接到远程桌面服务器，出现一个认证窗口，单击要登录的用户图标输入要登录的用户名和密码，单击"回车键"即可登录到远程系统。

注意： 操作到此时，和通过远程桌面连接器连接的 7-9 步完全相同，在此不再阐述。

（8）同样单击"配置"选项，切换到配置

图 11-89　远程桌面 Web 连接设置

选项下，如图 11-91 所示，可以实现对远程终端服务器的相关选项的配置。完成配置后，单击图上的"应用"按钮即可实现配置的生效。

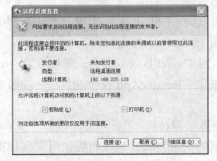

图 11-90　远程桌面连接提示窗口

图 11-91　"配置"选项页面

11.3　Windows Server 2008 的打印服务

11.3.1　打印服务的相关概念

打印服务是非常重要的网络服务。网络打印是指通过设置打印服务器或者共享打印机实现网络打印的过程。打印服务器的建设在 Windows Server 2008 的网络管理中占有非常重要的地位。

1. 相关打印设备

（1）打印机

打印机（Printer）是网络打印服务中最核心的设备，在网络服务中，打印机既包括实际的打印设备，也包括通过网络设置的共享打印机设备，或者指的是通过一个软件模拟的虚拟打印机设备。

实际的打印设备分为本地打印机和网络打印机。本地打印机通过本地打印端口（例如串行、USB）连接在本地计算机上；网络打印机是指用户添加的是来之网络的打印机，该打印机不再本地，而是来自于网络中的其他位置。

虚拟打印机通常是一个软件，他可以实现文件格式的转换，文件的保护等功能，部分虚拟打印机还支持在网络上实现虚拟传真等业务的进行，对操作系统而言，不管是哪种类型的打印机，在网络系统中都把其当作系统的一个接口来实现管理和调度。

（2）打印服务器

打印服务器（Printer Server）通常有两种理解方式，一种是将一台普通的打印机接入网络中的一台计算机上，实现该打印机的共享后，则可以认为这台连接打印机的计算机是打印服务器。因为所有的打印任务由其来实现分配和调度管理。

另一种打印服务器指的是网络上一个独立的打印节点设备，它可以单独配置 IP 地址，可以把打印机接到打印服务器上，实现基于网络的打印管理。可以认为打印服务器是服务器的一种，是指具有 IP 地址、为用户提供共享打印服务的"网络节点"设备。

这种打印服务器通常有外置的和内置的两种类型。内置打印服务器外形类似于网卡，通常插在打印机主板 I/O 插槽中，通过打印机供电，安装好后，打印机就可以成为网络中的一个独立的节点，不再隶属于任何计算机。通常内置打印机服务器，要求所安装的打印机支持。如图 11-92 所示是一款惠普 Jetdirect 615n 的内置打印服务器。

图 11-92　内置打印服务器

外置的打印服务器通常自己提供电源，通过一个连接线缆连接到打印机，另一根线缆连接到网络，使得打印机成为网络上的一个独立节点。外置打印服务器具有安装方便的特点，可以安装在不同型号的打印机上，不占用系统资源，易于管理。如图 11-93 所示是一款常见的外置的打印服务器。

（3）网络打印机

通常所说的网络打印机包括如下两种接入的方式，一种是打印机自带打印服务器，打印服务器上有网络接口，只需插入网线分配 IP 地址就可以了；另一种是打印机使用外置的打印服务器,打印机通过并口或 USB 口与打印服务器连接,打印服务器再与网络连接。

注意:这里说的打印服务器是一个专用的打印节点设置。

(4)无线打印服务器

无线打印服务器是一种具备共享打印服务功能的无线打印适配器。目前这类产品都具有 AP 或无线路由器功能,可让整个无线局域网的用户共享一台打印机。

无线打印服务器分内置和外置型两种。内置机型就是厂家在产品生产中安装了无线网络组件的 Wi-Fi 打印机,外置型则是专为打印机设计的一种 Wi-Fi 配件,用户可以通过无线打印服务器的 USB 口或并口与打印机连接。目前较为常见的是外置的无线打印服务器。如图 11-94 所示是一款常见的无线打印服务器。

图 11-93　外置打印服务器　　　　图 11-94　无线打印服务器

2. 网络打印服务模式

(1)"打印服务器+打印机"模式

通过打印服务器连接打印机,将打印服务器通过网线联入局域网,设定打印服务器的 IP 地址,使打印服务器成为网络上的一个不依赖于其他 PC 的独立节点,然后在打印服务器上对该打印机进行管理。"打印服务器+打印机"模式的性能优良,数据处理效率较高。

(2)共享打印机模式

将一台普通打印机安装在打印服务器上,然后通过网络共享该打印机,供局域网中的授权用户使用。共享打印机是通过设置 PC 服务器的硬件资源共享实现的网络打印,共享打印机必须依赖于一台和其硬件上连接的服务器。资源的调度必须依靠这台服务器的 CPU 进行。

(3)专用网络打印机

专用网络打印机可以直接连接到网络上,它可以是网络上一个独立的节点,可以设置 IP 地址,实现网络管理打印服务。一般的此类打印机价格较高,可以认为它是将打印服务器和一台高性能打印机结合在一起的设备。

11.3.2　安装打印服务

(1)打开服务器管理器,执行"添加角色"操作,打开如图 11-95 所示的的"选择服务器角色"窗口,选择"打印服务"选项。

(2)单击"下一步"按钮,弹出"打印服务简介"窗口,在该窗口中详细的显示了打印服务的相关信息,如图 11-96 所示。

(3)单击"下一步"按钮,弹出如图 11-97 所示的"选择角色服务"窗口,选择"打印服务器","LPD 服务"和"internet 打印"3 个选项。

(4)单击"下一步"按钮,弹出如图 11-98 所示的"确认安装选择"窗口。

图 11-95　"选择服务器角色"窗口

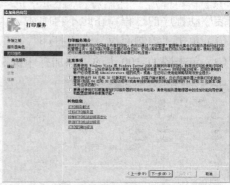

图 11-96　"打印服务简介"窗口

图 11-97　"选择角色服务"窗口

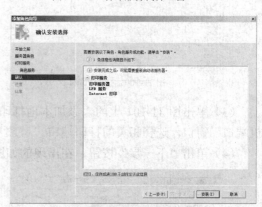

图 11-98　"确认安装选择"窗口

（5）单击"安装"按钮，开始进行打印服务的安装，安装完成后弹出"安装结果"窗口，单击图 11-99 上的"关闭"按钮即可。

图 11-99　完成安装窗口

11.3.3　添加打印机

添加打印机实际上是实际逻辑上打印机的添加过程。

1．添加本地打印机

本机打印机指的是直接连接到本地计算机上的打印机，通常在将实际的打印机设备连接到本机计算机后，需要安装打印机的驱动程序，如果该驱动操作系统内置，则可以省略。关于安装驱动程序的过程，在此不再阐述。

（1）单击"控制面板"→"打印"，打开如图 11-100 所示的打印机窗口。

（2）单击图 11-100 上的"添加打印机"图标，弹出如图 11-101 所示的添加打印机窗口。

图 11-100　打印机窗口

图 11-101　添加打印机向导窗口

（3）单击图 11-101 上的"添加本地打印机"按钮，弹出如图 11-102 所示的"选择打印机端口"窗口，选择相关的打印端口。

（4）单击"下一步"按钮，在出现的如图 11-103 所示的窗口中选择打印机型号。

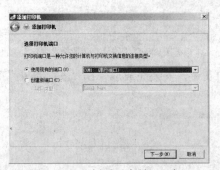

图 11-102　"选择打印机端口"窗口

图 11-103　选择打印机型号

注意：如果列表中不存在您的打印机型号，单击"从磁盘安装"按钮，可以选择手动选择打印机驱动。

（5）单击"下一步"按钮，在出现的如图 11-104 所示的窗口中设置打印机名称。

（6）单击"下一步"按钮，在出现的如图 11-105 所示的窗口中设置是否共享打印机及共享名。

图 11-104　设置打印机名称

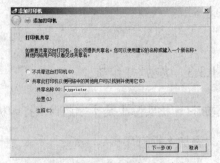

图 11-105　设置共享打印机及共享名

注意：可以现在不设置，在安装完成后设置，或者修改当前共享名称，如果打印机不实现共享，选择"不共享这台打印机"单选按钮即可。

（7）单击"下一步"按钮，出现如图 11-106 所示的窗口，按"完成"按钮，完成打印机的安装。

2．添加共享打印机

（1）单击"控制面板"→"打印"，打开"打印机"窗口。单击"打印机"窗口上的"添加打印机"图标，在弹出的窗口中选择"添加网络、无线盒 Bluetooth 打印机"按钮，如图 11-107 所示。

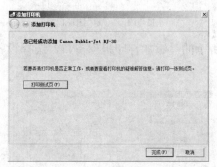

图 11-106　完成按钮

图 11-107　添加打印机向导窗口

（2）系统首先自动实现搜索相关的"网络或者无线打印机"，如果就没有搜索到，则弹出如图 11-108 所示的"添加打印机"窗口，单击"我需要的打印机不再列表中"按钮。

（3）单击"下一步"按钮，选择"按名称选择共享打印机"选项，在下面的地址栏中输入共享打印机的地址，如图 11-109 所示。

图 11-108　"添加打印机"窗口

图 11-109　添加打印机地址

（4）单击"下一步"按钮，弹出如图 11-110 所示的连接提示窗口。

（5）完成连接后，弹出如图 11-111 所示的窗口，在该窗口中列出了连接到的共享打印机的名称。

（6）单击"下一步"按钮，弹出如图 11-112 所示的窗口，单击"完成"按钮，即可完成共享打印机的添加过程。

图 11-110　安装打印机窗口

3．添加网络打印机

（1）添加网络打印机的操作过程和添加共享打印机的（1）-（2）步完全相同，在第（3）

步中，选择"使用 TCP/IP 地址或主机名添加打印机"选项，如图 11-113 所示。

图 11-111　安装好的打印机驱动

图 11-112　完成添加窗口

（2）单击"下一步"按钮，弹出如图 11-114 所示的"添加打印机"窗口，选择设备的类型，输入打印机的 IP 地址。

图 11-113　添加网络打印机地址

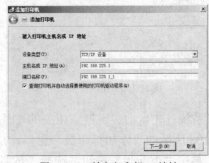

图 11-114　输入打印机 IP 地址

（3）单击"下一步"按钮，系统开始进行 TCP/IP 端口的检测，如果系统中没有内置该网络打印机的驱动程序，则弹出如图 11-115 所示的"需要额外端口信息"窗口，选择设备类型为"标准"。

（4）单击"下一步"按钮，出现"正在检测驱动程序型号"窗口，检测完成后弹出如图 11-116 所示的选择打印型号对话框，选择对应的打印机类型。

（5）单击"下一步"按钮，出现命名打印机的对话框，设置打印机名和是否将打印机设置成默认打印机选项，如图 11-117 所示。

图 11-115　选择设备类型窗口

图 11-116　选择打印机型号

图 11-117　命名打印机

（6）单击"下一步"按钮，弹出正在安装打印机窗口，如图 11-118 所示。

（7）完成安装后弹出如图 11-119 所示的打印机共享窗口，根据实际情况选择是否共享打印机。

图 11-118　添加打印机窗口

图 11-119　设置共享打印机

（8）单击"下一步"按钮，在弹出的窗口中单击"完成"按钮，即可完成网络打印机的添加过程。

11.3.4　打印服务器的属性设置

（1）安装好打印服务器后，打开"管理工具"→"打印管理"，在打印服务器节点上右键单击，弹出的菜单中选择"属性"命令，操作如图 11-120 所示。

（2）弹出如图 11-121 所示的"打印服务"→"属性"窗口，在"格式"选项卡下可以看到打印服务器的所有文档格式，如果这些格式不能满足打印需求，可以创建新的格式。

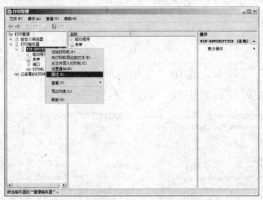

图 11-120　打印管理主窗口

图 11-121　打印服务器属性窗口

（3）切换到"端口"选项卡下，可以查看打印服务器的所有端口信息，另外如果端口参数设置错误，可以单击"配置端口"按钮，来重新配置，如果要添加新端口，则单击"添加端口"按钮实现新的添加，操作如图 11-122 所示。

（4）切换到"驱动程序"选项卡下，可以看到该打印服务器所安装的所有打印机，单击"属性"按钮，可以查看选中的打印机的相关驱动程序，单击"添加"按钮可以添加新的打印机驱动程序，操作如图 11-123 所示。

（5）切换到"高级"选项卡下，可以设置打印服务器的后台打印文件夹位置，选择是否记录相关的出错事件和警告事件等，如图 11-124 所示。

图 11-122　端口选项卡　　　　图 11-123　添加驱动程序选项卡　　　图 11-124　高级选项卡

11.3.5　打印机的属性设置

1．打印池的设置

打印池既将多个同种型号的打印机组合在一起，成为一个集合。当服务器接收到打印任务时，自动分配给限制的打印机进行工作，类似服务器的负载均衡。由于打印池中的打印机都是同种型号，所以不需要重复安装打印机驱动，只需要选择端口即可。

右键单击对应的打印机图标，在出现的菜单中选择"属性"，出现对应打印机的属性窗口，切换到"端口"选项，选择"启动打印机池"，并选择连接打印机的相关端口，如图 11-125 所示。

2．打印机的优先级设置

打印机的优先级是指通过设置，实现不同打印机的优先级分配。打开 printer1 打印机的属性窗口，切换到"高级"选项卡下，设置打印机的优先级为 99，如图 11-126 所示。

注意：99 表示最高的优先级。

3．限制打印时间

打开打印机属性窗口，切换到"高级"选项卡，选中"使用时间从"单选钮，然后单击时间微调框设置起止时间，单击"确定"按钮使设置生效，如图 11-127 所示。

图 11-125　设置打印池　　　　图 11-126　设置优先级　　　　图 11-127　"高级"选项卡

注意：如果仅仅希望对一部分用户限制使用时间，而对其他用户则无使用时间限制，可以创建两个逻辑打印机，并单独设置使用时间。

4．指派打印权限

（1）在共享打印机属性对话框中切换到"安全"选项卡，如图 11-128 所示。

（2）单击图 11-128 上的"添加"按钮，出现如图 11-129
所示的窗口，输入要添加的用户或组名，单击"确定"按钮。

（3）返回"安全"选项卡，在"组或用户名称"列表中
选中添加的目标用户（如 zhangjuan）。然后在"zhangjuan 的
权限"列表中选中"拒绝打印"复选框，并单击"确定"按钮，
如图 11-130 所示。

（4）由于"拒绝"权限优先于"允许"权限被执行，因
此会提示用户是否设置拒绝权限。单击"是"按钮即可，如
图 11-131 所示。

图 11-128　安全选项卡

图 11-129　选择目标用户

图 11-130　选中"拒绝打印"复选框

图 11-131　"安全"对话框

11.3.6　基于 Web 实现远程管理打印机

Web 打印使用 Internet 打印协议（Internet Printing Protocol）实现数据传输，用户可以通
过安装 Internet 打印组件使打印服务器接收到基于 HTTP 的传入连接。在安装了打印服务后，
将在 IIS 信息服务管理器中默认站点中增加一个"printers"的子目录，如图 11-132 所示。这
表明可以采用 Internet 来实现远程管理打印机。

完成 Internet 打印组件的安装设置工作后，用户即可通过 Web 方式远程管理共享打印
机，操作步骤如下所述。

（1）在网络中任意计算机的 Web 浏览器地址栏中输入"http://打印服务器的 Internet 域名
或 IP 地址/printers"，在打开的身份验证对话框中输入打印服务器合法的用户名和密码，单击
"确定"按钮，如图 11-133 所示。

图 11-132　IIS 管理器主窗口

图 11-133　用户身份验证页面

（2）打开打印服务器的 Web 接口界面，在该界面中可以看到打印服务器上所有的打印
机，如图 11-134 所示。

（3）单击其中一个打印机名称进入其管理窗口。在 Web 接口管理窗口中，用户可以对共享打印机进行"查看"、"打印机操作"和"文档操作"3 个方面的管理，如图 11-135 所示。

图 11-134　打印机 Web 管理页面　　　　　图 11-135　打印机操作页面

注意：在"打印机操作"区域单击"连接"按钮可以完成打印机客户端的安装，另外用户还可以针对打印机进行暂停打印、继续打印和取消打印操作。

小　　结

本章主要讲述了 Windows Server 2008 活动目录、终端服务和打印服务的构建，主要的内容包括活动目录的基本概念，活动目录的安装，域的基本配置，站点管理，终端服务的基本概念，安装和配置终端服务器，远程桌面的配置和使用，打印服务的基本概念，打印机的安装，打印服务器的属性设置，基于 Web 实现远程管理打印机的基本设置等。

习　　题

1．Windows Server 2008 目录服务的基本管理单位是_____。
  A．域　　　　　　　B．工作组　　　　　C．工作站　　　　　　D．服务器
2．下列关于在 Windows Server 2008 之间可以建立信任关系的描述错误的是_____。
  A．单向信任关系是单独的委托关系，所有单向信任关系都是不传递的
  B．双向信任关系也是一对单独的委托关系，所有传递信任关系都是双向的
  C．传递信任关系不受关系中两个域的约束，传递信任关系是双向的
  D．不传递信任关系受关系中两个域的约束，不传递信任关系也是双向的
3．在 Windows Server 2008 下，在运行栏输入_____命令，可以实现活动目录的安装。
  A．dcpromo　　　B．domainsetup　　　C．install　　　　　D．autorun
4．下列关于属于强壮的密码的说法错误的是_____。
  A．必须要有足够的长度
  B．必须包括数字，字母的大小写和相关的标点符号，满足密码的复杂度要求
  C．不能和用户登录账户相同
  D．密码全部用一组不相关的数字表示即可

5．目录树中的域通过_____关系连接在一起。

    A．信任　　　　　　B．连接　　　　　　C．查询　　　　　　D．传递

6．微软的远程桌面连接服务依赖于_____协议实现。

    A．FTP　　　　　　B．RDP　　　　　　C．ARP　　　　　　D．HTTP

7．在 Windows Server 2008 中，设置打印机的优先级最高的是_____。

    A．101　　　　　　B．99　　　　　　　C．0　　　　　　　D．80

8．网络打印机是指通过_____将打印机作为独立的设备接入局域网或者 Internet。

    A．打印服务器　　　　　　　　　　B．网卡

    C．交换机　　　　　　　　　　　　D．路由器

9．设置和使用网络打印机的流程正确的是_____。

    A．在接有打印机的单机下安装本地打印机并将它设为共享，到要使用网络打印机的
工作站上执行"添加打印机"查找网络打印机，找到后安装该打印机的驱动程序

    B．在接有打印机的单机下安装本地打印机并将它设为共享，到"网上邻居"里查找
网络打印机，找到后安装该打印机的驱动程序

    C．到"网上邻居"里查找网络打印机，找到后安装该打印机的驱动程序

    D．以上说法都不对

10．终端服务网关使用_____上的远程桌面协议（RDP）在 Internet 上的远程用户和
运行其生产力应用程序的内部网络资源之间建立安全、加密的连接。

    A．HTTP　　　　　B．HTTPS　　　　　C．FTP　　　　　　D．VPN

第 12 章 网络安全技术

本章要求：

- 理解网络安全的基本特征；
- 了解目前网络安全的主要问题；
- 掌握计算机病毒的基本处理技术；
- 掌握防火墙的基本概念及其配置；
- 理解 VPN 的基本概念；
- 掌握 IPSec VPN 的基本配置；
- 掌握 Windows Server 2008 VPN 服务器的部署；
- 掌握 GPG 数据加密软件的使用；
- 掌握 Windows Server 2008 证书服务的构建。

12.1 网络安全概述

网络安全是指网络系统的硬件、软件及相关数据受到保护，不因偶然或恶意攻击而遭受破坏、更改、泄漏。

12.1.1 网络安全的特征

网络安全包括 5 个基本要素，即可靠性、可用性、保密性、完整性和可控性。

（1）可靠性

可靠性是网络信息系统能够在规定条件下和规定时间内完成指定功能的特性。可靠性是系统安全最基本的要求之一，是所有网络信息系统建设和运行的目标。

（2）可用性

可用性是网络信息可被授权实体访问并按需求使用的特性。

（3）保密性

保密性是指信息不泄漏给非授权的用户、实体或过程，或供其利用的特性。保密性保证了授权用户访问数据，而限制其他人对数据的访问。数据保密性分为网络传输保密性和数据存储保密性。

（4）完整性

完整性是指数据未经授权不能进行更改的特性，即信息在存储或传输过程中保持不被修改、破坏和丢失的特性。数据完整性目的就是保证计算机系统上的数据和信息处于一种完整和未受损害的状态，数据不会因有意或无意的事件而被改变或丢失。数据完整性的丧失直接影响到数据的可用性。

（5）可控性

可控性是指对网络信息的传播及内容具有控制能力的特性。

12.1.2　网络安全的主要问题

目前网络的主要安全问题集中在如下几个方面。

1.　操作系统的脆弱性

操作系统的安全问题主要表现在三方面，一是操作系统本身的缺陷带来的不安全因素，主要包括身份认证、访问控制、系统漏洞等。二是操作系统的安全配置问题。三是病毒对操作系统的威胁。

2.　相关软硬件设施的脆弱性

网络设备要求 365×24 小时的不间断运行，这就对设备的可靠性提出了较高的要求，安全性越高，可靠性越强的网络设备代价越高，设备本身的安全性能是整个网络安全性的保证。很多大型网络设备（如路由器、网关等）的管理系统的安全性能不佳，如 IOS 系统存在安全漏洞等，可能很容易泄露系统的安全特性。

另外很多问题都是由于硬件系统的相关管理软件的漏洞引起的，目前在市场上很难看到一款非常安全的软件。

3.　网络协议其问题

网络本身的脆弱性是由 TCP/IP 引起的，TCP/IP 设计之初仅仅是为了实现工业意义上的互联，网络发展的速度，规模和出现的种种问题都是始料不及的。TCP/IP 协议自身的问题是当前网络安全的主要问题所在。IPv4 地址匮乏，TCP/IP 的握手机制导致的拒绝服务攻击等都是 TCP/IP 安全性差的主要表现。

TCP/IP 及 FTP、E-mail、WWW 等都存在安全漏洞，如 FTP 的匿名服务浪费系统资源，E-mail 中潜伏着电子炸弹、病毒等威胁互联网安全，WWW 中使用的通用网关接口程序、Java Applet 程序等都能成为攻击工具。

4.　病毒

病毒是一段可执行的恶意程序，它可以对软件和硬件资源构成破坏。计算机病毒寄生在系统内部，不易被发现，具用很强的传染性，一旦病毒并激活，就可能对系统造成巨大的危害。由于 TCP/IP 协议的脆弱性和 Internet 的管理问题，目前互联网成为病毒最重要的传播途径。计算机病毒成为了网络中非常严重的一种危害。目前病毒中最流行的有木马和蠕虫和脚本病毒等。

5.　黑客技术

黑客是目前网络威胁的一大方面，黑客是非法入侵别人计算机系统的人，通常他们带有某种目的，通过检测系统漏洞非法入侵。早期的黑客技术特指某一类人物，他们具备很专业的计算机知识，然而随着网络的全面发展，黑客技术不再神秘，大量的黑客工具软件在网络中可以找到，任何使用黑客工具进行攻击的人物都可以称呼为黑客，这就是黑客技术的公开化，平民化，这对网络的安全防范提出了更高的要求。

6. 防范意识差

很多网络安全故障来源于管理者的防范意识，由于管理者的疏忽导致网络安全事件层出不穷，另外很多用户对网络安全的知识一知半解，主要存在如下几个问题。

（1）认为病毒无所谓，大不了重新安装系统。过分依赖杀毒软件，认为只要安装杀毒软件系统就非常安全，实际上杀毒软件要不断的更新病毒库，另外并不是每个杀毒软件性能都很高，在网络上破坏杀毒软件的病毒很多。缺少防范意识，很多办公机器常年开机联网，这就对黑客扫描提供了很大的便利。

（2）不重视操作系统和相关软件的安全漏洞，很多操作系统漏洞都是高危漏洞，这些漏洞得不到修补，系统就容易出现问题。

（3）系统控制性差，很多系统没有登录密码，开启了较多的共享资源，没有安装防火墙。

（4）使用的软件来路不明，导致病毒、木马滋生。尤其是近年来流行从网络上直接下载Ghost 镜像来实现系统安装，这种安装系统的方式，可能把镜像制作人员绑定的很多恶意程序和木马病毒带入安装的系统。很多用户下载软件很少从对应的官方站点查找，过分依赖搜索引擎，例如，随便搜索一个 QQ 程序就安装使用，可能这个就是已经被绑定木马的 QQ，并不是直接来源于腾讯公司的 QQ，这样下次登录时就发现 QQ 的密码已经被盗走。

（5）利用用户的粗心或者利用字母和数字的相似性，站点名称的相似性来实现欺诈。这种软件和站点通常被称为钓鱼软件和钓鱼站点。

12.2　病毒及其处理技术

计算机病毒是一种附着在其他程序上的，可以实现自我繁殖的程序代码。到目前为止，计算机病毒还没有一个统一的概念。

12.2.1　计算机病毒概述

我国颁布实施的《中华人民共和国计算机信息系统安全保护条例》第二十八条中明确指出："计算机病毒，是指编制或者在计算机程序中插入的破坏计算机功能或者毁坏数据，影响计算机使用，并能自我复制的一组计算机指令或者程序代码"。

1. 计算机病毒的特征

计算机病毒具有以下几个明显的特征。

（1）传染性

传染性是指病毒具有把自身复制到其他程序中的特性。传染性是病毒的基本属性，是判断一个可疑程序是否是病毒的主要依据。病毒一旦入侵系统，它就会寻找符合传染条件的程序或存储介质，确定目标后将自身代码插入其中，达到自我繁殖的目的。

（2）潜伏性

潜伏性是指病毒具有依附其他媒体而寄生的能力，病毒为了达到不断传播并破坏系统的目的，一般不会在传染某一程序后立即发作，它通常附着在正常程序或磁盘较隐蔽的地方，一般情况下，系统被感染病毒后用户是感觉不到它的存在。病毒的潜伏性与病毒的传染性相辅相成，病毒可以在潜伏阶段传播，潜伏性越大，传播的范围越广。

（3）破坏性

破坏性是指病毒破坏文件或软件系统，甚至损坏硬件系统，干扰系统的正常运行。病毒破坏的严重程度取决于病毒制造者的目的和技术水平。轻者只是影响系统的工作效率，占用系统资源，造成系统运行不稳定。重者则可以破坏或删除系统的重要数据和文件，或者加密文件、格式化磁盘，甚至攻击计算机的硬件系统，导致系统瘫痪。

（4）隐蔽性

病毒具有很强的隐蔽性，病毒通常附着在正常的程序之中或藏在磁盘隐秘的地方，有些病毒采用了极其高明的手段来隐藏自己，如使用透明图标、注册表内的相似字符等，而且有的病毒在感染了系统之后，计算机系统仍能正常工作，用户不会感到有任何异常，在这种情况下，普通用户无法在正常的情况下发现病毒。这些就是病毒隐蔽性的表现。

（5）触发性

触发性是指病毒因某个事件或某个数值的出现，诱发病毒发作。每种计算机病毒都有自己预先设计好的触发条件，这些条件可能是时间、日期、文件类型或使用文件的次数等。满足触发条件，病毒就会发作，对系统或文件进行感染或破坏，条件不满足的时候，病毒继续潜伏。

2. 计算机病毒的分类

计算机病毒从不同的角度出发，可有多种分类方式。

（1）按传染媒体分类

计算机病毒按其传染媒体可分为三种类型，分别是引导型、文件型和混合型病毒。

引导型病毒指传染计算机系统磁盘引导程序的计算机病毒。这类病毒将自身的部分或全部代码寄生在引导扇区，即修改系统的引导扇区，在计算机启动时这些病毒首先取得系统的控制权，减少系统内存，修改磁盘读写中断，在系统存取操作磁盘时进行传播，影响系统工作效率。

文件型病毒指传染可执行文件的计算机病毒。这类病毒传染计算机的可执行文件以及这些文件在执行过程中所使用的数据。在用户调用染毒的执行文件时，病毒被激活。

混合型病毒指传染可执行文件又传染引导程序的计算机病毒。它兼有文件型和引导型病毒的特点。因此，混合型病毒的破坏性更大，查杀更困难。

（2）按传染方法分类

根据病毒传染的方法可分为驻留型病毒和非驻留型病毒。驻留型病毒感染计算机后，把自身的内存驻留部分放在内存（RAM）中，这一部分程序挂接系统调用并合并到操作系统中去。

非驻留型病毒在激活时并不感染计算机内存，一些病毒在内存中留有小部分，但是并不通过这一部分进行传播。

（3）按病毒算法分类

根据病毒特有的算法，可划分为伴随型病毒、蠕虫病毒和寄生型病毒。

伴随型病毒并不改变文件本身，它们根据算法产生可执行文件的伴随体，具有同样的名字和不同的扩展名，当系统加载文件时，伴随体优先被执行到，再由伴随体加载执行原来的可执行文件。

蠕虫病毒通过网络传播，它不改变文件和资料信息，通过计算网络地址，将自身的病毒通过网络发送。

寄生型病毒依附在系统的引导扇区或文件中，通过系统的功能进行传播，按其算法可分为练习型病毒、诡秘型病毒和变型病毒。练习型病毒指的是在调试阶段就发布的病毒，此类病毒自身包含错误，不能进行很好的传播。诡秘型病毒一般不直接修改系统中断和扇区数据，而是通过设备技术和文件缓冲区等做系统内部修改。变型病毒使用一个复杂的算法，使自己每传播一份都具有不同的内容和长度。

3. 常见病毒

常见的病毒包括木马病毒、蠕虫病毒和脚本病毒。

（1）木马病毒

木马病毒源于古希腊的特伊洛马神话，它是把自己伪装在正常程序内部的病毒，这种病毒的伪装性强，通常用户很难判断它到底是合法程序还是木马。木马病毒带有黑客性质，它有强大的控制和破坏能力，可进行窃取密码、控制系统操作、进行文件操作等。

木马由客户端和服务器端两个执行程序组成，客户端是用于攻击者远程控制植入木马的机器，服务器端程序即是木马程序。木马的设计者为了防止木马被发现，而采用多种手段隐藏木马。木马入侵目标计算机后，会把目标计算机的 IP 地址、木马端口等信息发送给入侵者，从而使入侵者利用这些信息来控制目标计算机。目前的木马病毒的类型包括普通的以单独可执行文件执行的木马、进程插入式木马和 Rootkit 类木马。

（2）蠕虫病毒

蠕虫病毒是一种能自我复制的程序，并能通过计算机网络进行传播，它大量消耗系统资源，使其他程序运行减慢以至停止，最后导致系统和网络瘫痪。蠕虫病毒的传染目标是互联网内的所有计算机，从而导致网络瘫痪。蠕虫病毒分为两类：一种利用系统漏洞主动进行攻击，另一种通过网络服务传播。

（3）脚本病毒

脚本病毒通常是 JavaScript 或者 VBScript 代码编写的恶意代码。JavaScript 脚本病毒通过网页进行传播，一旦用户运行了带有病毒的网页，病毒就会修改 IE 首页、修改注册表等信息，造成用户使用计算机不方便。

VBS 脚本病毒是使用 VBScript 编写。以宏病毒和新欢乐时光病毒为典型代表的 VBS 脚本病毒。VBS 脚本病毒编写简单，破坏力大，感染力强。这类病毒通过 HTML 文档，E-mail 附件或其他方式，故而传播范围大。

12.2.2 国外的优秀杀毒软件

目前市场的杀毒软件产品琳琅满目，目前 Top ten reviews 已经发布了 2010 年度的世界杀毒软件排名，如图 12-1 所示是在 Top ten reviews 站点上的排名显示。

（1）BitDefender

BitDefender 是罗马尼亚出品的杀毒软件，它有二十四万超大病毒库，具有功能强大的反病毒引擎以及互联网过滤技术。

（2）Kaspersky

Kaspersky（卡巴斯基）杀毒软件来源于俄罗斯，卡巴斯基杀毒软件具有超强的中心管理和杀毒能力，它强大的功能和局部灵活性以及网络管理工具为自动信息搜索、中央安装和病毒防护控制提供最大的便利和最少的时间来建构用户的抗病毒分离墙。

（3）Webroot Anti-Virus with Spy Sweeper

Webroot Anti-Virus with Spy Sweeper 是英国 Webroot Software，Inc.开发的反间谍软件 Webroot Spy Sweeper 整合杀毒引擎发布的安全防护软件。Webroot Anti-Virus with Spy Sweeper 不仅可以检测病毒，而且可以识别并删除间谍软件，广告软件，蠕虫病毒，弹出式广告，木马，键盘记录器和 Rootkit。

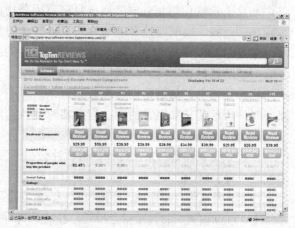

图 12-1　2010 世界杀毒软件排名

（4）Norton AntiVirus

Norton AntiVirus 是 Symantec 公司出品的优秀杀毒软件，它可帮用户侦测上万种已知和未知的病毒。

（5）ESET NOD32

ESET NOD32 是 ESET 公司出品的杀毒软件，它可以对邮件进行实时监测，占用内存资源较少，清除病毒的速度效果都令人满意。

（6）AVG Anti-Virus

AVG Anti-Virus 是来自捷克 Grisoft 公司的杀毒软件，AVG Anti-Virus 有专业、服务器、免费三个版本，AVG Anti-Virus 的功能相当完整，可即时对任何存取文件侦测，防止电脑病毒感染。

（7）F-Secure Anti-Virus

F-Secure Anti-Virus 是芬兰出品的杀毒软件，它集 AVP、LIBRA、ORION、DRACO 四套杀毒引擎，该软件采用分布式防火墙技术，对网络病毒尤其有效。

（8）G DATA AntiVirus

G DATA AntiVirus 是德国 G-Data 公司的产品，它是采用 AVP 和 avast!双引擎的杀毒软件，具有超强的杀毒能力，G DATA AntiVirus 运行速度稳定，它的最大优点是只要病毒或木马录入病毒库，它在病毒运行前拦截，不会出现中毒后再杀毒的情况。

（9）Avira AntiVir Premium

Avira AntiVir Premium 是一款德国出品的杀毒软件，它自带防火墙，可以检测并移除超过 60 万种病毒，支持网络更新。Avira AntiVir Premium 不仅可以防御病毒，蠕虫，特洛伊木马，Rootkit，钓鱼，广告软件和间谍软件，而且可以借助 WebGuard 防偷渡式下载和邮件扫描。

（10）Trend Micro AntiVirus＋AntiSpyware

Trend Micro AntiVirus＋AntiSpyware 是美国趋势科技公司出品的杀毒软件。它可以为用户提供简单与易用性相结合的安全功能，Trend Micro AntiVirus＋AntiSpyware 集个人防火墙、防病毒、防垃圾邮件等功能于一体，最大限度地提供对桌面机的保护。

12.2.3　国内的杀毒软件

目前国内的杀毒软件主要有金山毒霸、瑞星杀毒软件、江民杀毒软件等。

（1）金山毒霸

金山毒霸是金山软件股份有限公司开发的高智能反病毒软件。金山毒霸独创双引擎杀毒设计，内置金山自主研发的杀毒引擎和俄罗斯著名杀毒软件 Dr.Web 的杀毒引擎，融合了启发式搜索、代码分析、虚拟机查毒等反病毒技术。

（2）瑞星杀毒软件

瑞星杀毒软件是北京瑞星科技股份有限公司出品的反病毒软件，它用于对已知病毒、黑客程序的查找、实时监控和清除，恢复被病毒感染的文件或系统，维护计算机系统的安全。

瑞星杀毒软件是基于瑞星云安全系统设计的新一代杀毒软件，其整体防御系统可将所有互联网威胁拦截在用户计算机以外。深度应用云安全的全新木马引擎、木马行为分析和启发式扫描等技术保证将病毒彻底拦截和查杀，再结合云安全系统的自动分析处理病毒流程，能第一时间极速将未知病毒的解决方案实时提供给用户。

（3）江民杀毒软件

江民杀毒软件是北京江民计算机软件公司开发的反病毒软件。江民杀毒软件采用全新动态启发式杀毒引擎，融入指纹加速功能，杀毒功能更强、速度更快。江民杀毒软件在智能主动防御、沙盒技术、内核级自我保护、虚拟机脱壳、云安全防毒系统、启发式扫描等领先的核心杀毒技术基础上，创新前置威胁预控安全模式，在防杀病毒前预先对系统进行全方位安全检测和防护。

12.2.4　病毒处理步骤

计算机病毒的处理包括防毒、查毒、杀毒 3 个步骤。

1. 防毒

防毒是指根据系统特性，采取相应的安全措施预防病毒侵入计算机。通过采取防毒措施，可以准确地、实时地监测预警经由光盘、软盘、硬盘不同目录之间、局域网、Internet 或其他形式的文件下载等多种方式进行的病毒传播；能够在病毒侵入系统时发出警报，记录携带病毒的文件，及时清除病毒；对网络而言，能够向网络管理员发送关于病毒入侵的信息，记录病毒入侵的工作站，必要时还要能够注销工作站，隔离病毒源。

2. 查毒

查毒是指对于确定的环境，能够准确地报出病毒名称，该环境包括内存、文件、引导区（含主导区）、网络等。查毒能力是指发现和追踪病毒来源的能力。通过查毒应该能准确地发现计算机系统是否感染病毒，并准确查找出病毒来源，给出统计报告；查毒能力应由查毒率和误报率来评判。

3. 杀毒

杀毒是指根据不同类型病毒对感染对象的修改，按照病毒的感染特性所进行的恢复，该恢复过程不能破坏未被病毒修改的内容。感染对象包括内存、引导区（含主引导区）、可执行文件、文档文件、网络等。

12.2.5　金山毒霸 2011 的使用

金山毒霸 2011 是应用"可信云查杀"的杀毒软件，它采用本地正常文件白名单快速匹配技术，配合强大的金山可信云端体系，实现了强大的网络安全保证。

1. 基本使用

（1）打开安装好的金山毒霸 2011，进入如图 12-2 所示的病毒查杀界面，金山毒霸 2011 提供了全盘查杀、快速扫描、自定义查杀 3 种病毒扫描方式，根据实际需要选择一种病毒扫描方式。

注意：全盘查杀的速度较慢，快速查杀主要用于扫描系统的核心区域，如果要查杀特定区域，可以选择自定义查杀方式。

（2）单击图 12-2 上的"立即扫描"按钮，病毒扫描就会开始，如图 12-3 所示是快速扫描扫描完成后的显示。

（3）单击图 12-2 上的"防御监控"按钮，切换到如图 12-4 所示的窗口，设置开启对应的监控、防御和保护选项。

图 12-2　病毒查杀窗口

图 12-3　快速扫描完成窗口图

12-4　防御监控窗口

注意：这些选项对一般没有特殊要求的系统，建议全部启用。

（4）单击图 12-2 上的"安全百宝箱"，切换到如图 12-5 所示的窗口，金山毒霸 2011 提供了文件粉碎、LSP 修复工具，系统修复、垃圾文件清理、历史痕迹清理和进程管理器六个主要工具。

（5）用户可以根据实际需要单击对应的按钮，启用这些工具。如图 12-6 是单击"垃圾文件清理"按钮，弹出的"垃圾文件清理"窗口，选择要清理的文件夹，单击"清除文件"按钮，实现清理。

图 12-5　"安全百宝箱"窗口

图 12-6　垃圾文件清理

2. 综合设置

（1）单击图 12-2 上的"设置"选项，弹出如图 12-7 所示的"综合设置"窗口，单击"手动杀毒"选项，在右边对应的区域设置需要扫描的文件类型，病毒的处理方式和清除病毒设置选项。

（2）单击图 12-7 上的"屏保杀毒"选项，在右边的区域设置屏保杀毒、嵌入式屏保杀毒和其他选项，如图 12-8 所示。

（3）单击图 12-7 上的"定时杀毒"选项，在切换后的窗口上单击"新增定时查毒"按钮，弹出如图 12-9 所示的"定时杀毒设置"窗口，设置一个任务名称，设置查杀周期。

图 12-7　"手动杀毒"选项　　　图 12-8　"屏保杀毒"选项　　　图 12-9　定时杀毒设置窗口

（4）完成后单击"确定"按钮。返回到定时杀毒窗口，可以看到已经添加了一个定时查毒任务。单击图 12-10 上的"确定"按钮，确认设置生效。

（5）单击图 12-10 上"文件实时防毒"选项，切换到如图 12-11 所示的窗口，设置文件实时防毒的基本设置、监控模式及发现病毒的处理方式。

（6）单击图 12-11 上"嵌入式防毒"选项，弹出如图 12-12 所示的窗口，设置 U 盘实时防毒设置选项。

图 12-10　定时查毒选项　　　图 12-11　"文件实时防毒"选项　　　图 12-12　"嵌入式防毒"选项

12.3　防火墙技术

本节讲述防火墙的基本概念及软、硬件防火墙的基本配置。

12.3.1　防火墙概述

防火墙是指设置在不同网络或网络安全域之间的一系列部件的组合。它是不同网络或网络安全域之间信息的唯一出入口，能根据企业的安全政策控制出入网络的信息流，防护墙是提供信息安全服务，实现网络和信息安全的基础设施，如图 12-13 所示是防火墙在网络中的位置。

1. 防火墙的基本术语

（1）DMZ 区

DMZ（Demilitarized Zone），即非军事化区，或隔离区，为了配置和管理方便，内部网中需要向外提供服务的服务器往往放在 DMZ 区。防火墙一般配备 3 块网卡，在配置时一般分别连接内部网，Internet 和 DMZ。

（2）吞吐量

网络中的数据是由一个个数据包组成，防火墙对每个数据包的处理要耗费资源。吞吐量是指在不丢包的情况下单位时间内通过防火墙的数据包数量。这是测量防火墙性能的重要指标。

（3）最大连接数

和吞吐量一样，最大连接数的值越大越好。网络

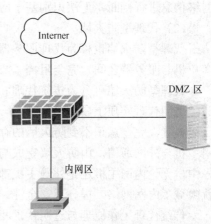

图 12-13　防火墙在网络中的位置

中大多数连接是指所建立的一个虚拟通道，防火墙对每个连接的处理都将耗费资源，最大连接数是衡量防火墙性能的主要指标。

（4）数据包转发率

是指在所有安全规则配置正确的情况下，防火墙对数据流量的处理速度。

（5）并发连接数

由于防火墙是针对连接进行处理报文的，并发连接数是指的防火墙可以同时容纳的最大的连接数，一个连接就是一个 TCP/UDP 的访问。

2. 防火墙的功能

防火墙的功能包括限定内部用户访问特殊站点，防止未授权用户访问内部网络，允许内部网络中的用户访问外部网络的服务和资源而不泄漏内部网络的数据和资源，记录通过防火墙的信息内容和活动，对网络攻击进行监测和报警。

防火墙处于内网与外网的分界点，它在实际应用中也往往加入 NAT、VPN、路由管理等网络功能。

NAT（Network Address Translation）即网络地址转换，它将实现内网的 IP 地址和外网 IP 地址之间的转换，NAT 一般分为源地址转换（Source NAT，SNAT）和目的地址转换（Destination NAT，DNAT）。

虚拟专用网（Virtual Private Network，VPN）是指在公共网络中建立专用网络，数据通过安全的加密通道在公共网络中传播。

3. 防火墙的分类

根据防火墙所采用的技术可以将其分为包过滤型、代理型和基于状态检测的包过滤型三种。

（1）包过滤型防火墙

包过滤型防火墙是防火墙的初级产品，其技术依据是分包传输技术。网络上的每一个数据包中都会包含一些特定信息，如数据的源地址、目标地址、TCP/UDP 源端口和目标端口等。包过滤技术简单实用，实现成本较低，在应用环境比较简单的情况下，能够以较小的代价在

一定程度上保证系统的安全。

包过滤技术是一种完全基于网络层的安全技术，只能根据数据包的来源、目标和端口等网络信息进行判断，无法识别基于应用层的恶意侵入。

（2）代理型防火墙

代理型防火墙也称为代理服务器，它的安全性要高于包过滤型防火墙，代理服务器位于客户机与服务器之间，完全阻挡了二者间的数据交流。

代理型防火墙可分为传统代理和透明代理两种。

透明代理实质上属于 DNAT 的一种，它主要指内网主机需要访问外网主机时，不需要做任何设置，完全意识不到防火墙的存在，而完成内外网的通信。其基本原理是防火墙截取内网主机与外网通信，由防火墙完成与外网主机通信，然后把结果传回给内网主机，在这个过程中，无论内网主机还是外网主机都意识不到防火墙的存在。而从外网只能看到防火墙，这就隐藏了内网网络，提高了安全性。

传统代理工作原理与透明代理相似，所不同的是它需要在客户端设置代理服务器。

代理型防火墙安全性高，可以针对应用层进行侦测和扫描，对应用层的入侵和病毒攻击具备防范能力。其缺点是对系统的整体性能有较大的影响，而且代理服务器必须针对客户机可能产生的所有应用类型逐一进行设置，这将增加系统管理的复杂性。

（3）基于状态检测的包过滤型防火墙

基于状态检测的包过滤型防火墙能够对网络各层的数据进行主动、实时的监测，在对这些数据加以分析的基础上，基于状态检测的包过滤型防火墙能够有效地判断出各层中的非法入侵。这种防火墙不仅能够检测来自网络外部的攻击，同时对来自内部的恶意破坏也有极强的防范作用。

4．防火墙的工作模式

防火墙的工作模式有路由模式、透明桥模式和混合模式三大类。

（1）路由模式

路由模式是防火墙的缺省工作模式，防火墙可以充当路由器，提供路由功能。防火墙位于内部网络和外部网络之间，需要将其与内部网络、外部网络以及 DMZ 三个区域相连的接口分别配置成不同网段的 IP 地址，重新规划原有的网络拓扑，如图 12-14 所示是路由模式的网络拓扑。

采用路由模式时，可以完成 ACL 包过滤、ASPF 动态过滤、NAT 转换等功能。采用路由模式有两个局限：第一，工作于路由模式时，防火墙各个接口所接的局域网必须是不同的网段，如果其中所接的局域网位于同一网段时，那么它们之间的通信将无法进行；第二，如果用户试图在一个已经形成了的网络里添加防火墙，而此防火墙又只能工作于路由方式，这样实现的网络设置将非常困难。

（2）透明桥模式

在透明桥模式中，防火墙可以方便的接入到网络，而且保持所有的网络设备配置完全不变。透明模式只支持 Inside Interface 和 Outside Interface 两个接口。防火墙在透明桥

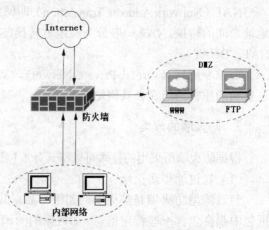

图 12-14　路由模式的网络拓扑

模式下工作时，对用户来说像是网桥或交换机，用户感觉不到防火墙的存在。这种模式对网络结构的变更最小，但是在透明桥模式下，防火墙的功能要受到一些限制，某些过滤功能在透明桥模式下无法实现。此时防火墙类似网桥的工作方式，降低了网络管理的复杂度。如图 12-15 所示是透明桥模式下的网络拓扑结构。

（3）混合模式

如果防火墙既存在工作在路由模式的接口（接口具有 IP 地址），又存在工作在透明模式的接口（接口无 IP 地址），则防火墙工作在混合模式下。混合模式主要用于透明模式作双机备份的情况，此时启动虚拟路由冗余协议（Virtual Router Redundancy Protocol，VRRP）功能的接口需要配置 IP 地址，其他接口则不需要配置 IP 地址。

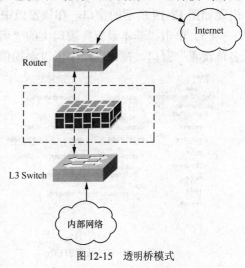

图 12-15 透明桥模式

12.3.2 金山网盾软件防火墙的使用

软件防火墙运行于特定的计算机上，它需要客户机操作系统的支持，软件防火墙就像其他的软件产品一样需要先在计算机上安装并做好配置才可以使用。软件防火墙一般运行在网络的客户机上，用于对网络主机的保护。软件防火墙的性能一般，不能应用于网络服务器的管理。

图 12-16 监控状态窗口

（1）打开金山网盾的主界面，显示的是网络监控状态窗口，在该窗口中可以设置浏览器的主页锁定、网页病毒木马过滤、钓鱼网站只能拦截、搜索引擎保护和广告过滤，如图 12-16 所示。

（2）单击图 12-16 上的"一键修复"按钮，弹出如图 12-17 所示的窗口，可以根据实际情况单击图 12-17 上的"全面修复"或者"浏览器修复"按钮，实现对系统的全面修复或者对浏览器的修复。

（3）图 12-18 显示的是对浏览器实现修复的显示。

图 12-17 "一键修复"窗口

图 12-18 浏览器修复窗口

（4）单击图 12-16 上的"设置"选项，弹出"基本设置"窗口，单击"基本设置"选项，出现如图 12-19 所示的窗口，在该窗口中可以配置金山网盾的基本选项。

（5）单击"基本设置"窗口上的"信任白名单"选项，弹出如图 12-20 所示的"信任白名单设置"窗口，在该窗口中可以添加信任文件和信任网站。

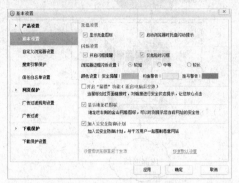

图 12-19　基本设置窗口

图 12-20　信任白名单设置窗口

（6）单击"信任白名单设置"窗口上的"广告过滤"选项，弹出如图 12-21 所示的"广告过滤"窗口，设置相关的广告过滤选项。

（7）单击"广告过滤"窗口上的"下载保护设置"选项，弹出如图 12-22 所示的"下载保护设置"窗口，设置下载保护监控选项。

图 12-21　广告过滤

图 12-22　下载保护设置窗口

12.3.3　PIX 525 硬件防火墙的配置

硬件防火墙和芯片级防火墙的区别在于是否基于专用的硬件平台。目前市场上常见的硬件防火墙都是基于 PC 架构的，它运行经过裁剪和简化的 UNIX、Linux、FreeBSD 等操作系统实现网络安全控制。

PIX 525 是 Cisco 公司推出的提供的承载级性能的防火墙，它可以满足大型企业网络和服务提供商的需要。PIX 525 是 Cisco 出品的世界领先的防火墙，它能够为当今的网络客户提供无与伦比的安全性、可靠性和性能。Cisco PIX 525 的保护机制的核心是能够提供面向静态连接防火墙功能的自适应安全算法（ASA）。PIX 525 实现了在 Internet 或所有 IP 网络上的安全保密通信。

给出如图 12-23 所示的通过防火墙连接到网络拓扑结构。设 Ethernet0 命名为外部接口 Outside，安全级别是 0。Ethernet1 被命名为内部接口 Inside，安全级别 100。Ethernet2 被命名为中间接口 Dmz，安全级别 50。要求 PIX 的所有端口默认是关闭的，进入 PIX 要经过 ACL

入口过滤。静态路由指示内部的主机和 Dmz 的数据包从 Outside 口出去。当内部主机访问外部主机时，通过 NAT 转换成公网 IP，访问 Internet。当内部主机访问中间区域 DMZ 时，将自己映射成自己访问服务器，否则内部主机将会映射成地址池的 IP，到外部去找。

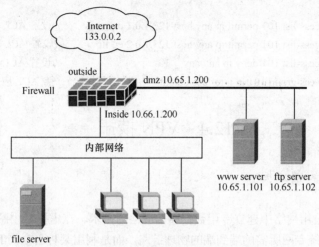

图 12-23　防火墙连接的网络拓扑结构

相关配置如下。

（1）激活以太端口

PIX525#conf t//进入配置模式

PIX525(config)#interface ethernet0 auto　　　　　　　　//设置自动方式

PIX525(config)#interface ethernet1 100full　　　　　　　//设置全双工方式

PIX525(config)#interface ethernet2 100full　　　　　　　//设置全双工方式

（2）定义命名端口与安全级别

PIX525(config)#nameif ethernet0 outside security0　　　//设置定全级 0

PIX525(config)#nameif ethernet1 inside security100　　　//设置定全级 100

PIX525(config)#nameif ethernet2 dmz security50　　　　//设置定全级 50

（3）设定端口 IP 地址

PIX525(config)#ip address outside 123.0.0.1 255.255.255.252　//设置接口 IP

PIX525(config)#ip address inside 10.66.1.200 255.255.0.0　　　//设置接口 IP

PIX525(config)#ip address dmz 10.65.1.200 255.255.0.0　　　//设置接口 IP

（4）配置内部接口实现 Telnet

PIX525(config)#telnet 192.168.1.1 255.255.255.0 inside　　　//设置内部接口实现 telnet 连接

（5）配置 DHCP Server

PIX525(config)#ip address dhcp

PIX525(config)#dhcpd address 192.168.1.100-192.168.1.200 inside

PIX525(config)#dhcp dns 210.43.32.8 210.43.32.18

PIX525(config)#dhcp domain hist.edu.cn

（6）配置默认路由

PIX525(config)#route outside 0 0 123.0.0.2　　　　　　　　//设置默认路由

（7）配置静态 NAT

PIX525(config)#global (outside) 1 123.1.0.1-123.1.0.14　　　//定义的地址池

PIX525(config)#nat (inside) 1 0 0　　　　　　　　　　//0 0 表示所有

```
PIX525(config)#static (dmz，outside) 123.1.0.1 10.65.1.101        //静态 NAT
PIX525(config)#static (dmz，outside) 123.1.0.2 10.65.1.102        //静态 NAT
PIX525(config)#static (inside，dmz) 10.66.1.200 10.66.1.200       //静态 NAT
```
（8）配置 ACL
```
PIX525(config)#access-list 101 permit ip any host 123.1.0.1 eq www      //设置 ACL
PIX525(config)#access-list 101 permit ip any host 123.1.0.2 eq ftp      //设置 ACL
PIX525(config)#access-list 101 deny ip any any                          //设置 ACL
PIX525(config)#access-group 101 in interface outside                    //将 ACL 应用到 outside 端口
```

12.4　VPN 技术

12.4.1　VPN 的基本概念

VPN 指的是在公用网络中建立专用数据通信网络的技术。在虚拟专用网中，任意两个节点之间的连接并没有传统专网所需的端到端的物理链路，而是利用某种公众网的资源动态组成。

VPN 的主要目的是保护传输数据，是保护从信道的一个端点到另一端点传输的信息流。信道的端点之前和之后，VPN 不提供任何的数据包保护。

VPN 的基本功能如下。

（1）加密数据。以保证通过公网传输的信息即使被他人截获也不会泄露。

（2）信息验证和身份识别。保证信息的完整性、合理性，并能鉴别用户的身份。

（3）提供访问控制。不同的用户有不同的访问权限。

（4）地址管理。VPN 方案必须能够为用户分配专用网络上的地址并确保地址的安全性。

（5）密钥管理。VPN 方案必须能够生成并更新客户端和服务器的加密密钥。

（6）多协议支持。VPN 方案必须支持公共因特网络上普遍使用的基本协议，包括 IP、IPX 等。

1. VPN 的类型

根据 VPN 的应用业务大致可分为 Access VPN、Intranet VPN 与 Extranet VPN 3 类。

（1）Access VPN 是指企业员工通过因特网远程拨号的方式访问企业内联网而构筑的 VPN，通常也叫做远程拨号 VPN。VPN 技术的这种应用代替了传统的直接拨入内联网的远程访问方式，这样可以大大降低远程访问的费用。

（2）Intranet VPN 是指在一个组织内部如何安全地连接两个相互信任的内联网，要求在公司与分支机构之间建立安全的通信连接。这种应用模式需要做的不仅是要防范外部入侵者对企业内联网的攻击，还要保护在因特网上传送的敏感数据。

（3）Extranet VPN 是基于 Internet 的 VPN，虚拟专用网络支持远程访问客户以安全的方式通过公共互联网络远程访问企业资源。Extranet VPN 是 Intranet VPN 的一个扩展，即通过因特网连接两台分别属于两个互不信任的内部网络的主机。它要求一个开放的基于标准的解决方案，以便解决企业与各种合作伙伴和客户网络的协同工作问题。

2. VPN 隧道协议

VPN 互联的关键在于隧道的建立。目前常见的 VPN 隧道协议有第二层隧道协议和第三层隧道协议两类。

第二层隧道协议用于传输第二层网络协议，第二层隧道协议是先把各种网络协议封装到 PPP 帧中，再把整个数据包装入隧道协议中。这种双层封装方法形成的数据包靠第二层协议进行传输。

第二层隧道协议主要用于构建 Access VPN。第二层隧道协议主要有 3 种：一种是由 Cisco、Nortel 等公司支持的 L2F 协议；另一种是 Microsoft、Ascend、3COM 等公司支持的 PPTP 协议；而成为第二层隧道协议工业标准的是由 IETF 起草的 L2TP 协议，它结合了上述两个协议的优点。

第三层隧道协议用于传输第三层网络协议。第三层隧道协议可以把各种网络协议直接装入隧道协议。在可扩充性、安全性、可靠性方面优于第二层隧道协议。第三层隧道协议是先把各种网络协议直接装入隧道协议中，形成的数据包依靠第三层协议进行传输。第三层隧道协议包括通用路由封装协议（GRE）、IP 安全（IPSec）。

第二层和第三层隧道协议的区别主要在于用户数据在网络协议栈的第几层被封装，其中 GRE、IPSec 和 MPLS 主要用于实现专线 VPN 业务，L2TP 主要用于实现拨号 VPN 业务（但也可以用于实现专线 VPN 业务），当然这些协议之间本身不是冲突的，而是可以结合使用的。

3．VPN 技术

目前常见的 VPN 技术包括 IPSec VPN、SSL VPN、MPLS VPN。

（1）IPSec VPN

IPSec VPN 是基于 IPSec 技术的虚拟局域网解决方案。IPSec 即 Intenet 安全协议，是 IETF 提供 Internet 安全通信的一系列规范，它提供私有信息通过公用网的安全保障。IPSec VPN 是目前最常用的 VPN 技术。

（2）SSL VPN

SSL VPN 是基于 SSL 技术的虚拟局域网解决方案。SSL 即安全套接层协议，它是保障在 Internet 上基于 Web 的通信安全协议。SSL VPN 使用 SSL 协议和代理为终端用户提供基于 Web 浏览器的 VPN 服务。

（3）MPLS VPN

MPLS VPN 以标签交换是作为底层转发机制的虚拟专用网技术。多协议标签交换（MPLS）是一种用于快速数据包交换和路由的体系，它为网络数据流量提供了目标、路由、转发和交换等能力。MPLS 独立于第二层和第三层协议，它将 IP 地址映射为简单的具有固定长度的标签，用于不同的数据包转发和交换。

12.4.2　IPSec VPN 的基本配置

IPSec 是一组开放的网络安全协议的总称，提供访问控制、无连接的完整性、数据来源验证、防重放保护、加密以及数据流分类加密等服务。IPSec 包括 AH（报文验证头协议）和 ESP（报文安全封装协议）两个安全协议。AH 主要提供的功能有数据来源验证、数据完整性验证和防报文重放功能。ESP 在 AH 协议的功能之外再提供对 IP 报文的加密功能。如图 12-24 是 IPSec 的构成。

AH 或 ESP 都支持两种模式的使用：隧道模式和传输模式。隧道模式对传经不安全的链路或 Internet 的专用 IP 内部数据包进行加密和封装（此种模式适合于有 NAT 的环境）。传输模式直接对 IP 负载内容（即 TCP 或 UDP 数据）加密（适合于无 NAT 的环境）。

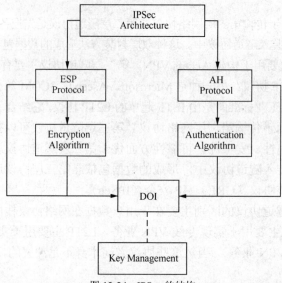

图 12-24　IPSec 的结构

建立如图 12-25 所示的网络拓扑，要求给 RouterA 和 RouterB 配置 IPSec VPN，实现分部和总部的 VPN 通信。

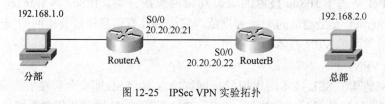

图 12-25　IPSec VPN 实验拓扑

1.　RouterA 的配置

```
RouterA>enable
RouterA#conf t
RouterA(config)#interface s0/0
RouterA(config-if)#ip address 20.20.20.21 255.25.255.0          //设置接口 IP 地址
RouterA(config-if)#no shut                                       //激活端口
RouterA(config-if)#ip route 192.168.2.0 255.255.255.0 20.20.20.22
RouterA(config)#crypto isakmp policy 1                          //建立 IKE 协商策略
RouterA(config-isakmap)#hash md5                                //设置密钥认证算法
RouterA(config-isakmap)#authentication pre-share               //通告预先共享密钥
RouterA(config)#crypto isakmp key 123456 address 20.20.20.22   //设置共享密钥
RouterA(cnfog)#crypto ipsec transform-set test ah-md5-hamc esp-des   //设置传输模式名称和参数
RouterA(config)#acess-list 101 permit ip 192.168.1.0 0.0.0.255 192.168.2.0 0.0.0.255   //定义 ACL
RouterA(config)#crypto map testmap 1 ipsec-isakmp              //设置映射名
RouterA(config-crypto-map)#set peer 20.20.20.22               //指定此 VPN 链路对端的 IP 地址
RouterA(config-crypto-map)#set transform-set test            //IPSec 传输模式的名字
RouterA(config-crypto-map)#match address 101                 //匹配定义的 ACL 列表号
RouterA(config)#inter s0/0                                    //进入应用 VPN 的接口
RouterA(config-if)#crypto map testmap
```

2.　RouterB 的配置

```
RouterB>enable
RouterB#conf t
RouterB(config)#interface s0/0
RouterB(config-if)#ip address 20.20.20.22 255.25.255.0
RouterB(config-if)#no shut
RouterB(config-if)#ip route 192.168.1.0 255.255.255.0 20.20.20.21
RouterB(config)#crypto isakmp policy 1
RouterB(config-isakmp)#hash md5
RouterB(config-isakmp)#authentication pre-share
RouterB(config)#crypto isakmp key 123456 address 20.20.20.21
RouterB(config)#crypto ipsec transform-set test ah-md5-hamc esp-des
RouterB(config)#acess-list 101 permit ip 192.168.2.0 0.0.0.255 192.168.1.0 0.0.0.255
RouterB(config)#crypto map testmap 1 ipsec-isakmp
RouterB(config-crypto-map)#set peer 20.20.20.21
RouterB(config-crypto-map)#set transform-set test
RouterB(config-crypto-map)#match address 101
RouterB(config)#inter s0/0
RouterB(config-if)#crypto map testmap
```

12.4.3　基于 Windows Server 2008 部署 VPN 服务器

1.　安装 VPN 服务器

（1）打开"服务器管理器"，单击"角色"节点，在展开的窗口右边区域单击"添加角色"选项，弹出"选择服务器角色"窗口，选择"网络策略和访问服务"选项，如图 12-26 所示。

（2）单击"下一步"按钮，弹出"网络策略和访问服务简介"窗口，在该窗口中对网络策略和访问服务有详细的介绍，如图 12-27 所示。

图 12-26　"选择服务器角色"窗口　　　　　　图 12-27　"网络策略和访问服务简介"窗口

（3）单击"下一步"按钮，弹出如图 12-28 所示的"选择角色服务"窗口，选择"路由和远程访问服务"选项。

（4）单击"下一步"按钮，弹出如图 12-29 所示的"确认安装选择"窗口，确认所选的组件正确。

（5）单击图 12-29 上的"安装"按钮，系统开始进行安装，安装完成后，出现如图 12-30 所示的"安装结果"窗口，单击"关闭"按钮即可。到此 VPN 服务的安装基本完成。

图 12-28 "选择角色服务"窗口

图 12-29 "确认安装选择"窗口

2. 构建远程访问 VPN 服务器端

构建如图 12-31 所示的网络,其中 VPN Server 为一台安装两块网卡的计算机,这两块网卡分别命名为 Private 和 Public,Private 网卡用来连接内部局域网,分配的 IP 地址为 192.168.0.1。public 网卡用来连接 Internet,分配的 IP 地址为 210.43.32.1 给该计算机安装 Windows Server 2008 操作系统,Private 网卡连接到交换机,在交换机上连接 FTP Server 和 Web Server,其 IP 地址分别为 192.168.0.80 和 192.168.0.240,要求 VPNs Client 能通过 VPN 拨号连接到内部网络。

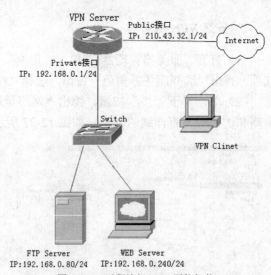

图 12-30 "安装结果"窗口

图 12-31 远程访问 VPN 网络拓扑

该系统服务的配置分为两个步骤,要求在 VPN Server 上配置 VPN 服务,在 VPN Client 上配置拨号客户端。

(1)在 VPN Server 上安装好 VPN 服务后,打开"管理工具"→"路由和远程访问",打开路由和远程访问窗口,在对应的本地服务器上右键单击,在弹出的菜单中选择"配置并启用路由和远程访问"选项,如图 12-32 所示。

(2)弹出如图 12-33 所示的"路由和远程访问服务器安装向导"窗口。

(3)单击"下一步"按钮,弹出如图 12-34 所示的配置窗口,选择"远程访问(拨号或 VPN)"选项。

(4)单击"下一步"按钮,弹出如图 12-35 所示的远程访问窗口,选择"VPN"选项。

图 12-32 "路由和远程访问"窗口

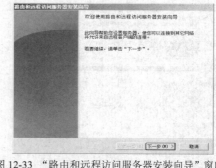

图 12-33 "路由和远程访问服务器安装向导"窗口

图 12-34 配置窗口

图 12-35 远程访问窗口

（5）单击"下一步"按钮，在弹出的窗口中选择 VPN 服务器的 Internet 接口，这里选择 Public 网卡，并去掉"通过设置静态数据包筛选器来对选择接口进行保护"选项前面的勾，如图 12-36 所示。

（6）单击"下一步"按钮，弹出"IP 地址分配"窗口，选择"来自一个指定的地址范围"选项，如图 12-37 所示。

图 12-36 VPN 连接窗口

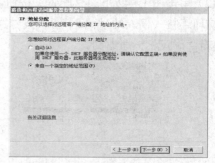

图 12-37 "IP 地址分配"窗口

注意：如果配置了 DHCP 服务器，则可以选择"自动"选项。

（7）单击"下一步"按钮，弹出地址范围分配窗口，单击窗口上的"新建"按钮，弹出"新建 IPv4 地址范围"窗口，在该出窗口中输入 VPN 服务器可以分配给客户端的起始 IP 地址和结束 IP 地址，单击确定按钮，该地址范围将添加在"地址分为分配"窗口，如图 12-38 所示。

（8）单击"下一步"按钮，弹出"管理多个远程访问服务器"窗口，选择"否，使用路由和远程访问来对连接请求进行身份验证"选项，如图 12-39 所示。

（9）单击"下一步"按钮，弹出如图 12-40 所示的"完成路由和远程访问安装向导"窗口，单击"完成"按钮，完成 VPN 服务器的启动。

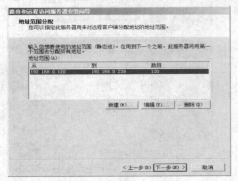 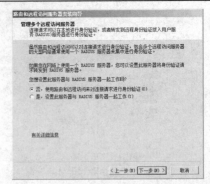

图 12-38　地址范围分配窗口　　　　　图 12-39　"管理多个远程访问服务器"窗口

（10）完成上面的配置后，VPN 服务就启动了，展开"路由和远程访问"窗口的本地服务器节点，在"端口"节点上右键单击，选择"属性"命令，操作如图 12-41 所示。

图 12-40　"完成路由和远程访问安装向导"窗口　　　图 12-41　配置好的"路由和远程访问"窗口

（11）弹出端口属性窗口，选择"WAN 微型端口（PPTP）"选项，如图 12-42 所示。

（12）单击图 12-42 上的"配置"按钮，弹出如图 12-43 所示的"配置设备"窗口，选择"远程访问连接（仅入站）"和"请求拨号路由选择连接（入站和出站）"选项。完成配置后，以此单击"确定"按钮返回。

 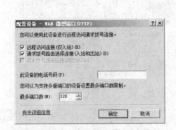

图 12-42　端口属性窗口　　　　　图 12-43　"配置设备"窗口

（13）到此 VPN 服务器的配置全部完成，由于在客户端需要拨号，为此，必须在 VPN 服务器上建立拨号账户，打开"管理工具"→"计算机管理"，展开"本地用户和组"→"用户"节点，在窗口右边的空白区域右键单击，在弹出的菜单中选择"新用户"命令，如图 12-44 所示。

（14）弹出如图 12-45 所示的"新用户"窗口，输入要创建的用户名和密码，选择"密码永不过期"选项，完成后单击"创建"按钮。

图 12-44　计算机管理窗口

图 12-45　"新用户"窗口

（15）完成创建后，将在图 12-44 所示的窗口中增加上面创建好的一个名称为 VPN Client 的用户账户，在该账户上右键单击，弹出该账户的属性窗口，切换到"拨入"选项卡下，设置网络访问权限为"允许访问"，回拨选项设置为"不回拨"，如图 12-46 所示。完成设置后单击"确定"按钮，关闭该窗口。

3. 设置远程访问拨号客户端

远程访问客户端安装的是 Windows XP 操作系统，该客户端的设置基于 Windows XP 进行。

（1）打开"网络连接"窗口，单击窗口左上角的"创建一个新的连接"选项，弹出如图 12-47 所示的"新建连接向导"窗口。

图 12-46　用户账户属性窗口

（2）单击"下一步"按钮，弹出如图 12-48 所示的"网络连接类型"窗口，选择"连接到我的工作场所的网络"选项。

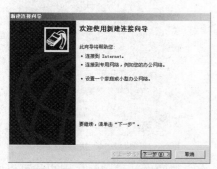

图 12-47　"新建连接向导"窗口

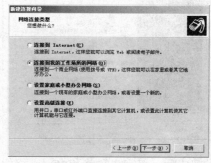

图 12-48　"网络连接类型"窗口

（3）单击"下一步"按钮，弹出如图 12-49 所示的"网络连接"窗口，选择"虚拟专用网络连接"选项。

（4）单击"下一步"按钮，弹出如图 12-50 所示的"连接名"窗口，在该窗口中可以输入要创建的 VPN 拨号的名称。

（5）单击"下一步"按钮，弹出"公用网络"窗口，选择"不拨初始连接"选项，如图 12-51 所示。

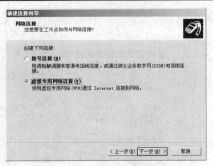
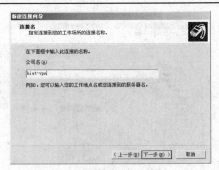

图 12-49 "网络连接"窗口　　　　　　　　图 12-50 "连接名"窗口

（6）单击"下一步"按钮，弹出如图 12-52 所示的"VPN 服务器选择"窗口，在该窗口中输入上面配置好的 VPN 服务器的 IP 地址。

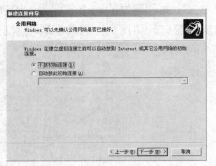
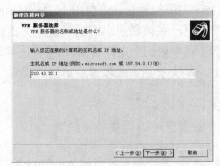

图 12-51 "公用网络"窗口　　　　　　　图 12-52 "VPN 服务器选择"窗口

（7）单击"下一步"按钮，弹出如图 12-53 所示的"正在完成新建连接向导"窗口，选择"在我的桌面上添加一个到此连接的快捷方式"选项，单击"完成"按钮，完成客户端的设置。

（8）单击桌面上创建的 VPN 连接客户端图标，弹出如图 12-54 所示的窗口，输入在 VPN 服务器上设置好的 VPN 拨号用户名和密码，单击连接按钮，即可拨号连接到 VPN 服务器。

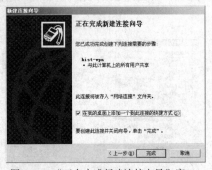

图 12-53 "正在完成新建连接向导"窗口　　　　图 12-54 拨号窗口

拨号完成后，该客户端就和内部网络组成了一个虚拟的内部局域网，用户就可以实现基于 Internet 的安全数据传输。

12.5　数据加密技术

所谓数据加密，就是按确定的加密变换方法（加密算法）对需要保护的数据（明文，Plaintext）作处理，使其变换成为难以识读的数据（密文，Ciphertext）。其逆过程，即将密文按对应的解密变换方法（解密算法）恢复出现明文的过程称为数据解密，如图 12-55 所示是密码编制和密码分析过程。

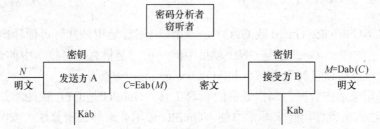

图 12-55　密码编制和密码分析过程

12.5.1　常见加密算法

根据密钥类型不同将现代密码技术分为两类：对称加密算法（秘密钥匙加密）和非对称加密算法（公开密钥加密）。

1．对称加密技术

对称加密算法（Symmetric Algorithm）指的是加密密钥能够从解密密钥中推算出来，同时解密密钥也可以从加密密钥中推算出来的密码算法。大多数的对称算法中，加密密钥和解密密钥是相同的。对称加密算法的密钥不能公开，因此，对称加密算法又叫私钥加密算法。对称加密的效率高、速度快。但是随着通信双方用户数量的增加，密钥的管理难度大大增加。假设有 N 个用户进行对称加密通信，则要产生 $N \times (N\text{-}1)$ 个密钥，每一个用户要记住 $N\text{-}1$ 个密钥，当 N 很大时，管理密钥则成为问题。常用的对称加密算法包括：DES、3DES、AES 等。

DES（Data Encryption Standard）：数据加密标准，速度较快，适用于加密大量数据的场合。3DES（Triple DES）：是基于 DES，对一块数据用 3 个不同的密钥进行 3 次加密，强度更高。AES（Advanced Encryption Standard）：高级加密标准，是下一代的加密算法标准，速度快，安全级别高。

2．非对称加密技术

非对称加密（Dissymmetrical Encryption），又叫公开密钥加密算法（Public Key Algorithm）。在这种加密算法中，加密密钥被叫做公开密钥（Public Key），而解密密钥被叫做私有密钥（Private Key）。非对称加密算法的加密密钥可以公开。这种算法用作加密的密钥不同于用作解密的密钥，而且解密密钥不能根据加密密钥计算出来。

非对称加密算法的基本步骤如下。

（1）甲方生成一对密钥并将其中的一把作为公用密钥向其他方公开。

（2）得到该公用密钥的乙方使用该密钥对机密信息进行加密后再发送给甲方。

（3）甲方再用自己保存的另一把专用密钥对加密后的信息进行解密。

甲方只能用其专用密钥解密由其公用密钥加密后的任何信息。非对称加密算法的保密性比较好，它消除了最终用户交换密钥的需要，但加密和解密花费时间长、速度慢，它不适合于对文件加密而只适用于对少量数据进行加密。数字签名是非对称加密的典型应用。

常见的非对称加密技术包括 RSA、DSA 等。RSA 是由 RSA 公司开发的一个支持变长密钥的公共密钥算法，需要加密的文件快的长度也是可变的。DSA（Digital Signature Algorithm）

即数字签名算法，是一种标准的 DSS（Digital Signature Stamdard，数字签名标准）。

12.5.2 基于 GPG 的数据加密

GnuPG（GNU Privacy Guard 或 GPG）是一个以 GNU 通用公共许可证释出的开放源码用于加密或签名的软件， GnuPG 是 GNU 项目中的一员，是信息加密技术中的开源自由软件。GnuPG 的相关信息可以在其官方站点 http://www.gnupg.org/查看。

GnuPG 是用来加密数据与制作证书的一套工具，GnuPG 是 GPL 软件，并且没有使用任何专利加密算法，所以使用起来非常方便。GnuPG 使用非对称加密算法，安全程度比较高。GnuPG 完全兼容 PGP，它没有使用任何专利算法，不存在专利问题，它遵循 GNU 公共许可证，与 OpenPGP 兼容，支持多种加密算法，支持扩展模块，用户标识遵循标准结构，支持匿名信息接收，支持 HKP 密钥服务，拥有众多的 GUI 界面支持。

GnuPG 是非对称的数字加密方式，要实现加密和解密过程，要求甲乙两端都必须安装 GnuPG，乙方如果要实现给甲方传递加密信息，则必须使用甲方的公钥，所以甲方必须先生成自己的公钥和私钥信息，然后将公钥导出，传递公钥给乙方，乙方采用甲方的公钥进行信息的加密，将加密好后的信息传递给甲方，甲方采用自己的私钥来完成信息的解密过程。相关过程如图 12-56 所示。

1. 生成公钥和私钥

在采用 GnuPG 实现加密和解密前，先要在甲乙双方的计算机上分别安装 GnuPG。直接双击 GPG 的安装包默认安装 GPG，安装完成后可以看到 GPG 默认安装在 C:\Program Files\GNU\GnuPG 目录下。

注意：生成公钥和私钥的操作在甲方的计算机上进行。

（1）打开"开始"→"运行"输入 CMD，打开命令提示符，输入"CD C:\Program Files\GNU\GnuPG"，转到 C:\Program Files\GNU\GnuPG 目录，输入"gpg --gen-key"。系统提示用户采用的密钥种类，这里选择第 2 项"DSA and Elgamal"，软件继续提示设置密钥的尺寸，DSA 密钥的长度介于 1 024～3 072 之间，这里输入默认的尺寸为 2 048 位。操作如图 12-57 所示。

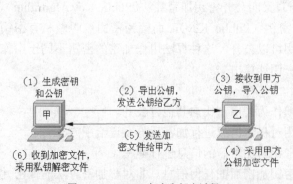

图 12-56　GnuPG 加密和解密过程

图 12-57　gpg 加密设置（1）

注意：密钥长度越大，安全程度越高，但相应的加密和解密时的计算量也就越大。

（2）完成上面的操作后，软件提示用户设置密钥有效期，按照提示输入，这里选择密钥永不过期，即输入"0"，单击回车键，软件提示确认上面的配置，如果配置无误输入"y"，单击回车键，接着向下进行输入用户的姓名、电子邮件和注释信息，这些信息将用来标识你的身份，操作如图 12-58 所示。

（3）完成上面操作后，软件提示用户是否确认输入的用户信息，输入"0"确认输入信息，系统提示用户输入密码和确认密码。

注意：这个密码就是甲方的私钥，甲方不能泄漏。

（4）完成这些操作后，软件将开始进行公钥和私钥的产生过程，在生成过程中提示用户随即敲击键盘或者移动鼠标，以便随机数字发生器获得足够的熵数，最后完成公钥和私钥的建立，操作如图 12-59 所示。

图 12-58　gpg 加密设置（2）

图 12-59　gpg 加密设置（3）

2．导出公钥信息

甲方完成私钥和公钥的建立后，需要将公钥信息导出。

（1）首先可以采用"gpg --export -a "[author]""命令来查看公钥的相关显示信息。

注意：author 指的是上面操作中建立的用户姓名，如要查看上面以"wang jian-ping"为名的用户建立的公钥信息，则输入"gpg--export–a"wang jian-ping""即可。如图 12-60 所示是查看的显示。

（2）为方便使用可以将上面的公钥信息导出到一个文件中，这样就可以方便实现通过站点或者电子邮件传送公钥文件给乙方，如图 12-61 所示是将上面建立的公钥导出到 C 盘根目录下，建立的公钥文件名为 wjppublic.key。

图 12-60　查看公钥信息

图 12-61　导出公钥信息

3. 导入公钥并采用公钥实现文件加密

采用公钥加密的操作在乙方的计算机上进行。

（1）完成公钥的导出后，甲方就可以将该公钥发给乙方，乙方接收到该公钥后，就可以采用该公钥来实现数据加密。乙方接收到该公钥后，首先需要将该公钥导入，导入操作如图 12-62 所示。

（2）导入该公钥后，乙方就可以使用该公钥加密文件。加密的基本命令为"gpg -e -r" [author]"[file]"。

注意：author 指的是甲方的用户名，file 指的是乙方准备加密的文件。

如图 12-63 是实现将 C 盘根目录下 1.txt、1.MP3、1.bmp 三个文件分别加密的基本过程。完成加密后，发现在对应文件下自动都生成了以源文件名为基础的.gpg 文件，这些 GPG 文件就是加密生成的文件。查询显示如图 12-63 所示。

图 12-62　导入公钥文件　　　　　　　　　图 12-63　加密文件

4. 解密文件

完成文件的加密后，乙方就可以将这些 GPG 文件发送给甲方，甲方收到这些加密文件后，就可以采用自己的私钥来实现文件的解密。由于私钥只有甲方拥有，所以其他任何用户，如果不具有甲方的私钥都不能实现该文件的解密。

解密文件采用的命令为"gpg -d [file1] >[file2]"。

注意：file1 指的是加密文件，这些文件的后缀名为.gpg，file2 指的是解密后产生的文件。

如图 12-64 所示，甲方收到乙方采用甲方公钥实现加密传输的三个文件，甲方进行了解密操作，在输入相关的解密命令后，系统提示输入甲方的私钥，输入完成后，则完成解密，产生对应的解密文件。

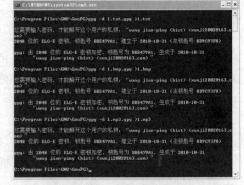

图 12-64　文件解密

12.6　数字证书

数字证书采用公钥机制，证书颁发机构提供的程序为用户产生一对密钥，一把是公开的公钥，它将在用户的数字证书中公布并寄存于数字证书认证中心。另一把是私人的私钥，它将存放在用户的计算机上。

数字证书用来在网络上证明证书持有者的身份。数字证书持有者可能是现实社会中的自然人、法人，也可能是网络设备。数字证书可以简单理解为"网络身份证"，用来在网络上证明自己的身份。

数字证书则是由第三方数字认证中心（CA 中心）来签发，数字证书上面有 CA 中心的电子签名，以证明数字证书的有效性。数字证书上面主要包括证书版本号、证书持有者信息、证书签发者（Certificate Authoritg，CA）信息、证书起止有效期、证书序列号、证书签发者的签名等。这些信息与身份证类似。证书签发者对数字证书的签名可以起到对数字证书本身的防伪作用，这与身份证上的公章类似。但 CA 中心对证书的数字签名是不可能被伪造的。

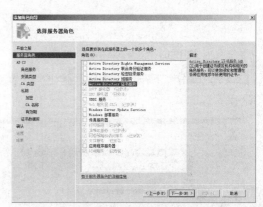

图 12-65　"选择服务器角色"窗口

1. 安装证书服务

（1）打开"服务器管理器"，定位到"角色"，在右侧窗格单击"添加角色"，弹出"选择服务器角色"窗口，选中"Active Directory 证书服务"选项，如图 12-65 所示。

（2）单击"下一步"按钮，弹出"Active Directory 证书服务简介"窗口，该页面上有证书服务的详细介绍，直接单击"下一步"按钮，弹出"选择角色服务"窗口，选择"证书颁发机构"、"证书颁发机构 Web 注册"选项，如图 12-66 所示。

注意：如果在选择"证书颁发机构 Web 注册"时，没有安装 IIS，则会弹出添加 IIS 的对话框，该项目要求 IIS 支持。

（3）单击"下一步"按钮，弹出"指定安装类型"窗口，选择"独立"选项，如图 12-67 所示。

图 12-66　"选择角色服务"窗口

图 12-67　"指定安装类型"窗口

（4）单击"下一步"按钮，弹出如图 12-68 所示的"指定 CA 类型"窗口，选择"根 CA"选项。

（5）单击"下一步"按钮，弹出"设置私钥"窗口，选择"新建私钥"选项，如图 12-69 所示。

（6）单击"下一步"按钮，弹出"为 CA 配置加密"窗口，选择加密服务提供程序、密钥字符长度和签名证书的哈希算法，如图 12-70 所示。

图 12-68 "指定 CA 类型"窗口

图 12-69 "设置私钥"窗口

（7）单击"下一步"按钮，弹出"配置 CA 名称"窗口，设置 CA 的公用名称，如图 12-71 所示。

图 12-70 "为 CA 配置加密"窗口

图 12-71 "配置 CA 名称"窗口

（8）单击"下一步"按钮，弹出"设置有效期"窗口，设置 CA 的有效期，如图 12-72 所示。

（9）单击"下一步"按钮，弹出"配置证书数据库"窗口，该窗口中列出了证书数据库和证书数据库日志的默认位置，如果要更改位置，单击"浏览"按钮可以设置新位置，如图 12-73 所示。

图 12-72 "设置有效期"窗口

图 12-73 "配置证书数据库"窗口

（10）单击"下一步"按钮，弹出如图 12-74 所示的"确认安装选择"窗口，该窗口中列出了要安装的证书服务的详细信息，单击"安装"按钮，系统开始安装证书服务器。

（11）安装完成后弹出"安装结果"窗口，单击"关闭"按钮，完成证书服务器的安装，如图 12-75 所示。

图 12-74 "确认安装选择"窗口

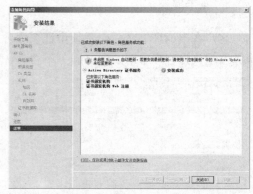

图 12-75 "安装结果"窗口

2. 申请用户证书

证书服务器安装完成后，就可以用于实现证书的申请过程。安装证书服务器后，将自动在 IIS 中设置一个证书服务的 certsrv 虚拟目录。开启该 IIS 服务器后，用户就可以采用浏览器实现证书的申请。

（1）例如，安装的证书服务器的 IP 地址是 192.168.225.128，则在要申请证书服务的客户机上输入 http://192.168.225.128/certsrv，则弹出如图 12-76 所示的证书服务主窗口。

（2）单击"申请证书"选项，弹出如图 12-77 所示的申请证书窗口。

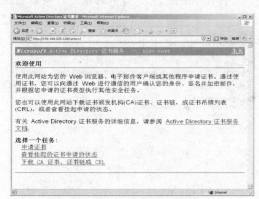

图 12-76 证书服务主窗口

图 12-77 证书申请

（3）单击"高级证书申请"连接，弹出如图 12-78 所示的窗口。

（4）单击"创建并向此 CA 提交一个申请"，弹出如图 12-79 所示的窗口，在该窗口中输入证书的识别信息，选择证书的类型，相关的哈希算法等。

（5）完成证书相关信息的输入后，单击"提交"按钮，弹出如图 12-80 所示的窗口。表示向证书服务器已经成功提交了证书申请。当前的证书处于挂起状态。

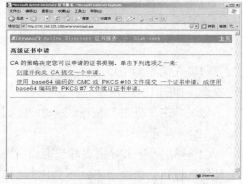

图 12-78 创建并向此 CA 提交一个申请

3．证书颁发

客户在申请证书之后，必须由证书服务器端实现对所申请证书的颁发，当然，如果证书服务器端认为客户申请的证书服务不合理，也可以拒绝颁发该证书。

图 12-79　输入证书信息

图 12-80　证书挂起

（1）打开安装证书服务器的计算机，单击"开始"→"管理工具"→"Certification Authority"打开 certsrv 管理窗口，在窗口左边单击"挂起的申请"节点，在右边窗口右键单击，在弹出的菜单中选择"所有任务"→"颁发"命令，操作如图 12-81 所示。

（2）完成颁发后，客户端只需要在浏览器中输入 http://192.168.225.128/certsrv，进入证书服务器的站点，单击"查看挂起的证书申请的状态"，弹出如图 12-82 所示的窗口，可以看到证书已经颁发。

图 12-81　颁发证书

图 12-82　证书已经颁发

4．证书的导出

（1）在浏览器中单击"工具"→"Internet 选项"，打开 Internet 选项窗口，单击"内容"选项卡，如图 12-83 所示。

（2）单击"证书"按钮，弹出"证书"窗口，选中要导出的证书，单击"导出"按钮，如图 12-84 所示。

（3）弹出"证书导出向导"窗口，直接单击"下一步"按钮，弹出如图 12-85 所示的"导出私钥"窗口，选中"不，不导出私钥"选项。

（4）单击"下一步"按钮，弹出"导出文件格式"窗口，选择"Der 编码二进制 X.509

（.CER）"选项，如图 12-86 所示。

图 12-83　Internet 选项窗口

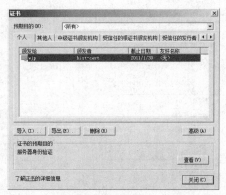

图 12-84　导出证书

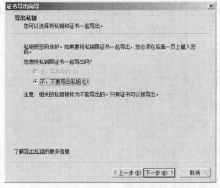

图 12-85　导出私钥

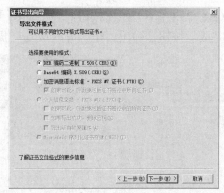

图 12-86　"导出文件格式"窗口

（5）单击"下一步"按钮，在弹出的窗口中设置导出文件的名称及路径，如图 12-87 所示。

（6）单击"下一步"按钮，弹出如图 12-88 所示的"正在完成证书导出向导"窗口，单击完成按钮，弹出一个"导出成功"消息框，到此，证书导出完成。

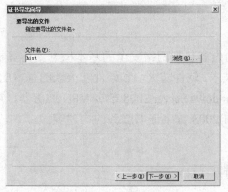

图 12-87　导出文件及路径

图 12-88　导出完成

5．安装证书

（1）导出证书完成后，将证书复制到需要安装的计算机上，双击该证书，弹出如图 12-89 所示的证书窗口。

（2）单击图 12-89 上的"安装证书"按钮，弹出"证书导入向导"窗口，直接单击"下一步"

按钮，弹出如图 12-90 所示的"证书存储"窗口，选择"根据证书类型，自动选择证书存储"选项。

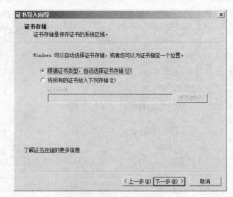

图 12-89　证书窗口 图 12-90　"证书存储"窗口

（3）单击"下一步"按钮，弹出如图 12-91 所示的"正在完成证书导入向导"窗口，单击"完成"按钮，弹出一个"导入成功"提示框，表示证书的安装完成。

图 12-91　"正在完成证书导入向导"窗口

小　　结

本章主要讲述了常见的网络安全技术，主要的内容包括网络安全的基本概念，计算机病毒及其处理技术，常见的国内外杀毒软件，防火墙技术，软件防火墙和硬件防火墙的基本配置，VPN 的基本概念，IPSec VPN 的基本配置，基于 Windows Server 2008 部署 VPN 服务器，常见加密算法，基于 GPG 的数据加密，Windows Server 2008 数字证书服务的构建等。

习　　题

1．网络安全的_____就是保证具有授权用户可以访问数据，而限制其他人对数据的访问。

　　A．可靠性　　　　　B．可用性　　　　　C．保密性　　　　　D．完整性

2．_____是指病毒具有把自身复制到其他程序中的特性。

　　A．传染性　　　　　B．潜伏性　　　　　C．破坏性　　　　　D．隐蔽性

3．防火墙一般配备 3 块网卡，在配置时一般分别连接内部网，Internet 和_____。

    A．DMZ   B．Web Server   C．FTP Server   D．DNS Server

4．下列不属于防火墙功能的是_____。

    A．实现访问控制列表 ACL 功能   B．实现路由及其管理功能

    C．实现网络地址转换 NAT 功能   D．实现病毒处理和查杀功能

5．下列属于第三层隧道协议的是_____。

    A．PPTP   B．L2TP   C．L2F   D．IPSec

6．使用 SSL 协议和代理为终端用户提供基于 Web 浏览器的 VPN 服务的类型是_____。

    A．MPLS VPN   B．SSL VPN

    C．IPSec VPN   D．SSH VPN

7．下列属于非对称加密算法的是_____。

    A．DES   B．3DES   C．AES   D．RSA

8．在非对称加密算法中，要发送加密数据的一方必须首先要得到解密方的_____才能进行数据加密。

    A．授权数据   B．公钥   C．私钥   D．证书

9．下列关于数字证书的说法错误的是_____。

    A．数字证书采用公钥机制

    B．数字证书用来在网络上证明证书持有者的身份

    C．数字证书则是由第三方数字认证中心（CA 中心）来签发

    D．CA 中心对证书的数字签名可以篡改和伪造

10．一个网络的可靠性为 99．999%，则一年内的平均停机时间为_____。

    A．5.3 分钟   B．50 分钟   C．0.5 分钟   D．0.5 小时

第 13 章　网络维护和管理技术

本章要求：

- 理解网络管理的基本概念；
- 理解 SNMP 网络管理协议的基本内容；
- 掌握常见网络命令的使用方法；
- 掌握常用网络管理软件的使用方法；
- 掌握软件系统的基本故障处理方法；
- 掌握线缆故障的基本处理方法；
- 掌握交换机的基本故障处理方法；
- 掌握路由器的基本故障处理方法。

13.1　网络管理概述

网络管理指的是为保证网络系统持续、稳定、安全、可靠、高效地运行，对网络实施的一系列方法和措施。网络管理的目标是最大限度地增加网络的可用性，提高网络设备的利用率，提高网络的服务质量和安全性，降低网络管理的复杂度和运行成本，提供网络的长期规划和维护管理。

13.1.1　网络管理的内容

根据网络管理的功能，网络管理的内容可分为故障管理、配置管理、性能管理、安全管理和计费管理 5 个方面。

1. 故障管理

故障管理是最基本的网络管理功能。在计算机网络中，当发生失效故障时，往往不能轻易、具体地确定故障所在的准确位置。因此，需要有一个故障管理系统，科学地管理网络发生的所有故障，并记录每个故障的产生及相关信息，最终确定并排除故障，保证网络能提供连续可靠的服务。

2. 配置管理

一个标准的计算机网络系统需要一个全网设备配置管理系统来统一地进行信息管理。计算机网络是由多个厂家提供的产品、设备相互连接而成的综合系统，各设备需要相互适应与其相关的其他设备的参数、状态等信息。计算机网络常常是动态变化，网络系统要随着用户的增减、设备的维修或更新来调整网络的配置。因此需要有足够的技术手段支持这种调整或改变，使网络能更有效地工作，这就是网络的配置管理功能。

3．性能管理

由于网络资源的有限性，网络中的所有部件都有可能成为数据通信的瓶颈，管理人员必须及时知道并确定当前网络中核心设备的性能以及变化趋势，以便做出及时调整，在使用最少的网络资源和具有最小通信费用的前提下，使网络提供持续、可靠的通信能力，并使网络资源的使用达到最优化的程度，这就是网络的性能管理功能。

4．安全管理

安全管理是对网络信息访问权限的控制过程。计算机网络系统的特点决定了网络本身安全的脆弱性，为确保网络资源不被非授权用户的访问，就要对网络用户进行访问权限设置，确保网络管理系统本身不被非经授权实体访问，以此达到网络管理的机密性和完整性。

5．计费管理

在网络系统中，计费功能是必不可少的。当计算机网络系统中的信息资源在有偿使用的情况下，需要能够记录和统计哪些用户利用哪条通信线路传输了多少信息，以及做的是什么工作等。在非商业化的网络上，仍然需要统计各条线路工作的繁闲情况和不同资源的利用情况，以便及时调整资源分配策略，保证用户的服务质量。

13.1.2　SNMP

SNMP（Simple Network Management Protocol）即简单网络管理协议，它为网络管理系统提供了底层管理框架。SNMP 的应用范围很广，许多网络设备、软件和系统中都可采用 SNMP。

SNMP 以轮询和应答的方式进行工作，采用集中或分布式的控制方法对整个网络进行控制和管理。SMP 网络管理系统包括 SNMP 管理者、SNMP 代理、管理信息库（Management Information Base，MIB）和管理协议四个部分。

SNMP 位于应用层，利用用户数据报协议（User Datagram Protocol，UDP）的 161 和 162 号端口实现管理员和代理之间的管理信息交换。UDP 端口 161 用于数据收发，UDP 端口 162 用于代理报警，即发送 Trap 报文。

1．SNMP 版本和信息格式

目前 SNMP 有 3 种，即 SNMP V1、SNMP V2、SNMP V3。第 1 版和第 2 版没有太大差距，SNMP V2 是 SNMP V1 的增强版本。SNMP V3 则包含更多的安全设置和远程配置。为了解决 SNMP 版本间的兼容问题，RFC 3584 中定义了 SNMP V1、SNMP V2、SNMP V3 三者共存策略。各种版本的 SNMP 信息通用格式如图 13-1 所示。

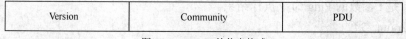

Version	Community	PDU

图 13-1　SNMP 的信息格式

其中 Version 是版本标识符，用于确保管理器和代理使用相同的协议，每个 SNMP 代理都直接抛弃与自己协议版本不同的数据报。Community 指的是团体名，用于 SNMP 代理对 SNMP 管理站的认证。如果网络配置成要求验证时，SNMP 从代理对团体名和管理站的 IP 地址进行认证，如果失败，SNMP 从代理向管理站发送一个认证失败的 Trap 消息。PDU（Protocol Data Unit），即协议数据单元，它指明了 SNMP 的消息类型及其相关参数。

2．SNMP 的消息类型

SNMP 中定义了五种消息类型，即 Get-Request、Get-Response、Get-Next-Request、Set-Request 和 Trap。

（1）Get-Request

SNMP 管理站使用 Get-Request 消息从拥有 SNMP 代理的网络设备中检索信息。

（2）Get-Response

Get-Response 消息用于对请求消息的响应。

（3）Get-Next-Request

Get-Next-Request 和 Get-Request 组合起来，用于查询特定表对象中的列元素。

（4）Set-Request

管理站用 Set-Request 消息实现对网络设备进行远程配置，包括设备名、设备属性、删除设备或使某一个设备属性的有效性等。

（5）Trap

Trap，即陷阱数据报，SNMP 代理使用 Trap 消息向 SNMP 管理站发送非请求消息，一般用于描述某一事件的发生。

13.2　常用网络命令

在网络的管理中，存在许多功能强大的管理命令，熟练掌握这些命令对计算机网络的维护和管理非常重要。

1．Ping 命令

Ping 命令通过向计算机发送 Internet 控制报文协议（Internet Control Message Protocol，ICMP）回应报文并且监听该报文的返回，以校验与远程计算机或本地计算机的连接情况。可以使用 Ping 命令测试计算机名和 IP 地址，通过对方返回的 TTL（Time To Live，生存时间）值的大小，粗略判断目标主机的系统类型。

（1）无参数

无参数的 Ping 命令返回四条 ICMP 报文。图 13-2 所示是无参数的 Ping 命令执行结果。

（2）t 参数

t 参数表示不停的发送 ICMP 报文给目标主机，直到用户按 Ctrl+C 组合键中断操作。图 13-3 所示是 t 参数的 Ping 命令执行结果。

（3）n Count 参数

发送 Count 指定的 ICMP 数据包。在默认情况下，Ping 命令只发送四个 ICMP 数据包，通过 n Count 参数用户可以自己定义发送的 ICMP 数据包的个数。可以通过按 Ctrl+C 组合键中断。图 13-4 所示是 n Count 参数的 Ping 命令执行结果。

图 13-2　无参 Ping 命令执行结果

图 13-3　t 参数的 Ping 命令执行结果

（4）l Count 参数

采用 l Count 参数来定义 ICMP 数据包的大小。在默认的情况下，Windows 操作系统的 Ping 命令发送的数据包大小为 32B，最大限制在 65 500 字节。图 13-5 所示是 l Count 参数的 Ping 命令执行结果。

图 13-4　n Count 参数的 Ping 命令执行结果

图 13-5　l Count 参数的 Ping 命令执行结果

（5）其他参数

① -F 参数：在数据包中发送"不分段"标志。一般用户所发送的数据包都会通过路由分段再发送给对方，加上此参数以后路由就不会再分段处理。

② -I TTL 参数：指定 TTL 值在对方的系统里停留的时间，此参数帮助用户检查网络运转情况。

③ -V Tos 参数：将"服务类型"字段设置为 TOS（Terms Of Service，服务类型）指定的值。

④ -R 参数：在"记录路由"字段中记录传出和返回数据包的路由。通过此参数就可设定探测经过的路由个数。

⑤ -S Count 参数：指定 Count 确定的跃点数的时间戳。该参数不记录数据包返回所经过的路由，最多也只记录 4 个。

⑥ -J Host-List 参数：利用 Host-List 指定的计算机列表路由数据包。连续计算机可以被中间网关分隔，IP 允许的最大数量为 9。

⑦ -K Host-List 参数：利用 Host-List 指定的计算机列表路由数据包。连续计算机不能被中间网关分隔，IP 允许的最大数量为 9。

⑧ -W Timeout 参数：指定超时间隔，单位为毫秒。

⑨ -a 参数：用于解析要测试的计算机 Netbios 名称。

2. IPconfig 命令

IPconfig 命令用于显示所有当前的 TCP/IP 网络相关配置参数。

（1）无参数

使用无参数的 IPconfig 命令，可以显示所有适配器的 IP 地址、子网掩码、默认网关。图 13-6 所示是无参数的 IPconfig 命令运行结果。

（2）all 参数

使用 all 参数，IPconfig 能为域名系统（Domain Name System，DNS）和 Windows Internet 命名服务（Windows Internet Naming Service，Wins）服务器显示它已配置且所要使用的附加信息，并且显示对应网卡的介质访问控制（Media Access Control，MAC）地址。如果 IP 地址是从动态主机配置协议（Dynamic Host Configuration Protocol，DHCP）服务器租用的，IPconfig 将显示 DHCP 服务器的 IP 地址和租用地址预计失效日期。图 13-7 所示是使用 all 参数的运行结果。

图 13-6　不带参数 IPconfig 的命令

图 13-7　使用 all 参数的 IPconfig 命令

（3）Renew 参数

Renew 参数用于更新特定适配器的 DHCP 配置。该参数仅在配置为自动获取 IP 地址的计算机上可用。

（4）Release 参数

Release 参数用于发送 DHCP Release 消息到 DHCP 服务器，以释放特定适配器的当前 DHCP 配置并丢弃 IP 地址配置。该参数可以禁用配置为自动获取 IP 地址的适配器的 TCP/IP。

（5）FlushDNS 参数

FlushDNS 参数用于清理并重设 DNS 客户端解析器的缓存内容。可以使用该参数从缓存中丢弃否定性缓存记录和任何其他动态添加的记录。

（6）DisplayDNS 参数

DisplayDNS 参数用于显示 DNS 客户端解析器缓存的内容，包括从本地主机预装载的记录以及由计算机解析的名称查询而获得的资源记录。DNS 客户服务在查询配置的 DNS 服务器之前使用这些信息快速解析被频繁查询的名称。

（7）RegisterDNS 参数

RegisterDNS 参数用于初始化计算机上配置的 DNS 名称和 IP 地址。通过使用该参数对失败的 DNS 名称注册进行疑难解答，以解决客户和 DNS 服务器之间的动态更新问题。

（8）ShowclassID 参数

ShowclassID 参数用于显示指定适配器的 DHCP 类别 ID。要查看所有适配器的 DHCP 类别 ID，可以使用通配符 "*" 代替所有适配器 ID 类别。该参数仅在具有配置为自动获取 IP 地址的计算机上可用。

（9）SetclassID 参数

配置特定适配器的 DHCP 类别 ID。要设置所有适配器的 DHCP 类别 ID，可以使用通配符 "*" 代替所有适配器 ID 类别。该参数仅在配置为自动获取 IP 地址的计算机上可用。如果未指定 DHCP 的类别 ID，则会删除当前的类别 ID。

3．Net 命令

Net 命令是一款性能强大的网络命令，用户可以使用 Net 命令实现对远程主机的操控。

（1）Net view 命令

该命令用于显示域列表、计算机列表或指定计算机的共享资源列表。命令格式为"Net view [Computername|/Domain[:Domainname]]"，键入不带参数的 Net view 显示当前域的计算机列表。Computername 指定要查看其共享资源的计算机。Domain[:Domainname]指定要查看其可用计算机的域。图 13-8 所示是 Net view 命令的一次执行结果。

（2）Net user 命令

该命令用于添加或更改用户账号或显示用户账号信息。命令格式为"Net user [Username [Password | *] [Options]] [/Domain]"。键入不带参数的 Net user 命令可以查看计算机上的用户账号列表。Username 指的是添加、删除、更改或查看的用户账号名。Password 指的是为用户账号分配或更改的密码。*提示输入密码。Domain 指的是在域控制器中执行操作。图 13-9 所示是 Net user 命令的一次执行结果。

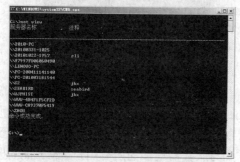

图 13-8　Net view 命令的执行结果

图 13-9　Net user 命令执行结果

（3）Net use 命令

该命令用于连接或断开计算机与共享资源的连接，显示计算机的连接信息。命令格式为"Net use [Devicename|*][Computernamesharename[Volume]] [Password|*]][/User:[Domainname]Username] [[/Delete] | [/Persistent:{Yes | No}]]"。键入不带参数的 Net use 命令列出网络连接。Devicename 指定要连接到的资源名称或要断开的设备名称。Computernamesharename 指的是服务器及共享资源的名称。Password 指的是访问共享资源的密码。*提示键入密码。user 指定进行连接的另外一个用户。Domainname 指定另一个域。Username 指定登录的用户名。Home 指的是将用户连接到其宿主目录。Delete 指的是取消指定网络连接。Persistent 指的是控制永久网络连接的使用。

（4）Net time 命令

该命令用于使计算机的时钟与另一台计算机或域的时钟同步。命令格式为"Net time [Computername | /Domain[:Name]] [/Set]"，Computername 指的是要检查或同步的服务器名。Domain[:Name]指定要与其时间同步的域。Set 使本计算机时钟与指定计算机或域的时钟同步。图 13-10 所示是 Net time 命令的一次执行结果。

图 13-10　Net time 命令的执行结果

（5）Net share 命令

该命令用于创建、删除或显示共享资源。命令格式为

"Net Share Sharename=Drive:Path［/Users:Number|/Unlimited］［/Remark:"Text"］"，键入不带参数的 Net share 显示本地计算机上所有共享资源的信息。Sharename 是共享资源的网络名称，Drive:Path 指定共享目录的绝对路径。Users:Number 用于设置可同时访问共享资源的最大用户数。Unlimited 指的是不限制同时访问共享资源的用户数。Remark:"Text " 指的是添加关于资源的注释，图 13-11 所示是 Net share 命令的一次执行结果。

注意：注释文字用引号引住。

（6）Net session 命令

该命令用于列出或断开和本地计算机连接的客户端会话。命令格式为 "Net session ［Computername］［/Delete］"。键入不带参数的 Net session 命令显示所有与本地计算机的会话的信息。Computername 指的是要列出或断开会话的计算机。Delete 指的是结束会话并关闭本次会话期间计算机的所有进程。图 13-12 所示是 Net session 命令的执行结果。

图 13-11　Net share 命令的执行结果

图 13-12　Net session 命令的执行结果

（7）Net send 命令

该命令用于向网络的其他用户、计算机或通信名发送消息。命令格式为 "Net send{Name |*|/Domain［:Name］|/Users}Message"，其中 Name 指定要接收发送消息的用户名、计算机名或通信名。*指的是将消息发送到组中所有名称。Domain［:Name］用于指定将消息发送到计算机域中的所有名称。users 用于指定将消息发送到与服务器连接的所有用户。Message 指的是作为消息发送的文本。

（8）Net print 命令

该命令用于显示或控制打印作业及打印队列。命令格式为 "Net print［Computername］Job#　［/Hold|/Release|/Delete］"。Computername 指共享打印机队列的计算机名。Sharename 指打印队列名称。Job#指在打印机队列中分配给打印作业的标识号。Hold 指使用 Job#时，在打印机队列中使打印作业等待。Release 指释放保留的打印作业。delete 指从打印机队列中删除打印作业。

（9）Net name

该命令用于添加或删除消息名，或显示计算机接收消息的名称列表。命令格式为"Net name ［Name　［/Add|/Delete］］"。键入不带参数的 Net name 列出当前使用的名称。Name 指定接收消息的名称。Add 指的是将名称添加到计算机中。Delete 指的是从计算机中删除名称。

（10）其他命令及其作用

① Net start：启动服务，或显示已启动服务的列表。命令格式：Net start service。

② Net pause：暂停正在运行的服务。命令格式：Net pause service。

③ Net continue：激活挂起的服务。命令格式：Net continue service。

④ Net stop：停止网络服务。命令格式：Net stop service。

⑤ Net statistics：显示本地工作站或服务器服务的统计记录。命令格式：Net statistics ［Workstation | Server］。

4. Netstat 命令

Netstat 命令的功能是显示网络连接、路由表和网络接口信息。它用来检测网络上的连接情况，告知用户所有的连接及其详细端口。Netstat 命令可以显示与 IP、TCP、UDP 和 ICMP 协议相关的统计数据，用户使用该命令实现实时监控。

（1）a 参数

该参数用于显示所有的网络连接情况，图 13-13 所示是采用 Netstat-a 对当前网络实现的监控情况。

（2）r 参数

该参数用于统计路由信息，图 13-14 所示是对路由信息的统计过程。

图 13-13　Netstat-a 命令的使用

图 13-14　路由信息统计

（3）e 参数

该参数用于统计以太网信息，图 13-15 所示是实现对当前以太网的信息统计过程。

（4）-p protocal 参数

该参数用于显示协议对应的连接统计。协议的类型为 TCP、UDP、TCP V6、UDP V6。图 13-16 所示是对 TCP 连接的统计过程。

图 13-15　以太网信息统计

图 13-16　TCP 连接统计

（5）s 参数

该参数用于统计所有协议信息包括 IP、ICMP、TCP、UDP 等。运行结果如图 13-17 所示。

5. ARP 命令

在 Windows 系统中，可以在命令提示符窗口中使用 ARP 命令显示和修改系统 ARP 缓存表中的项目。

（1）arp-a 或 arp-g

该命令用于查看高速缓存中的所有项目。-a 和-g 参数的结果是相同的，-g 参数是 UNIX 的分割，而 Windows 用的是 arp-a，但它也可以-g 选项。操作如图 13-18 所示。

图 13-17　所有协议信息的统计

图 13-18　查询 ARP 表项

（2）arp -a [IP 地址]

该命令用于显示与该接口相关的 ARP 缓存项目。操作如图 13-19 所示。

（3）arp -s [IP 地址] [mac 地址]

该命令用于添加一个静态的 ARP 表项。图 13-20 所示是添加一个新的 ARP 表项并进行查询的结果。

图 13-19　查询某接口的 ARP 表项

图 13-20　添加 ARP 表项

（4）arp -d [IP 地址]

该命令用于手工删除一个静态 ARP 表项，如果使用 arp -d *则可以清空当前所有的 ARP 表项。

6．Tracert 命令

Tracert 命令用于显示数据报缩途径的路由节点，并显示经过每个节点所需时间。通常使用 Tracert 命令来检查到达目标网络的路径并记录结果。如果数据包不能传递到目标网络，Tracert 命令将显示转发数据包的最后一个路由器。

（1）Tracert 命令通过加载对应目标网络的 IP 地址或者域名来实现跟踪服务。图 13-21 显示了 Tracert 的一次跟踪过程。

（2）其他相关参数

① -d：指定不将 IP 地址解析到主机名称。通过使用 -d 选项，将更快地显示路由器路径。

图 13-21　Tracert 跟踪过程

② -H Maximum_Hops：指定跃点数以跟踪到称为 Target_Name 主机的路由。

③ -J Host-List：指定 Tracert 数据包所采用路径中的路由器接口列表。

④ -W Timeout：等待 Timeout 为每次回复所指定的毫秒数。

⑤ Target_name：指定目标主机的名称或 IP 地址。

7．Netsh 命令

Netsh 是 Windows 操作系统提供的命令行脚本实用工具，它允许用户在本地或远程显示或修改当前正在运行的网络配置。为了存档、备份或配置其他服务器，Netsh 可以将配置信息保存在文本文件中。

（1）备份网络配置

使用命令"Netsh Dump>c:\Netconfig.txt"可以把当前网络配置信息备份到"c:\Netconfig.txt"文件下。命令完成后，发现在 c 盘下出现 Netconfig.txt 文件，各项的详细配置信息都在里面，如果只要备份 IP 配置，可以输入 Netsh Interface IP Dump >c:\Netconfig.txt。图 13-22 所示是备份网络 IP 配置到 C 盘"ip.txt"文件，并采用 Type 命令显示该文件的一个实例。

（2）恢复网络配置

在进行网络设置调整时，如果发生了操作错误，或者服务器网络出现故障，可以利用备份快速恢复网络设置。例如把刚才的备份文件恢复，可以使用"Netsh exec c:\Netconfig.txt"命令。

图 13-22　备份 IP 配置

（3）IP 地址相关配置命令

Netsh 命令可以实现基于命令方式来配置 IP 地址、DNS 等相关选项，这样可以节省网络管理时间，通常可以把这些配置命令写成一个 Bat（Batch file，批处理文件）文件来使用。下面列出常见的几个命令。

① 配置本地连接的 IP 地址命令如下：

netsh interface ip set address name="本地连接"source=static addr=192.43.32.1 mask=255.255.255.0

② 配置本地连接的 IP 地址为自动获得的命令如下：

netsh interface ip set address name="本地连接" source=dhcp

③ 配置本地连接的默认网关地址的命令如下：

netsh interface ip set address name="本地连接" gateway=192.168.0.254 gwmetric=0

④ 配置首选 DNS 地址的命令如下：

netsh interface ip set dns name="本地连接" source=static addr=192.168.0.1 register=PRIMARY

⑤ 配置备用 DNS 地址的命令如下：

netsh interface ip add dns name="本地连接" addr=192.168.0.20 index=2

⑥ 配置 DNS 为自动获得的命令如下：

netsh interface ip set dns name="本地连接" source=dhcp

13.3　常见网络管理软件的使用

根据软件功能的不同，网络管理软件可分为网络故障管理软件、网络配置管理软件、网络性能管理软件、网络服务安全管理软件、网络计费管理软件等。

13.3.1　网络设备管理软件——SolarWinds

SolarWinds 是一款功能强大的网络设备管理软件，该软件的安装过程简单，本节主要讲述 SolarWinds 的基本使用。

1．网络监视配置

（1）在网络设备（路由器或交换机）上启用 SNMP，配置 Community String 和 SolarWinds 安装主机的 IP 地址，具体的命令格式如下：

Router(config)#snmp-server community xxxxxx RO
Router(config)#logging 210.43.32.254
Router(config)#logging trap 6

（2）打开"开始"→"SolarWinds 2002 CATV Engineers Edition"→"Performance Monitoring"→"Network Performance Monitor"，在如图 13-23 所示的窗口中选择"Nodes"菜单的"Add Node"命令，输入要管理节点的 IP 地址或主机名称，并输入 SNMP 密码字。

（3）选择要监控的接口，单击"OK"按钮，操作如图 13-24 所示。

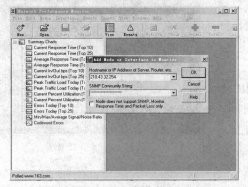

图 13-23　添加节点

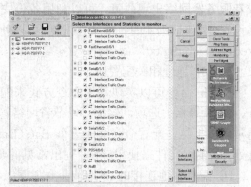

图 13-24　选择监控接口

（4）选择"This Week"，出现一周内，系统对节点的监视统计流量图，如图 13-25 所示。

（5）在"Network Performance Monitor"面板上单击"Events"选项，可以查看事件，如图 13-26 所示。

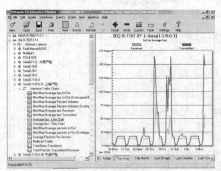

图 13-25　流量统计图

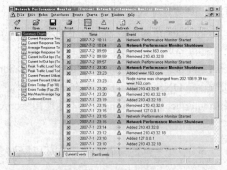

图 13-26　事件查看

（6）在网络设备上配置好 Log Server 后，选择"SolarWinds 2002 CATV Engineers Edition"→"Network Monitoring"→"SysLog Server"，单击"Current Messages"选项，查看网络设备日志，如图 13-27 所示。

2. Router CPU 的配置和管理

（1）选择"SolarWinds 2002 CATV Engineers Edition"→"Performance Monitoring"→"Router CPU Load"，出现如图 13-28 所示的窗口，选择"Add New Cpu Load Bar"，输入目标路由器的 IP 地址和 SNMP 密码字。

图 13-27　网络设备日志

（2）按"OK"按钮后，系统出现 Router CPU 的相关监视情况，如图 13-29 所示。

图 13-28　添加目标路由器

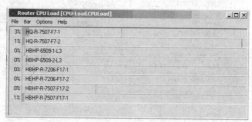

图 13-29　路由器 CPU 的使用情况

3．Router 的带宽管理

（1）选择"Solarwinds 2002 CATV Engineers Edition"→"Performance Monitoring"→"Bandwidth Gauges"，在出现的窗口中选择"Gauges"菜单的"New gauge"选项，输入目标路由器的 IP 地址和 SNMP 密码字，如图 13-30 所示。

（2）按"OK"按钮后，系统出现关于 Router 带宽的相关监视情况，如图 13-31 所示。

4．设备 MIB 扫描

（1）选择"Compare Running vs Startup Configs"选项，输入被管理设备的 IP 地址和可读写的 Community String，按"Compare Running vs Startup Configs"按钮，扫描被管理设备的相关配置信息，如图 13-32 所示。

图 13-30　添加目标设备

图 13-31　带宽监视情况

图 13-32　启动项目配置

（2）打开"MIB Browser"→"MIB Viewer"选项，输入被管理设备的 IP 地址和 Community String，选择一个要下载的 MIB Table，单击"Download MIB Table"按钮，系统开始下载被管理设备 MIB 库的相关信息，如图 13-33 所示。

（3）选择"SNMP MIB Browser"，出现如图 13-34 所示窗口，选择左边树型目录的相关选项，单击"Get OID"按钮实现对 SNMP MIB 的相关信息进行浏览。浏览的结果如图 13-35 所示。

（4）选择"MIB Walk"，在出现如图 13-36 所示的窗口中输入被管理设备的 IP 地址和 Community String 就可以实现对被管理设备整个 MIB Tree 的浏览过程。

图 13-33　MIB 浏览

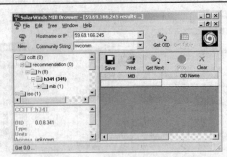

图 13-34　选择 SNMP MIB 浏览项目

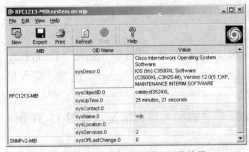

图 13-35　SNMP 选择项目浏览结果

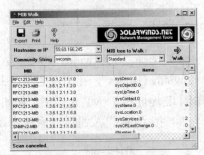

图 13-36　MIB WORK 结果

5．Ping 和 Traceroute 扫描

（1）选择"Ping Sweep"选项，输入要扫描的 IP 段的起始 IP 地址和结束 IP 地址，获取在该范围内能扫描到的所有主机信息，包括其 DNS 名称，如图 13-37 所示。

（2）选择"TraceRoute"选项，输入要跟踪的网络主机的 IP 地址或域名，实现对该设备的路由跟踪过程。其结果如图 13-38 所示。

图 13-37　Ping Sweep 扫描结果

图 13-38　Traceroute 路由跟踪扫描

6．安全检查

（1）选择"Security Check"选项，在出现如图 13-39 所示的窗口中输入管理设备的 IP 地址和 Community String，单击"Attempt Break In"按钮，实现对被管理设备的安全性检查。

（2）选择"SNMP Brute Force Attack"选项，实现对 SNMP 的密码字的强制破解过程，在出现的如图 13-40 所示窗体中，拖动滑块位置设置 Attack 速度。

图 13-39　设备安全性检查　　　　　　　　图 13-40　SNMP ATTACK

13.3.2　网络计费管理软件——美萍网管大师

美萍网管大师是一款强大的网络计费管理软件，要进行该软件管理的客户机器需要安装美萍电脑安全卫士，通过在一台服务器上安装美萍网管大师即可实现对所有安装了美萍电脑安全卫士的客户机的计费维护和管理作用。下面讲述美萍网管大师主要设置和使用过程。

（1）打开安装好的美萍网管大师，出现如图 13-41 所示的界面，美萍网管大师的主界面包含系统设置、帮助信息和系统退出等项目。中心部分为各计算机的管理信息列表。通过该表可以清晰的看到各台计算机的运行情况以及其他记录信息。

（2）选择"系统设置"→"计费"选项卡，出现系统计费窗口。选择"计费标准"选项卡，对计费标准进行设置，如图 13-42 所示。

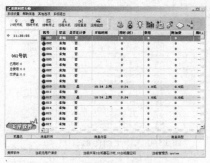

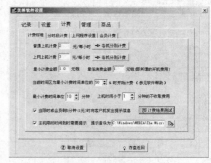

图 13-41　美萍网管大师主界面　　　　　　图 13-42　计费设置

（3）选择"计费"→"分时段计费"选项卡，对分时段计费项目进行设置，如图 13-43 所示。

（4）选择"计费"→"上网程序设置"选项卡，设置用户运行程序，单击"增加"按钮添加新动作，单击"删除"按钮删除添加的程序，如图 13-44 所示。

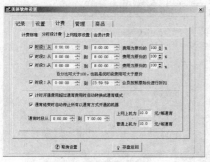

图 13-43　计费标准　　　　　　　　　　　图 13-44　上网程序设置

（5）当某台机器单击"停止"按钮后会弹出计费窗口，管理者还可对用户应付费用进行的适当优惠，程序会把应付的费用和实收的费用全部记录下来，如图 13-45 所示。

（6）选择"美萍软件设置"→"记录"→"收费详细统计"，弹出"计费统计记录"窗口，系统将显示详细的收费情况，如图 13-46 所示。

图 13-45　结账界面

图 13-46　收费详细统计

（7）选择网络管理中的一台计算机，右键单击，在出现的菜单中选择"消息通知"，出现如图 13-47 所示的窗口，设置要发送给客户机的消息内容，发送即可。

（8）选择"系统设置"→"记录"→"历史操作记录"，出现如下的窗口，系统将显示网络管理的所有主机动作情况，如图 13-48 所示。

图 13-47　消息通知

图 13-48　历史操作记录

（9）单击工具栏的 图标，出现"关机或重新启动"窗口，选择要操作的项目即可，如图 13-49 所示。

（10）选择网内要监控的一台计算机，单击 远程监控 按钮，可以实现对系统主机的监控过程，如图 13-50 所示。

图 13-49　远程关机

图 13-50　远程监控

13.3.3　网络应用管理软件——聚生网管

聚生网管是面向应用层的网络管理软件。聚生网管可以实时控制局域网任意主机的带宽，控制任意主机上、下行流量和总流量。聚生网管可以实现对网址进行精确控制。

（1）软件安装完成后，提示用户新建监控网段，单击"新建监控网段"按钮，出现网段名称窗口，输入新网段的名称，单击"下一步"按钮，出现"选择网卡"窗口，选择网段对应的网卡，系统将自动出现该接口对应的 IP 地址，MAC 地址，网关地址和子网掩码等相关信息，如图 13-51 所示。

（2）单击"下一步"按钮，出现"出口带宽"窗口，选择网段的出口带宽，如图 13-52 所示。

图 13-51　选择待监控网段网卡　　　　　　图 13-52　选择监控出口

（3）单击"完成"按钮，出现"监控网段配置"窗口，选中上面建立的监控网段，如图 13-53 所示。

（4）单击"开始监控"按钮，进入聚生网管的主窗口，单击软件左上角的"网络控制台"选项，选择"启动网络控制服务"。单击软件左侧功能栏的"网络主机扫描"，系统出现所有的网络监控主机信息，双击某个主机，系统出现一个提示框，单击"是"按钮，为该主机设置新的策略，如图 13-54 所示。

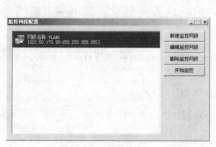 

图 13-53　开始监控　　　　　　　　　　　图 13-54　建立控制策略

（5）弹出如图 13-55 所示的"编辑内容"窗口，切换到"带宽限制"选项卡下，选择"启用主机带宽管理"，设定上行、下行带宽；选择"主机带宽智能控制"，然后分别设定上行、下行带宽，如图 13-55 所示。

（6）切换到"流量限制"选项卡下，为该主机设定公网流量限制，超过该流量，系统就会自动切断这台主机的公网连接，如图 13-56 所示。

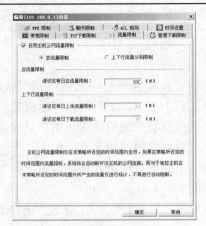

图 13-55　设定带宽管理　　　　　图 13-56　设定主机总流量

（7）切换到"P2P 下载限制"选项卡下，选择要禁止的各种 P2P 工具，如图 13-57 所示。

（8）切换到"普通下载限制"选项卡下，设置 HTTP 和 FTP 下载限制。限制 HTTP 和 FTP 下载必须输入文件后缀名；可以使用通配符来禁止所有文件的下载，用户也可以设置拒绝下载的文件类型，如图 13-58 所示。

图 13-57　控制 P2P 下载

图 13-58　禁止普通 HTTP 和 FTP 下载

（9）切换到"WWW 限制"选项卡，在此窗口内可以设置完全禁止局域网主机的公网访问，又可以为局域网主机设定黑、白名单。系统还可以防止局域网主机启用代理上网或充当代理，同时还可以记录局域网主机的网址浏览，如图 13-59 所示。

注意：通过增加通配符来实现站点的控制，选择"白名单"，按编辑按钮，出现白名单列表编辑窗口，设置网址控制功能。如下的设置 www.163.com 表示只可以访问 163 的 WWW 主机首页，*.163.com 表示可以访问所有的 163 站点，www.163.com*表示可以访问 163 的 www 主机下的所有页面，如图 13-60 所示。

（10）打开"聊天限制"选项卡，设置相关的聊天控制，聚生网管可以封堵 QQ、MSN、新浪 UC、网易泡泡等聊天工具，如图 13-61 所示。

图 13-59　网址控制

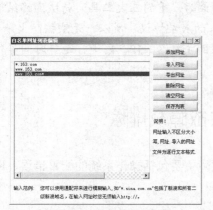

图 13-60　网址精确控制功能

图 13-61　禁止聊天工具

（11）打开"ACL 规则"选项卡，在该窗口下可以设定要拦截的局域网主机发出的公网报文，如图 13-62 所示。

（12）打开"时间"选项卡，设置网络控制时间。单击要控制的时间段，图 13-63 所示是设置的一个控制时间。

图 13-62　ACL 访问规则

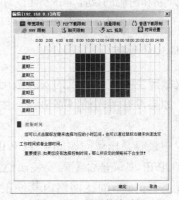

图 13-63　设置策略时间

注意：如果不设置控制时间，设定的策略将不能生效。

（13）返回到聚生网管主窗口，单击"启用 IP-MAC 绑定"，单击"获取 IP-MAC 列表"，将出现对应网段所有主机的 IP 和 MAC 地址表，选择"发现非法 IP-MAC 绑定时，自动断开其公网连接"以及"发现非法 IP-MAC 绑定时，发 IP 冲突给主机"选项，如图 13-64 所示。

（14）单击"网络实用工具"选项，进行系统工具软件的检测过程，如图 13-65 所示。

图 13-64　IP-MAC 绑定

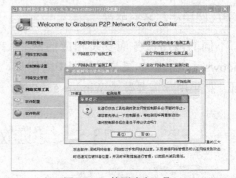

图 13-65　检测攻击工具

注意： 聚生网管可以检测当前对局域网危害最为严重的三大工具：局域网终结者、网络剪刀手和网络执法官。这三种工具采用 Windows 的底层协议，所以，无法被防火墙检测到。而聚生网管可以分析其报文，可以检测出其所在的主机名、IP、网卡、运行时间等信息，以便于管理员迅速采取措施应对。

13.4 网络软件故障及排除

网络故障中，软件故障占很大比例。软件故障主要包括操作系统的配置错误、网络协议的配置故障和网络应用软件的配置故障。

1. 操作系统的配置故障

操作系统的配置故障主要包括系统的安装故障，磁盘的类型设置故障、相关设备的驱动程序的安装故障，用户的账户设置故障等。

操作系统故障出现后，首先要进行故障查找，查看系统的漏洞是否修补，查看系统硬件驱动是否安装，用户名和密码的设置是否安全。如果作为网络服务使用，设置的磁盘类型是否合理等。另外还要使用一款较为强大的病毒处理软件，对系统进行全盘扫描，及时处理系统安全问题。

2. 网络协议的故障

网络协议故障主要包括协议的安装故障，相关协议参数的设置故障等。协议是网络通信的关键要素，如果没有所需的网络协议，协议绑定不正确或协议参数设置错误，将直接导致网络出现故障。

协议配置中最容易出现问题的是 TCP/IP 协议。解决 TCP/IP 协议故障的一般思路如下：

先检查 TCP/IP 协议是否正确安装，然后查看故障计算机的默认网关、DNS 服务器和子网掩码的设置是否正确，对比网络内其他正常主机的配置，查找故障主机的错误，重新配置。

3. 网络服务安装故障

在局域网中，往往需要安装一些重要的服务。例如，要在 Windows 系统中共享文件和打印机资源，就需要安装 Microsoft 文件和打印共享服务。解决此类问题的一般思路为：根据故障现象和提示安装相关服务（装机系统光盘内有相关服务），若安装后还无法使用，就需要检查是否与其他服务或应用程序有冲突。

4. 网络用户安装故障

不同的网络服务应安装相应的网络用户，否则网络服务将不能正常使用。例如，在 Windows 系统中，如果是对等网中的用户，只要使用系统默认的"Microsoft 友好登录用户"即可。如果用户需要登录 Windows NT 域，就需要安装"Microsoft 网络用户"。

13.5 线缆故障及其处理方式

线缆故障是最容易发生的网络故障。

13.5.1 常见的线缆故障

常见的线缆故障如下。

（1）线路断裂

线路断裂多是由于施工方法不当或对网络线缆的意外损伤等原因造成的。主要表现为连接器与线缆的连接断路、因过度拉扯导致线缆从中间某一位置断裂开、其他施工的外力致使线缆被割断等。

（2）线路短路

线路短路多是由于施工方法不当或对网络线缆绝缘层外伤等原因造成的。主要是因过紧捆绑导致线缆间短路、因线缆中嵌入金屑钉、剥线头时损坏了绝缘层以及电缆多根导线绝缘材料断裂导致电线裸露等。

（3）弯折、弯曲和断裂

弯折、弯曲和断裂多是由于施工工艺和设计不当等原因造成的。主要表现为因线缆绞结、弯曲半径过小、拖拉线缆力度超过其机械强度而导致线缆损坏等。

该线缆的连通性测试不合格、线缆参数测试不合格，严重时会导致与该电缆相连的网络设备通信终断。例如，在铜缆系统中，回波损耗过高通常表明在电缆走线中未能正确控制弯曲半径。在光纤系统中，则可能会导致高衰减。

（4）连接器开路

连接器开路故障造成的原因主要是因施工时用力不当造成的连接器与线缆断裂。在光纤连接器对接过程中，光纤纤芯直径、数值孔径、折射率分布的差异以及光纤的横向错位、角度倾斜、端面间隙、端面形状等因素均会对链路性能产生不同程度的影响，严重时会导致链路开路。在一个布线系统中，最好是同一厂家生产的光纤，以便基本保证数值孔径和折射率分布一致。

（5）引脚输出错误

电缆线在制作时没有按标准排列插入水晶头。主要表现是反接、错对和串绕等。导致线缆的接线图不正确、网络不通、电缆参数测试不合格（主要是串扰和回波损耗过高），造成网络性能的下降或设备的死锁。

13.5.2 线缆故障的处理方法

（1）接线故障诊断

接线故障主要有短路、反接、错对、串绕等。一般的测试设备就可以很容易发现前两种故障，如用 Fluke 公司 DSP-4300，测试技术也非常简单。

（2）长度故障诊断

电缆超长（超过了链路规定的极限长度值）后，链路有很大的阻抗变化，会引起较大的信号衰减，可用 HDTDR 技术进行定位。

（3）串绕故障诊断

串绕故障是在制作连接模块或接头时没有遵照 TIA/EIA 568-B 规定，或者是在连接模块或接头时线对散绞过长。利用测试仪的 HDTDX 技术可以发现这类错误，它可以准确的报告串绕电缆的起点和终点，即使串绕存在于链路中的某一部分。

（4）回波损耗故障诊断

回波损耗故障主要是由于链路阻抗不匹配造成。不匹配主要发生在采用连接器的地方，但也可能发生于电缆中特性阻抗发生变化的地方。尤其是在千兆以太网中，双绞线中的四对线需要同时双向传输，因此被反射的信号会被误认为是收到的信号而产生混乱引起故障。利用 HDTDR 技术可以对回波损耗故障进行精确定位。如对某一回波损耗不合格的链路。

（5）光缆链路故障诊断

影响光缆链路的因素包括铺设光缆，光缆双端连接器的端接，双端跳线和网络设备的连接。而端接对链路损耗影响最大，而且会对多模光缆产生模式干扰。

在布线工程中减少光缆故障的有效方法如下。

① 记住光缆的强度系数，不过度拖拽光缆，不过度弯曲光缆。

② 按照厂商的要求在安装过程中清洁连接器。

③ 按照标准，使用 OLTS 和 OTDR 测试安装的光缆。

④ 测试光缆链路时，使用清洁的跳线并始终保持其清洁。

⑤ 所有连接器都要安装防尘罩套。

13.6 网 卡 故 障

网卡故障是最常见的硬件设备故障，常见的网卡故障由以下问题引起。

（1）网卡松动

由于温度变化、振动及插槽与网卡尺寸不匹配等原因，可能出现网卡松动，网卡与插槽接触不良，从而造成网络故障。这时网卡指示灯（LED）不发光，通过 Ping 命令测试本机或网络中其他计算机的 IP 地址均发回响应失败信息，但网卡的驱动程序正常。打开机箱，将网卡重新插好即可。

注意： 如果多次出现网卡松动情况，说明此插槽容易造成网卡松动，则应更换插槽。

（2）网卡驱动程序故障

驱动程序直接控制硬件设备的运行，是否正确安装了网卡驱动程序，直接影响着网卡性能。由于杀毒和非正常关机等原因，可能造成网卡驱动程序的损坏。如果网卡驱动程序损坏，网卡不能正常工作，网络也 Ping 不通，但网卡指示灯发光。这时可通过"控制面板"的"系统"中的"设备管理器"选项，查看网卡驱动程序是否正常，如果"网络适配器"中显示的网卡图标上标有一黄色"！"，说明此网卡驱动程序不正常，必须在 Windows 环境下将网卡设备和驱动程序都删除，然后将网卡的最新驱动程序安装到系统中。驱动程序安装完成后，再进行一次网络连接测试。

注意： 目前一般的网卡驱动程序都内置在操作系统中，不需要单独安装，而最新版本的驱动程序可能包含更多的功能，能更准确、高效地将网络性能发挥出来。要确保下载的驱动程序与网卡的型号一致，尽量不用相近的网卡驱动程序来代替。

（3）网卡冲突

由于在主板上插入多块网卡或其他相关的 PCI 卡设备，这样就可能引起端口冲突，这样网卡就不能正常工作，尤其是采用双网卡做路由等相关配置实验。检查网卡是否出现冲突，首先查看网卡的驱动程序是否安装正常，打开"设备管理器"，找到"网络适配器"选项，双击对应的网卡设备出现网卡属性窗口，切换到对应的"资源"选项卡下，查看设备是否出现冲突。如果设备出现冲突，应该重新安装设备并设置对应的中断地址。

（4）网络参数设置引起的故障

网卡参数设置是否正确也影响网卡的正常工作。在设置网卡参数时，应查看相关协议是否已经安装，IP 地址、DNS 服务器、网关地址等参数是否设置正确。如果希望网卡支持局域网共享传输，还必须正确安装"Microsoft 网络客户端"以及"Microsoft 网络的文件与打印机共享"项目。

13.7　交换机故障

交换机是局域网的核心设备，准确掌握交换机的配置和维护及其关键。

13.7.1　交换机的硬件故障

交换机的硬件故障主要指交换机电源、背板、模块、端口等部件的故障。

（1）电源故障

由于外部供电不稳定，或者电源老化等原因导致电源损坏或者风扇停止，导致交换机不能正常工作。如果交换机面板上的 Power 指示灯是绿色的，就表示是正常的；如果该指示灯灭了，则说明交换机不能正常供电。

针对这类故障，首先应该做好外部电源的供应工作，一般通过引入独立的电力线来提供独立的电源，并添加稳压器来避免瞬间高压或低压现象。如果条件允许，可以添加不间断电源（Uninterruptible Power Supply，UPS）来保证交换机的正常供电。

（2）端口和模块故障

端口故障是最常见的硬件故障，无论是光纤端口还是双绞线的 RJ-45 端口，在插拔接头时一定要小心。如果不小心把光纤插头弄脏，可能导致光纤端口污染而不能正常通信。

交换机由很多模块组成，如堆叠模块、管理模块（控制模块）、扩展模块等，如果插拔模块时不小心、搬运交换机时受到碰撞，或电源不稳定等情况都可能导致模块故障的发生。

在排除此类故障时，首先确保交换机及模块的电源正常供应，然后检查各个模块是否插在正确的位置上，最后检查连接模块的线缆是否正常。在连接管理模块时，还要考虑它是否采用规定的连接速率，是否有奇偶校验，是否有数据流控制等因素。连接扩展模块时，需要检查是否匹配通信模式，如使用全双工模式还是半双工模式。如果确认是模块故障，应送修或更换。

13.7.2　交换机的软件故障

交换机的软件故障主要有如下几个方面。

（1）系统错误

交换机系统是硬件和软件的结合体。在交换机内部有一个可刷新的只读存储器，它保存的是这台交换机的网络操作系统（IOS）。一般的交换机都为用户提供刷新网络操作系统的机会。系统错误可能来自于操作系统自身的漏洞，也可能来自用户的更新。因此，应及时给交换机的软件系统打补丁。

（2）配置不当

交换机可以通过配置来实现相关的网络服务。由于不同厂商的产品、甚至同一厂商不同系列的产品有着不同的配置命令，因此错误的配置将导致交换机不能正常服务。这类故障有时很难发现，如果不能确保用户的配置有问题，可以先将交换机系统恢复到默认配置，然后再重新进行配置。

（3）病毒和其他因素

由于病毒或黑客攻击，可能导致交换机故障。一般地，由于病毒或者黑客攻击引起的交换机死机，端口广播风暴等问题都特别突出。所以做好防范攻击和设备安全问题十分关键，对于可配置的交换机来说，注意及时安装设备 IOS 补丁程序也是必要的。

13.8 路由器故障

路由器是网络的核心设备之一，关注路由器的安全性，是保证网络安全的首要任务。

13.8.1 路由器硬件故障

路由器的硬件故障主要有如下几个方面。

（1）电源故障

当打开路由器的电源开关时，路由器前面板的电源灯不亮，风扇也不转动，如果出现这种状况，则应首先检查电源系统，查看供电插座是否有电流通过，电压是否正常。如果供电正常，就查看电源线是否损坏、松动。电源线损坏就需更换，松动了就要重新插好。

如果电源线检查完好后故障仍然没有排除，就要检查路由器的电源保险丝，如果是保险丝断了，就将其更换，若问题仍未解决，就只能把路由器送修。

（2）路由器部件损坏故障

出现这类故障的部件通常是接口卡，常表现为两种情况：一种情况是把有问题的部件插到路由器上时，系统的其他部分都可以正常工作，但却不能正确识别插上去的部件，这种情况多数是因为所插的部件本身有问题；另一种情况就是所插部件可以被正确识别，但在正确配置完之后，接口不能正常工作，出现这种情况往往是因为存在其他的物理故障。

此类故障要解决的前提是先要确认以上哪一种故障情况，然后用相同型号的部件替换怀疑有问题的部件。

（3）散热或兼容性故障

路由器开始接入网络时正常，但是使用了一段时间之后，网速开始下降，不断掉线。当出现网速下降的现象时，用手感觉路由器的表面温度，如果感觉烫手，就说明频繁断线的原因是由于路由器的散热问题。可以把路由器放在散热条件比较好的地方，或者加载安装新的散热装置。如果设备温度没有异常，就很有可能是路由器和 ISP 的局端设备不兼容，此时的解决办法就只能是换用其他型号的路由器。

（4）硬件配置低引起的故障

CPU 利用率过高和系统内存容量太小等情况都将直接影响到路由器所提供的网络服务质量。通常情况下，网络管理系统都由专门的管理进程检测路由器的关键性能数据，并及时给出报警。解决 CPU 利用率过高和系统内存容量太小这种故障，就需要对路由器设备进行升级、扩大内存。

13.8.2 路由器软件故障

路由器软件故障可能由路由器软件系统本身的漏洞引起，也可能由人为的错误配置引起。

（1）系统软件损坏

路由器的系统软件往往存在许多版本，每个版本支持的功能有所不同，如果当前版本的系统软件不支持某些功能而导致路由器部分功能的丧失，那么进行相应的软件升级就可以实现路由器的全部功能。系统软件损坏的处理方法是，把有问题的软件部分重新写一遍。

（2）无法进行系统软件升级

如果出现不能完成系统软件升级的情况，一般是因为所要升级的软件内容超过了NVRAM 的容量，此时应对 NVRAM 进行升级，这样不但可以扩充 NVRAM 的容量，也可以对里面的数据进行更新。

（3）人为故障

人为故障是指由于管理人员的疏忽或操作错误，或是黑客和别有用心人员的恶意破坏而导致网络连接错误。这情况多表现为线路不通，网络无法建立连接。若出现这种情况，就要检测是否存在错误的配置。

（4）网络配置故障

由于管理人员进行了错误的网络配置，使得网络不能正常运行。通常的路由器配置文件可以分为管理员部分，端口部分，路由协议部分，流量管理部分等几个部分，此类故障首先应判断故障所处的位置，然后考虑如何排除故障。

13.8.3　路由器诊断命令

路由器 IOS 提供了一组功能丰富的命令，可以用来进行故障查找与排除。路由器的诊断命令大致可以分为 Show 命令和 Debug 命令两类。

1. Show 命令

Show 命令，即显示命令，它是用于显示路由配置的命令，灵活掌握 Show 命令的使用，掌握分析 Show 命令的显示信息对实现路由器的故障排除十分关键。

（1）Show version 命令

Show version 命令显示了路由器的许多有用信息，在解决网络故障时，通常应从这个命令开始收集数据。命令的输出信息包括：IOS 的版本、路由器持续运行的时间、最近一次重启动的原因、路由器主存的大小、共享存储器的大小、闪存的大小、IOS 映像的文件名，以及路由器从何处启动等信息。图 13-66 显示是采用 Show version 命令后路由器的显示信息。

（2）Show memory 命令

如果路由器的多个接口同时丢失报文，则可能是

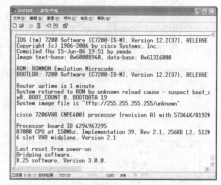

图 13-66　Show version 命令执行结果

路由器内存不足或 CPU 过载。用户可以使用 Show memory 命令检查内存利用率；使用 Show process 命令检查 CPU 利用率；使用 Show memory free 命令，可以看到可用内存的碎片。图 13-67 显示的是采用 Show memory 命令后路由器的显示信息。

注意：路由器中存在一定数量的内存碎片是正常的。虽然并没有一个很严格的界限来划分内存碎片的可接受程度，但是可用块的大小至少应不小于可用内存的一半。用户可以通过重新启

动路由器来解决内存碎片问题。

（3）Show process cpu 命令

用户可以使用 Show process cpu 命令检查路由器的 CPU 是否过载，此命令将显示路由器 CPU 的利用率以及路由器中不同进程的 CPU 资源占用率。图 13-68 所示是 Show process cpu 命令的执行结果。

（4）Show process memory 命令

Show process memory 命令可以显示每一个进程所占用的内存空间的详细信息。图 13-69 所示是 Show process memory 命令的执行结果。

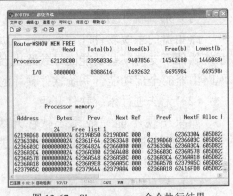

图 13-67　Show memory 命令执行结果

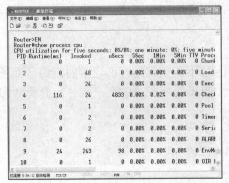

图 13-68　Show process cpu 命令执行结果

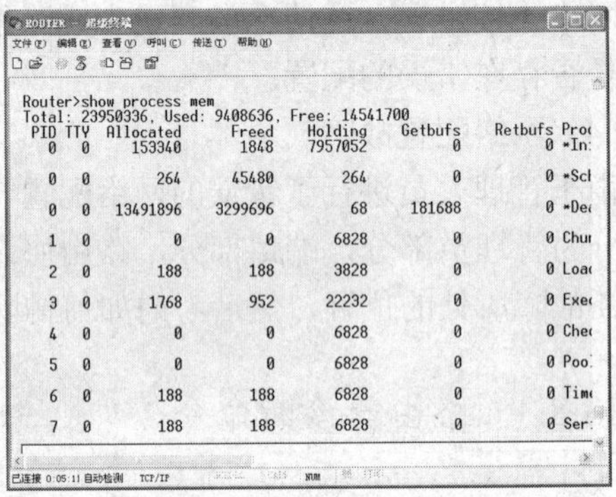

图 13-69　Show process memory 命令执行结果

（5）Show stack 命令

Show stack 命令用于跟踪路由器的堆栈，提供路由器临时重新启动的原因。如果由于错误而导致重新启动，堆栈记录将在输出的末尾显示。为了抽取与故障相关的信息，堆栈记录需要解码。如果路由器由于临时重启动而完全崩溃，则相应的错误消息将包含在 Show version 命令的输出中。图 13-70 所示是 Show stack 命令的执行结果。

（6）Show ip interface brief

Show ip interface brief 将显示每一个路由器的接口 IP 地址信息以及第二层的状态信息，图 13-71 所示是此命令的一个应用实例。

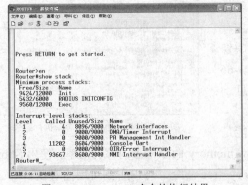

图 13-70　Show stack 命令的执行结果

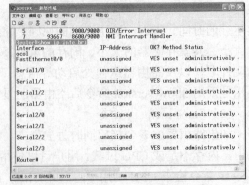

图 13-71　Show ip interface brief 命令

（7）Show interface ethernet

对于以太端口故障的诊断，可以使用 Show interface ethernet 命令，以下是诊断以太端口

0 的命令：

Router#show interface ethernet 0

表 13-1 为通过运行此命令后显示的相关信息。

表 13-1　　　　　　　　　　　　Show interface ethernet0 命令提示信息

提 示 信 息	表 示 状 态
Ethernet 0 is up，line protocol is up	端口正常
Ethernet 0 is up，line protocol is down	连接故障，路由器未接到 LAN 上
Ethernet 0 is down，line protocol is down（disable）	接口故障
Ethernet 0 is administratively down，line protocol is down	接口被人为关闭

（8）Show interface serial

可以使用 show interface serial 命令对串行端口故障进行诊断，以下是诊断串行端口 0 的命令：

Router#show interface serial 0

表 13-2 为通过此命令显示的相关信息。

表 13-2　　　　　　　　　　　　Show interface serial 0 命令提示信息

提 示 信 息	表 示 状 态
Serial 0 is up，line protocol is up	正常
Serial 0 is up，line protocol is down	端口无物理故障，但上层协议未通
Serial 0 is down，line protocol is disable	端口出现物理性故障
Serial 0 is down，line protocol is down	DCE 设备（MODEN/DTU）未送来载波/时钟信号
Serial 0 is administratively down，line protocol is down	接口被人为关闭

（9）Show protocol

Show protocol 命令可以显示路由器运行的协议信息以及每个接口的地址信息，如图 13-72 所示。

2．Debug 命令

Cisco IOS 软件中包含大量的 Debug 调试命令，这些命令可以在路由器发生网络故障时获得路由器中交换的报文和帧的详细信息。

注意：Debug 调试命令仅能捕获通过过程交换的报文，并且会明显增加处理器的负载。Debug 调试命令针对故障排除，监视时尽量不要使用。

图 13-72　Show protocol 命令

（1）Debug serial interface

Debug serial interface 命令是直接与路由器接口和传输介质类型相关的调试命令。使用 undebug all 命令可以关闭所有的调试。

（2）Debug ip rip

Debug ip rip 命令用于显示 RIP 调试信息。在调试开始时，并没有清空路由表，因为路由器每隔 30 秒自动进行一次 RIP 更新，因此不需要强制更新。在获得了足够的调试信息后应关闭所有的调试。

3．Ping 命令

Ping 是最常使用的故障诊断和排除命令，它由一组 ICMP 回应请求报文组成，如果网络正常运行将返回一组回应应答报文。ICMP 消息以 IP 数据包传输，因此如果接收到 ICMP 回应应答消息，则表明第三层以下的连接都工作正常。

Cisco 的 Ping 命令不但支持 IP 协议，而且支持大多数其他的网络协议，如 IPX、AppleTalk 等。

（1）"Ping IP 地址"命令

"Ping IP 地址"命令既可以在用户模式下执行，也可以在特权模式下执行。正常情况下，命令会发送回 5 个回应请求，5 个惊叹号表明所有的请求都成功地接收到了响应。输出中还包括最大、最小和平均往返时间等信息。图 13-73 所示为此命令的一个应用实例。

（2）"Ping IPX 地址"命令

"Ping IPX 地址"命令只能在 IOS v8.2 及其以上版本的路由器上执行。用户模式下的 Ping IPX 通常仅用于测试 Cisco 路由器接口。在特权模式下，用户可以 Ping 特定的 Novell 工作站，命令的格式为"Ping ipx IPX 地址"。

（3）"Ping apple Appletalk 地址"命令

"Ping apple Appletalk 地址"命令使用 Apple Echo

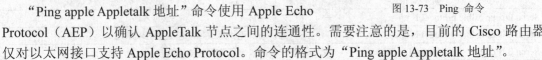

图 13-73　Ping 命令

Protocol（AEP）以确认 AppleTalk 节点之间的连通性。需要注意的是，目前的 Cisco 路由器仅对以太网接口支持 Apple Echo Protocol。命令的格式为"Ping apple Appletalk 地址"。

（4）扩展的 Ping 命令

在特权执行模式下，扩展的 Ping 命令适用于任何一种网络协议。它包含更多的功能属性，因此可以获得更为详细的信息。通过这些信息可以分析网络性能下降的原因。扩展的 Ping 命令的执行方式是先输入 Ping 命令，然后路由器提示各种不同的属性。图 13-74 所示为采用扩展 Ping 命令的运行方式。

4．Trace 命令

Trace 命令提供路由器到目的地址的每一跳信息，它通过控制 IP 报文的生存期（Time to Live，TTL）字段来实现。TTL 等于 1 的 ICMP 回应请求报文将被首先发送。路径上的第一个路由器将会丢弃此报文并回送标识错误消息的报文。错误消息通常是 ICMP 超时消息。

为了获得往返延迟时间的信息，Trace 发送 3 个报文并显示平均延迟时间，然后将报文的 TTL 字段加 1。这些报文将到达路径的第二个路由器上，并返回超时错误或端口不可达消息。反复使用这一方法，不断增加报文的 TTL 字段的值，直到接收到目的地址的响应消息。

如图 13-75 所示的是运行 Trace 命令的一个实例。

图 13-74　扩展 Ping 命令

图 13-75　Trace 命令

小　结

本章主要讲述了基本的网络维护和管理技术，主要的内容包括网络管理的基本概念，SNMP，常见网络命令的使用，SolarWinds、美萍网管大师、聚生网管等常见网络管理软件的使用，网络软件及其故障的基本排除技术，线缆故障的基本处理方法，网卡、交换机、路由器的基本故障处理方法等。

习　题

1. Ping 命令默认发送 4 条大小为＿＿＿＿＿＿＿的 ICMP 报文。
    A．32 字节
    B．500 字节
    C．1 280 字节
    D．1 600 字节

2. Netstat 命令采用＿＿＿＿＿＿＿参数统计路由信息。
    A．r　　　　　　B．t　　　　　　C．p　　　　　　D．u

3. 下列用于分析路由跟踪的命令为＿＿＿＿＿＿＿。
    A．Ping　　　　B．Trace　　　　C．Tracert　　　　D．Show

4. ＿＿＿＿＿＿＿命令可以在路由器发生网络故障时，进行调试获得在路由器中交换的报文和帧的详细信息。
    A．Ping　　　　B．Show　　　　C．Debug　　　　D．Trace

5. 在路由器的管理中，用户可以使用＿＿＿＿＿＿＿命令检查内存利用率。
    A．Show memory free
    B．Show memory
    C．Show cpu
    D．Show buffer

6. 在路由器上运行了"Show int ethernet 0"命令后，提示"Ethernet 0 is up，line protocol is down"，则表示＿＿＿＿＿＿＿。
    A．端口正常
    B．连接故障，路由器未接到 LAN 上
    C．接口故障
    D．接口被人为地关闭

7. 用于显示 IP 地址和 MAC 对应关系的网络命令为＿＿＿＿＿＿＿。
    A．ARP　　　　B．RARP　　　　C．DNS　　　　D．LOOKUP

8. SNMP 采用 UDP 的＿＿＿＿＿＿＿端口发送 Trap 报文。
    A．162　　　　B．161　　　　C．160　　　　D．164

9. 可采用＿＿＿＿＿＿＿命令来查看域名对应的 IP 地址。
    A．Ping　　　　B．Ipconfig　　　　C．ARP　　　　D．DNS

10. 通过输入＿＿＿＿＿＿＿命令来查看本机网卡的 MAC 地址。
    A．ipconfig–all
    B．ipconfig–displayDNS
    C．ipconfig–renew
    D．ipconfig–Flush

参 考 文 献

[1] 王建平. Windows Server 组网技术. 北京: 清华大学出版社, 2010.

[2] 王建平. 网络设备管理. 北京: 清华大学出版社, 2010.

[3] 王建平. 计算机网络工程. 北京: 清华大学出版社, 2009.

[4] 周继军. 网络与信息安全基础. 北京: 清华大学出版社, 2008.

[5] 谢希仁. 计算机网络(第5版). 北京: 电子工业出版社, 2008.

[6] 林生. 计算机通信与网络教程（第三版）. 北京: 清华大学出版社, 2008.

[7] 王建平. 网络安全与管理. 西安: 西北工业大学出版社, 2008.

[8] 戴有炜. Windows Server 2003 Active Directory 配置指南. 北京: 清华大学出版社, 2006.

[9] 王建平. 计算机网络技术与实验. 北京: 清华大学出版社, 2007.

[10] 王建平. 通信原理. 北京: 人民邮电出版社, 2007.

[11] 王建平. 计算机网络技术基础与实例教程. 北京: 电子工业出版社, 2006.

[12] 冯登国. 密码学导引. 北京: 科学出版社, 1999.